Maitelli, A. L. • Gabriel Filho, O. • Cavalcanti, A. L. O. • Dórea, C. E. T.
Coutinho, D. F. • Pereira, L. F. A. • Araújo, F. M. U. • Oliveira, R. C. L.

MODELAGEM, IDENTIFICAÇÃO E CONTROLE DE PROCESSOS NA INDÚSTRIA DO PETRÓLEO

Aspectos Teóricos e Práticos

EDITORA CIÊNCIA MODERNA

Modelagem, Identificação e Controle de Processos na Indústria do Petróleo: Aspectos Teóricos e Práticos

Editor: Paulo André P. Marques
Produção Editorial: Dilene Sandes Pessanha
Capa: Daniel Jara
Diagramação: Carlos Arthur Candal
Copidesque: Equipe Ciência Moderna

FICHA CATALOGRÁFICA

MAITELLI, André Laurindo et al.

Modelagem, Identificação e Controle de Processos na Indústria do Petróleo: Aspectos Teóricos e Práticos

Rio de Janeiro: Editora Ciência Moderna Ltda., 2022.

1. Automação Industrial – Equipamentos de processamento do petróleo
I — Título

ISBN: 978-65-5842-180-1 CDD 681.766 5

Editora Ciência Moderna Ltda.
R. Alice Figueiredo, 46 – Riachuelo
Rio de Janeiro, RJ – Brasil CEP: 20.950-150
Tel: (21) 2201-6662/ Fax: (21) 2201-6896
E-MAIL: LCM@LCM.COM.BR
WWW.LCM.COM.BR

06/22

PREFÁCIO

A história desta obra começa em 1988 quando 3 jovens se conheceram no Instituto Tecnológico de Aeronáutica (ITA). O jovem André Laurindo Maitelli chegava da Universidade de Brasília (UnB) para cursar o seu doutorado e encontrava os jovens Roberto Célio Limão de Oliveira e Luís Fernando Alves Pereira, que estavam cursando o mestrado no ITA. Roberto Limão era egresso da Universidade Federal do Pará (UFPA) e Luís Fernando, egresso da Pontifícia Universidade Católica do Rio Grande do Sul (PUCRS). Juntos, conviveram por quase 2 anos cursando disciplinas em comum e compartilhando experiências na área em que cursavam pós-graduação – Sistemas e Controle. Anos se passaram e cada um seguiu o seu caminho. André Maitelli como professor da Universidade Federal do Rio Grande do Norte (UFRN) em Natal-RN, Roberto Limão como professor na UFPA em Belém-PA e Luís Fernando como professor da PUCRS em Porto Alegre-RS e, mais tarde em 2009, como professor da Universidade Federal do Rio Grande do Sul (UFRGS).

Desde a conclusão de seu doutorado, em 1994, e o retorno à UFRN, em 1995, André Maitelli trabalhou com aplicações de controle adaptativo, controle inteligente e controle preditivo.

Roberto Limão tem trabalhado com controle inteligente, redes neurais artificiais e algoritmos evolutivos.

Luís Fernando concluiu seu doutorado em 1995 e desde então vem desenvolvendo pesquisas teóricas e aplicadas na área de Sistemas de Controle, com o foco atual na síntese de parâmetros de controladores baseados no princípio do modelo interno para o seguimento e/ou rejeição de sinais de natureza periódica.

Em 1995, André Maitelli retornou de seu doutorado no ITA e, no mesmo ano, começou a orientar o mestrando Oscar Gabriel Filho, o 4º autor deste livro. Oscar Gabriel, egresso da Universidade Federal de Juiz de Fora (UFJF) era recém aposentado da Petrobras e desenvolveu o seu trabalho em controle usando redes neurais com treinamento em tempo real, trabalho pioneiro na época. Após concluir o seu mestrado, no final de 1996, Oscar Gabriel começou a lecionar disciplinas, na área de inteligência artificial e controle, na Universidade Potiguar (UnP), em Natal-RN. Mais tarde, tendo iniciado no ano de 2000, concluiu em 2004 o seu doutorado na UFRN e sempre manteve uma parceria com os demais autores da UFRN.

Em 2001 começava um projeto de pesquisa em parceria com a Petrobras, Automação de Poços, coordenado por André Maitelli, e assumia uma das bolsas de Iniciação Científica do projeto o 5º autor do livro, Anderson Luiz de Oliveira Cavalcanti, que mais tarde, em 2008, após concluir a sua graduação, mestrado e doutorado na UFRN, assumiria o cargo de professor da própria UFRN, atuando na área de controle preditivo. Anderson Cavalcanti participou de vários projetos de pesquisa em parceria com a Petrobras e com empresas fabricantes de equipamentos para automação, além da sua atuação em ensino de graduação na área.

Nesse mesmo ano de 2001, foi formada uma Rede de Pesquisa em Instrumentação e Controle (REDIC), com participação do Roberto Limão desde a ideia de sua criação e também com a participação do professor da Universidade da Bahia (UFBa) e 6º autor do livro, Carlos Eduardo Trabuco Dórea, que mais tarde, em 2010, se transferiria para a UFRN. Carlos Trabuco havia terminado, em 1997, o seu doutorado em Automática, pelo Université Paul Sabatier em Toulouse na França. Tem atuação nos seguintes temas: sistemas lineares, controle sob restrições, técnicas baseadas conjuntos invariantes, teoria e aplicações de controle preditivo.

Em 2003 chegava na UFRN, como bolsista do Programa de Apoio a Projetos Institucionais com a Participação de Recém-Doutores (PRODOC) da CAPES, o 7º autor do livro, Fábio Meneghetti Ugulino de Araújo, também egresso do ITA, onde concluiu o seu doutorado. No ano seguinte Fábio Meneghetti foi contratado como professor efetivo da UFRN e trabalhou em conjunto com os colegas Maitelli, Oscar, Trabuco e Anderson em diversas pesquisas. Desde então, Fábio Meneghetti tem pesquisado sobre temas ligados ao controle inteligente, além do uso de técnicas de Inteligência Artificial para identificação de sistemas dinâmicos, inferência e automação industrial.

O 8º autor do livro, Daniel Coutinho, professor da Universidade Federal de Santa Catarina (UFSC) chegou ao grupo em 2011, como participante de um projeto de pesquisa apoiado pela FINEP, juntamente com os outros 7 autores deste livro. Daniel Coutinho tem trabalhado em temas relacionados a análise de estabilidade, estimação de estados e projeto de controladores para sistemas lineares e não lineares incertos a parâmetros concentrados e distribuídos com aplicações em sistemas com atraso, sistemas chaveados, sistemas descritores, sistemas de energia e bioprocessos.

Em suma, este livro contempla a experiência em ensino e pesquisa, na área de controle, de 8 pesquisadores e professores em 4 Universidades Federais (UFRN, UFPA, UFRGS e UFSC) localizadas em 4 estados das Regiões Norte, Nordeste e Sul do Brasil. Essas experiências foram adquiridas também com a execução de diversos projetos de pesquisa, desenvolvimento e inovação nos setores de petróleo e gás, elétrico, siderurgia, e indústria eletroeletrônica, com a participação e forte interação com profissionais da indústria.

Esta obra apresenta os aspectos básicos de modelagem, identificação e controle de processos, usando exemplos simples e destacando aspectos práticos relacionados à modelagem fenomenológica e experimental de sistemas lineares e não lineares, simulação de sistemas, controle robusto e preditivo de sistemas, além de aspectos de controle avançado. Estes conceitos são úteis para um(a) engenheiro(a) que atua ou tem interesse na área de controle industrial, visando melhorar seus conhecimentos para projetar e implementar técnicas avançadas, usando controladores convencionais (PID) ou não convencionais em processos industriais.

AGRADECIMENTOS

Os autores agradecem à FINEP (Financiadora de Estudos e Projetos), que apoiou financeiramente o projeto de pesquisa "Projeto e Implementação de Controladores Regulatórios Não Lineares em Processos Utilizados na Indústria do Petróleo", executado entre 2009 e 2016, no âmbito da Rede de Instrumentação e Controle (REDIC) do CTPETRO, financiado pela FINEP e com a participação de pesquisadores da UFRN, UFPA, UFBa, UFRGS e UFSC.

Agradecimento à Fundação Norte-Riograndense de Pesquisa e Cultura (FUNPEC), Fundação de Apoio à UFRN, por ter feito a gestão administrativa e financeira dos recursos para a execução do projeto REDIC_ADAP e de muitos outros projetos da REDIC.

Um agradecimento especial a Sra. Eliane Cunha, a técnica responsável pelo projeto na FINEP, que apoiou e incentivou a publicação deste livro. Ela contribuiu muito com várias Universidades Brasileiras, apoiando e acompanhando projetos na área de petróleo e gás durante mais de 20 anos. A UFRN e a sua Fundação de Apoio (FUNPEC) têm muito a agradecer a essa profissional.

Agradecimento também ao Eng. Mário Massa Campos, do Centro de Pesquisas da Petrobras (CENPES), que apoiou o projeto na parte técnica, e que tanto colaborou com as Universidades Brasileiras na execução de projetos de P&D, contribuindo para a formação e estruturação de vários grupos de pesquisa. Um exemplo é o Grupo de Automação da UFRN, cujos autores deste livro fazem parte, que executou vários projetos em parceria com o CENPES, o que acabou viabilizando, por exemplo, a construção do LAUT (Laboratório de Automação em Petróleo) na UFRN, localizado no campus de Natal, RN.

SUMÁRIO

CAPÍTULO 1
MODELAGEM DE SISTEMAS

1.1 Introdução

O modelo matemático do comportamento dinâmico de um sistema é muito importante para a Engenharia, podendo ser usado para simulação, predição e controle de processos industriais. Não se deve perder de vista que o modelo nada mais é do que uma representação aproximada de determinados comportamentos dinâmicos do sistema em estudo. Embora os sistemas do mundo real sejam não lineares por natureza, em menor ou maior grau, os seus modelos podem ser lineares ou não lineares.

Um modelo não linear oferece uma melhor aproximação do comportamento real daquilo que se deseja representar, requerendo, em contrapartida, técnicas mais complexas e trabalhosas para a sua obtenção. Na maior parte das vezes, consegue-se um bom resultado usando modelos lineares, notadamente nos casos de sistemas que funcionam dentro de pequenas faixas de operação, ou que possuem não linearidade fraca.

Teoricamente, um modelo matemático é dito ser linear quando atende ao Princípio da Superposição; caso contrário, o sistema é dito ser não linear. Por sua vez, o Princípio da Superposição afirma que "um sistema é linear quando atende às Regras da Aditividade e da Homogeneidade", que podem ser escritas matematicamente na seguinte forma:

$$\text{Se } u = k_1 u_1 + k_2 u_2 \text{ Então } y = k_1 y_1 + k_2 y_2, \tag{1.1}$$

em que: $y_1 = f(u_1)$, $y_2 = f(u_2)$, $\forall k_1, k_2$ real positivo, sendo u a entrada, y a saída e k o fator de ponderação do par de entrada e saída. O Princípio da Superposição simplesmente afirma que a saída total y de um sistema, em resposta a soma de duas entradas individuais ponderadas, $k_1 u_1$ mais $k_2 u_2$, é a soma das saídas individuais ponderadas pelos mesmos fatores que afetam a soma das respectivas entradas.

Considerando que todos os sistemas reais da natureza são não lineares em algum grau, poderá ocorrer a necessidade de linearizar os modelos matemáticos obtidos usando técnicas específicas de linearização, quando o objetivo for a aplicação da teoria de sistemas lineares.

1.2 Representações Lineares

As representações ou modelos lineares são aproximações do comportamento de sistemas reais, já que estes são não lineares por natureza, em menor ou maior grau. Aqui, a questão básica é: qual o ponto de partida para a obtenção de um modelo? A resposta dependerá da abordagem que será usada na modelagem do sistema. Se a abordagem for baseada na aplicação das leis da Física, é denominada de modelagem fenomenológica, conceitual ou modelagem caixa branca, em que inicialmente é obtida a equação diferencial que rege o comportamento dinâmico do sistema, sendo normalmente uma equação diferencial não linear pela própria natureza dos sistemas reais. Se a abordagem for baseada em dados experimentais disponíveis, é denominada de modelagem experimental, empírica, identificação ou modelagem caixa preta, a qual tem como ponto de partida os pares de valores dos sinais de entrada e de saída medidos diretamente do sistema em funcionamento, podendo ser obtido um modelo linear ou um modelo não linear, de acordo com a preferência, a qual será guiada pelas vantagens e desvantagens oferecidas em cada aplicação específica. Também poderá ser usada uma abordagem intermediária entre as modelagens fenomenológica e experimental, surgindo assim uma abordagem mista conhecida como caixa cinza, na qual são utilizadas as leis da Física em conjunto com alguns conhecimentos experimentais, sobre o funcionamento do sistema. Mais adiante, serão apresentadas algumas das técnicas mais usadas para os dois tipos de modelagem, fenomenológica e experimental. A modelagem experimental é muitas vezes referida na literatura como identificação.

1.2.1 Modelos lineares contínuos

Modelos contínuos são aqueles representados matematicamente por funções contínuas, ou seja, funções que evoluem continuamente no tempo $t \in \mathbb{R}$.

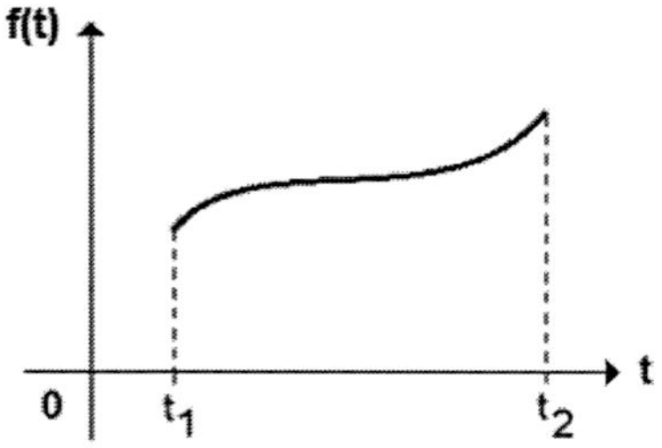

Figura 1.1 – Gráfico de uma função contínua.

Matematicamente, a função *f(t)* é contínua em um determinado intervalo aberto, se e somente se,

$$\lim_{\Delta t \to 0} f(t \pm \Delta t) = f(t), \ \forall t \ \in] \, t_1, t_2 [\tag{1.2}$$

Apenas a título de ilustração, é mostrado a seguir um diagrama de blocos de um sistema de controle contínuo:

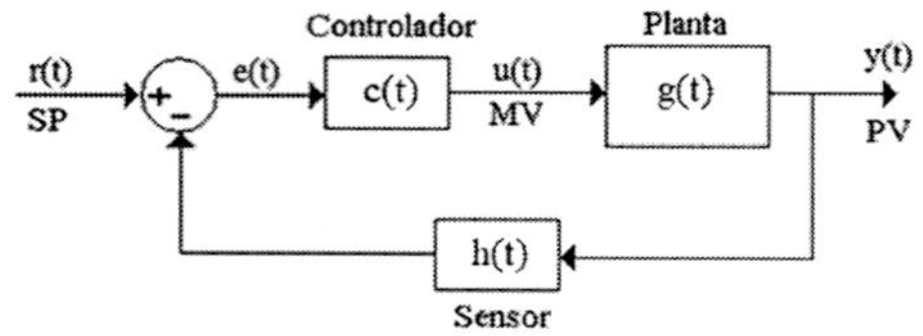

r(t) ou SP = sinal de referência ou "setpoint" (ponto de ajuste)
e(t) = sinal do erro
u(t) ou MV = sinal de entrada da planta ou "manipulated variable" (variável manipulada)
y(t) ou PV = sinal de saída da planta ou "process variable" (variável de processo)

Figura 1.2 – Esquema de um sistema de controle contínuo.

Ressalta-se que a operação de multiplicação não se aplica aos diagramas de blocos contendo funções no domínio do tempo. Observando a figura anterior, por exemplo, não é válido escrever que $u(t) = e(t).c(t)$, sendo que o ponto entre as funções indica uma multiplicação. Neste caso, o produto válido entre funções temporais é a operação de convolução, simbolizada pelo asterisco, qual seja, $u(t) = e(t) * c(t)$, que é calculada através da integração do produto das funções deslocadas no tempo, ou seja, $e(t) * c(t) = \int e(t).c(t-\tau)d\tau$.

Os modelos lineares contínuos mais usados são: Função de Transferência (FT) e Espaço de Estados (EE).

1.2.1.1 Função de Transferência (FT)

Define-se Função de Transferência de um sistema dinâmico, $g(t)$, representada por $\mathcal{L}\{g(t)\} = G(s)$, como sendo a razão entre a Transformada de Laplace do sinal de saída, $Y(s)$, e a Transformada de Laplace do sinal de entrada, $U(s)$, garantindo-se que todas as condições iniciais sejam nulas ou em repouso. A Transformada de Laplace, cujo símbolo é $\mathcal{L}\{.\}$, por ser um operador linear, só é definida para sistemas LTI (*Linear Time Invariant*), ou seja, sistemas que são lineares e invariantes no tempo.

Por definição:

$$G(s) = \left.\frac{Y(s)}{U(s)}\right|_{condições\ iniciais=0} \tag{1.3}$$

Esquematicamente, tem-se:

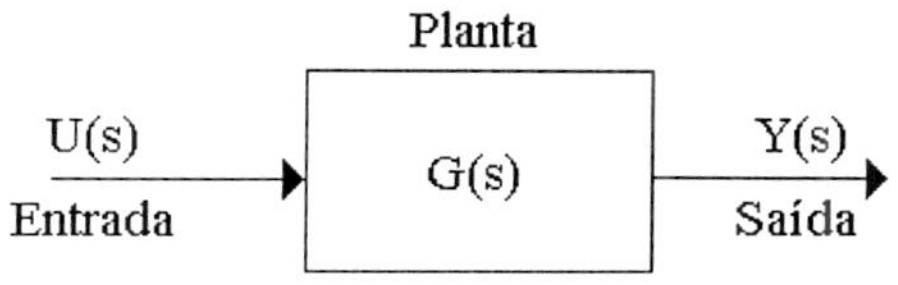

Figura 1.3 – Função de Transferência G(s).

A exigência de condições iniciais nulas constitui-se numa desvantagem para a aplicação desta técnica de modelagem de sistemas lineares. Isto significa, na prática, que o sistema deverá estar em repouso, importando assim que todos os seus acumuladores de energia (por exemplo: capacitores, molas etc.) estejam descarregados, para que a resposta do modelo possa representar o comportamento dinâmico do sistema real.

Exemplo: Determinar a função de transferência da planta modelada pela equação diferencial ordinária (EDO) dada por $5\dot{y} + y = u$.

Solução: Aplicando a Transformada de Laplace nos dois lados da EDO dada, tem-se:

$$\mathcal{L}\{5\dot{y} + y\} = \mathcal{L}\{u\}$$
$$[5sY(s) - y(0)] + Y(s) = U(s)$$

Considerando que as condições iniciais devem ser todas nulas, no caso $y(0) = 0$, substituindo virá:

$$5sY(s) + Y(s) = U(s)$$
$$Y(s)[5s + 1] = U(s)$$

Finalmente, obtém-se a FT que será denominada de $G(s)$, cuja expressão é dada por:

$$G(s) = \frac{Y(s)}{U(s)} = \frac{1}{5s + 1}$$

Exemplo: Determinar a FT do modelo linearizado a seguir.

$$\Delta\ddot{y} + 0{,}25\Delta\dot{y} + 2\Delta y = \Delta u$$

Importante: Observe que o modelo acima é descrito em função dos desvios das variáveis de entrada e saída, relativamente a um determinado ponto de operação escolhido para linearizar o sistema. Assim, as novas variáveis decorrentes da aplicação do conceito de Função de Transferência, na verdade, são desvios das variáveis originais calculados a partir do ponto de operação.

Solução: Aplicando a Transformada de Laplace nos dois lados da equação diferencial ordinária (EDO) dada, tem-se:

$$\mathcal{L}\{\Delta\ddot{y} + 0{,}25\Delta\dot{y} + 2\Delta y\} = \mathcal{L}\{\Delta u\}$$
$$[s^2Y(s) - sy(0) - \dot{y}(0)] + 0{,}25[sY(s) - y(0)] + 2Y(s) = U(s)$$

Considerando que todas as condições iniciais devem ser nulas, virá:

$$s^2Y(s) + 0{,}25sY(s) + 2Y(s) = U(s)$$
$$Y(s)[s^2 + 0{,}25s + 2] = U(s)$$

Finalmente tem-se:

$$G(s) = \frac{Y(s)}{U(s)} = \frac{1}{s^2 + 0{,}25s + 2}$$

Exemplo: Dado o sistema de controle mostrado a seguir, obter a expressão para a saída *Y*(*s*), em função da entrada *R*(*s*) e da perturbação *P*(*s*):

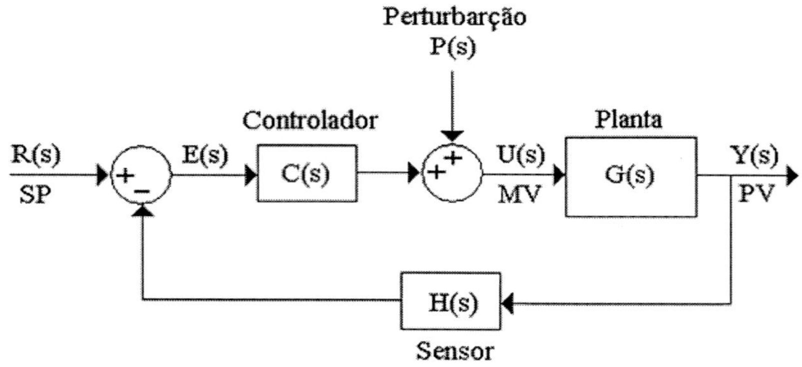

Figura 1.4 – Sistema de Controle com Realimentação.

Solução: Por se tratar de um sistema linear, vamos aplicar o Princípio da Superposição, fazendo inicialmente *P*(*s*) = 0 e depois *R*(*s*) = 0, para então obter a resposta total do sistema dado.

a) Fazendo *P*(*s*) = 0 obtém-se a resposta à entrada de referência, qual seja:

$$Y_R(s) = \frac{C(s)G(s)}{1 + C(s)G(s)H(s)}R(s)$$

b) Por outro lado, fazendo *R*(*s*) = 0 obtém-se a resposta à perturbação, qual seja:

$$Y_P(s) = [P(s) - Y_P(s)C(s)H(s)]G(s)$$

$$= \frac{G(s)}{1 + C(s)G(s)H(s)} P(s)$$

c) Finalmente, a resposta total às entradas de referência e de perturbação será fornecida pela expressão:

$$Y(s) = Y_R(s) + Y_P(s)$$

$$= \frac{C(s)G(s)}{1 + C(s)G(s)H(s)} R(s) + \frac{G(s)}{1 + C(s)G(s)H(s)} P(s)$$

Observe que o denominador correspondente à entrada de referência, $R(s)$, é igual ao denominador correspondente à perturbação, $P(s)$, o que simplifica a análise de estabilidade do sistema, visto sob o aspecto das duas entradas externas. Observe também que o numerador da perturbação não contém a função de transferência $C(s)$ do controlador, o que poderá ser explorado no projeto do controlador, de modo a cancelar a perturbação que afeta o sistema.

1.2.1.1.1 Função de Transferência típica de sistemas de 1ª ordem

A forma geral é dada por (AGUIRRE, 2007), (COELHO e COELHO, 2004):

$$G(s) = \frac{Ke^{-sL}}{\tau s+1} \tag{1.4}$$

em que: K é o ganho estático (dado graficamente por $\Delta y/\Delta u$), L é o atraso de transporte e τ é a constante de tempo (63,2% do valor permanente ou *steady-state*).

Exemplo: Calcular K, L e τ para o sistema $G(s) = \frac{0{,}24e^{-1{,}2s}}{s+0{,}4}$.

Solução: Colocando na forma típica, vem:

$$G(s) = \frac{0{,}6e^{-1{,}2s}}{2{,}5s + 1}$$

Comparando com (1.4), tem-se imediatamente que $K = 0{,}6$, $L = 1{,}2$s e $\tau = 2{,}5$s.

1.2.1.1.2 Função de Transferência típica de sistemas de 2ª ordem

A forma geral é dada por (AGUIRRE, 2007; COELHO e COELHO, 2004):

$$G(s) = \frac{K\omega_n^2}{s^2+2\zeta\omega_n s+\omega_n^2} \tag{1.5}$$

em que: K é o ganho estático ($\Delta y/\Delta u$), ω_n é a frequência natural não-amortecida (em rad/s) e ζ é o coeficiente de amortecimento. Observe que o polinômio característico (denominador) deve ser mônico, ou seja, o coeficiente do termo de maior grau (s^2) deve ser igual a 1.

Exemplo: Calcular ω_n, ζ e K para o sistema $G(s) = \frac{20}{2s^2+16s+50}$.
Solução: Colocando na forma geral, vem:

$$G(s) = \frac{20}{(2s^2 + 16s + 50)} \frac{\div 2}{\div 2} = \frac{10}{s^2 + 8s + 25}$$

Comparando com (1.5), tem-se:

$\omega_n^2 = 25 \therefore \omega_n = 5 \text{ rad/s}$
$2\zeta\omega_n = 8 \Rightarrow (2)(\zeta)(5) = 8 \Rightarrow 10\zeta = 8 \therefore \zeta = 0{,}8$ (sistema subamortecido, pois $0 < \zeta < 1$)
$K\omega_n^2 = 10 \Rightarrow K(25) = 10 \therefore K = 0{,}4$

1.2.1.1.3 Relações entre a localização dos polos no plano-*s* e as características dinâmicas de um sistema

O lugar ocupado pelos polos (marcado com um **X**) no plano-s é muito importante para a análise da dinâmica do sistema. Para isso, é necessário conhecer as relações existentes entre a posição do polo e a dinâmica do sistema. A Figura 1.5 mostra estas relações, quais sejam:

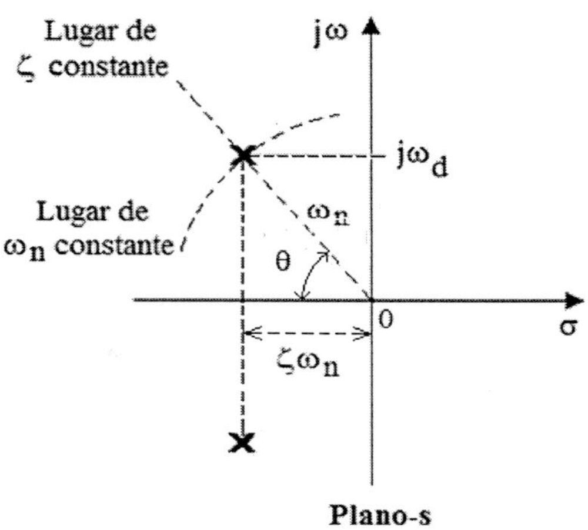

Figura 1.5 – A posição de um polo no plano-*s* e suas características dinâmicas.

O coeficiente de amortecimento é dado por $\zeta = \cos\theta$ (GOLNARAGHI e KUO, 2012), ou seja, pelo cosseno do ângulo que a linha, a partir da origem passando pelo polo, faz com o semieixo real negativo, sendo uma linha radial que corresponde ao lugar geométrico de todos os coeficientes de amortecimento de mesmo valor, na qual a distância entre a origem e o polo fornece o valor da frequência angular não amortecida ω_n (rad/s). Vê-se, portanto, que o lugar geométrico da frequência angular não amortecida constante é uma circunferência centrada na origem. O valor do amortecimento é dado por $\sigma = \zeta\omega_n$, enquanto a frequência angular amortecida é calculada por $\omega_d = \omega_n\sqrt{1-\zeta^2}$, em rad/s.

No semiplano aberto da esquerda do plano-*s*, que é a região de estabilidade, quanto mais próximo estiver o polo da origem, mais lenta é a resposta do sistema e, de modo oposto, quanto mais distante estiver o polo da origem, mais rápida é a resposta do sistema. Quando o sistema tem mais de um polo estável, o polo mais próximo da origem (mais lento) é o dominante, pois, enquanto os outros polos estáveis localizados mais à esquerda (mais rápidos) finalizam sua influência transitória sobre o sistema, o polo dominante continua a exercer este mesmo tipo de influência até a sua acomodação, dentro da faixa de erro aceitável (*settling time*).

1.2.1.2 Espaço de Estados (EE)

Espaço de estados é definido como o conjunto de possíveis manifestações internas que um sistema físico possa ter durante o seu funcionamento. Essas manifestações, quantificadas pelas suas respectivas variáveis, são representadas matematicamente pelas equações de estado e de saída. Este tipo de representação também é denominado de modelo interno, por ser baseado nas grandezas físicas que interagem durante o funcionamento do sistema ou planta. A seguir será mostrado um sistema multivariável, múltiplas entradas e múltiplas saídas, denominado de MIMO (*Multiple Input, Multiple Output*), de ordem n, contendo m-entradas e p-saídas.

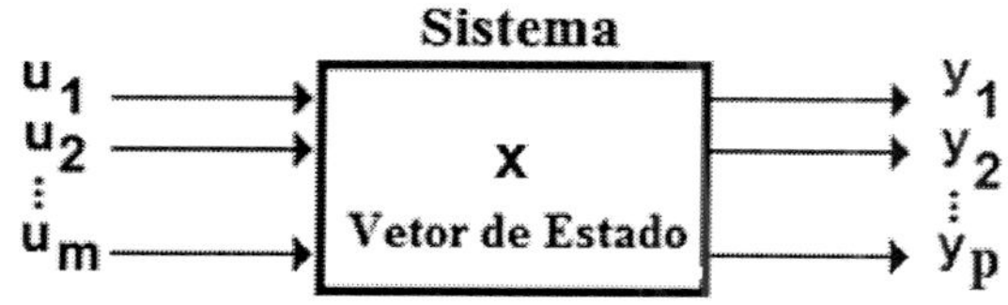

Figura 1.6 – Bloco de um sistema no Espaço de Estados.

A forma geral da representação no Espaço de Estados é dada por:

$$\begin{cases} \dot{\boldsymbol{x}}(t) = A\boldsymbol{x}(t) + B\boldsymbol{u}(t) & \text{(Equação de Estado)} \\ \boldsymbol{y}(t) = C\boldsymbol{x}(t) + D\boldsymbol{u}(t) & \text{(Equação de Saída)} \end{cases} \tag{1.6}$$

em que: $\boldsymbol{x}$ é o vetor de estados nx1, $\boldsymbol{u}$ é o vetor de entradas mx1, $\boldsymbol{y}$ é o vetor de saídas px1, A_{nxn} é a matriz de estado, B_{nxm} é matriz de entrada, C_{pxn} é a matriz de saída e D_{pxm} é a matriz de transmissão direta, considerando um sistema MIMO. Caso o sistema seja monovariável, uma entrada e uma saída, denominado de SISO (*Single Input, Single Output*) de ordem n, então basta *fazer* $m = p = 1$ e os coeficientes matriciais B e C passam a serem vetores e D passa a ser um escalar.

Este tipo de representação é recomendado para tratar sistemas multivariáveis (MIMO), por trabalhar com estruturas matemáticas matriciais, que são apropriadas para manipular matematicamente sistemas com várias entradas e várias saídas. O cálculo com matrizes ficou mais facilitado com o surgimento e a popularização dos computadores digitais capazes de efetuar uma quantidade enorme de operações em curtíssimos intervalos de tempo. Um exemplo de pacote computacional muito usado é o MATLAB® (MATLAB vem de *Matrix Laboratory*).

1.2.1.2.1 Definições básicas

Estado

É a situação em que um dado sistema encontra-se num determinado instante. Tecnicamente falando, o estado de um sistema é o menor conjunto de valores de variáveis, denominadas de variáveis de estado, cujo conhecimento no instante $t = t_0$, juntamente com os valores das entradas neste instante, é suficiente para determinar univocamente o comportamento do sistema num instante $t > t_0$.

Variáveis de estado

São grandezas cujo conjunto mínimo de valores caracteriza perfeitamente o estado corrente ou atual do sistema. Um sistema de ordem *n* deve possuir, no mínimo, *n* variáveis de estado para ser completamente definido.

Vetor de estado

É o vetor formado pelos valores das variáveis de estado, normalmente denominado de $\boldsymbol{x}(t) = [x_1(t), x_2(t), \ldots, x_n(t)]^T$, em que '*n*' é a ordem do sistema. Os componentes do vetor são associados às variáveis internas que regem o funcionamento do sistema físico real. Quando não houver a possibilidade de confundir uma representação em tempo contínuo com tempo discreto, as variáveis em tempo contínuo serão escritas sem explicitar a função do tempo *t*, para simplicidade de notação; por exemplo: $x_1(t)$ será escrita simplesmente como x_1.

Exemplo: Considere o circuito RLC abaixo, fazendo a entrada $u = v_f$ e a saída $y = v_C$:

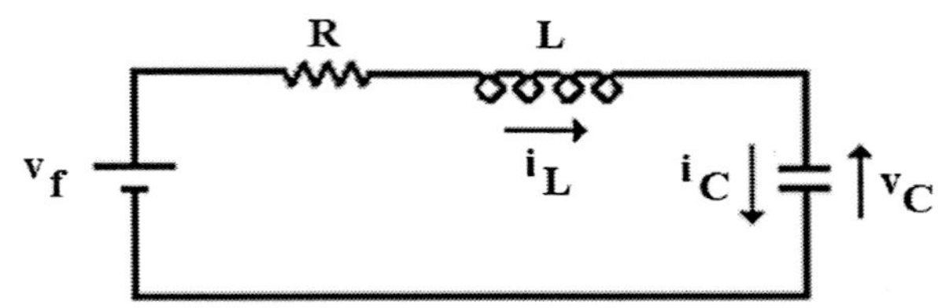

Figura 1.7 – Circuito *RLC* série.

em que: *R* é o valor da resistência, *L* da indutância e *C* da capacitância do circuito.

Solução: Para obter a representação no espaço de estados, podemos adotar, por exemplo, $x_1 = i_L$ (corrente no indutor) e $x_2 = v_C$ (tensão no capacitor), e assim obter a equação de estado do sistema. Vamos ver como vai ficar a representação de estado neste caso. (Nota: este sistema é de 2ª ordem porque possui 2 dispositivos armazenadores de energia, o capacitor e o indutor.

Aplicando-se a 2ª Lei de Kirchoff (Lei das Malhas), obtém-se:

$$LC\ddot{v}_C + RC\dot{v}_C + v_C = v_f \tag{1.7}$$

Foram escolhidas como variáveis de estado $x_1 = i_L$ e $x_2 = v_C$. É fácil ver que $x_1 = i_L = i_C = C\,dv_C/dt$, com esta última expressão podendo ser escrita usando a notação ponto (notação de Newton), na qual a derivada d/dt é substituída por um ponto colocado sobre a variável que estiver sendo submetida à derivação, que neste caso resulta em expressão equivalente $C\dot{v}_C$. Assim, virá:

$$\dot{x}_1 = C\ddot{v}_C = -\frac{RC\dot{v}_C}{L} - \frac{v_C}{L} + \frac{v_f}{L}$$

$$\dot{x}_1 = -\frac{RC\frac{x_1}{C}}{L} - \frac{x_2}{L} + \frac{v_f}{L} = -\frac{R}{L}x_1 - \frac{x_2}{L} + \frac{v_f}{L}$$

Em decorrência da escolha da variável de estado $x_2 = v_C$, tem-se:

$$\dot{x}_2 = \dot{v}_c = \frac{x_1}{C}$$

Agrupando e ordenando, virá:

$$\dot{x}_1 = -\frac{R}{L}x_1 - \frac{x_2}{L} + \frac{v_f}{L}$$

$$\dot{x}_2 = \frac{x_1}{C}$$

Na forma matricial tem-se:

$$\begin{bmatrix}\dot{x}_1\\ \dot{x}_2\end{bmatrix} = \begin{bmatrix}-\frac{R}{L} & -\frac{1}{L}\\ \frac{1}{C} & 0\end{bmatrix}\begin{bmatrix}x_1\\ x_2\end{bmatrix} + \begin{bmatrix}\frac{1}{L}\\ 0\end{bmatrix}v_f \tag{1.8}$$

A outra equação, para relacionar a saída com a variável de estado, é: $y = v_C = x_2$, que, na forma matricial, ficará:

$$y = [0 \quad 1]\begin{bmatrix}x_1\\ x_2\end{bmatrix} + [0]v_f \tag{1.9}$$

Agrupando as expressões (1.8) e (1.9) em um sistema de equações, tem-se:

$$\begin{cases}\begin{bmatrix}\dot{x}_1\\ \dot{x}_2\end{bmatrix} = \begin{bmatrix}-\frac{R}{L} & -\frac{1}{L}\\ \frac{1}{C} & 0\end{bmatrix}\begin{bmatrix}x_1\\ x_2\end{bmatrix} + \begin{bmatrix}\frac{1}{L}\\ 0\end{bmatrix}v_f & \text{(Equação de Estado)}\\ y = [0 \quad 1]\begin{bmatrix}x_1\\ x_2\end{bmatrix} + [0]v_f & \text{(Equação de Saída)}\end{cases} \tag{1.10}$$

Observe que o sistema de equações acima obedece a forma geral (1.6), qual seja:

$$\begin{cases}\dot{\boldsymbol{x}}(t) = A\boldsymbol{x}(\boldsymbol{t}) + B\boldsymbol{u}(\boldsymbol{t}) & \text{(Equação de Estado)}\\ \boldsymbol{y}(\boldsymbol{t}) = C\boldsymbol{x}(\boldsymbol{t}) + D\boldsymbol{u}(\boldsymbol{t}) & \text{(Equação de Saída)}\end{cases}$$

1.2.1.2.2 Convertendo Espaço de Estados para Função de Transferência (EE→FT)

Ambas as técnicas de representação contínua estudadas até agora, que foram a função de transferência (FT) e o espaço de estados (EE), fornecem modelos matemáticos para sistemas físicos. Suponha que um determinado sistema esteja modelado no EE e, por algum motivo, deseja-se converter para FT. A fórmula que permite esta transformação é dada por:

$$G(s) = C(sI - A)^{-1}B + D \tag{1.11}$$

em que: I é a matriz identidade de mesma ordem do sistema (fornecida pela ordem da matriz de estado A).

Portanto, para se obter a função de transferência equivalente à representação no espaço de estados, é necessário calcular a inversa de $(sI - A)$. O cálculo de $(sI - A)^{-1}$ pode ser realizado, desde que a matriz $(sI - A)$ seja quadrada e não singular, usando um dos seguintes métodos:

- Definição de inversa que é: $(sI - A)^{-1} = \frac{adj\ (sI-A)}{det\ (sI-A)}$;

- Transposição de matrizes através da aplicação das operações elementares sobre as linhas da matriz ($sI - A$) justaposta à matriz identidade de mesma ordem; este método é recomendado somente para sistemas de até ordem 3, devido ao crescimento exponencial da quantidade de operações matemáticas, na medida em que a ordem da matriz de estado A aumenta;

- Algoritmo de Leverrier (CHEN, 1998);

- Software matemático, por exemplo, o MATLAB®.

Exemplo: Converter o sistema abaixo para FT:

$$\begin{cases} \begin{bmatrix} \dot{x}_1 \\ \dot{x}_2 \end{bmatrix} = \begin{bmatrix} -3 & -8 \\ 1 & 0 \end{bmatrix} \begin{bmatrix} x_1 \\ x_2 \end{bmatrix} + \begin{bmatrix} 1 \\ 0 \end{bmatrix} u \\ y = \begin{bmatrix} 2 & 5 \end{bmatrix} \begin{bmatrix} x_1 \\ x_2 \end{bmatrix} \end{cases}$$

Solução:

- Cálculo de $(sI - A)^{-1}$:

$$(sI - A) = s\begin{bmatrix} 1 & 0 \\ 0 & 1 \end{bmatrix} - \begin{bmatrix} -3 & -8 \\ 1 & 0 \end{bmatrix} = \begin{bmatrix} s & 0 \\ 0 & s \end{bmatrix} - \begin{bmatrix} -3 & -8 \\ 1 & 0 \end{bmatrix} = \begin{bmatrix} s+3 & 8 \\ -1 & s \end{bmatrix}$$

Será adotado o método da transposição de matrizes para o cálculo da inversa. Inicialmente, uma matriz identidade (*I*), de mesma ordem que $(sI - A)$, é justaposta à sua direita, devendo-se a partir daí executar algumas operações elementares sobre as linhas das duas matrizes, objetivando transpor a matriz *I* do lado direito para o lado esquerdo. Atentar para fazer sempre a mesma operação elementar sobre as duas matrizes justapostas, simultaneamente. O processo será iniciado dividindo a primeira linha de ambas as matrizes por (s+3) para, em seguida, somar o resultado obtido com a segunda linha, qual seja:

$$\begin{bmatrix} s+3 & 8 \\ -1 & s \end{bmatrix} \begin{bmatrix} 1 & 0 \\ 0 & 1 \end{bmatrix} \Rightarrow \begin{bmatrix} 1 & \dfrac{8}{s+3} \\ -1 & s \end{bmatrix} \begin{bmatrix} \dfrac{1}{s+3} & 0 \\ 0 & 1 \end{bmatrix} \Rightarrow \begin{bmatrix} 1 & \dfrac{8}{s+3} \\ 0 & \dfrac{8}{s+3} + s \end{bmatrix} \begin{bmatrix} \dfrac{1}{s+3} & 0 \\ \dfrac{1}{s+3} & 1 \end{bmatrix}$$

A seguir, será realizada a adição $[8/(s+3)] + s$ indicada na última matriz da esquerda; a próxima operação será multiplicar a segunda linha por $(s+3)(s^2+3s+8)$, qual seja:

$$\begin{bmatrix} 1 & \dfrac{8}{s+3} \\ 0 & \dfrac{s^2+3s+8}{s+3} \end{bmatrix} \begin{bmatrix} \dfrac{1}{s+3} & 0 \\ \dfrac{1}{s+3} & 1 \end{bmatrix} \Rightarrow \begin{bmatrix} 1 & \dfrac{8}{s+3} \\ 0 & 1 \end{bmatrix} \begin{bmatrix} \dfrac{1}{s+3} & 0 \\ \dfrac{1}{s^2+3s+8} & \dfrac{s+3}{s^2+3s+8} \end{bmatrix}$$

A seguir, toda a segunda linha será multiplicada por $-8/(s+3)$ e somada à primeira linha, resultando finalmente em:

$$\begin{bmatrix} 1 & 0 \\ 0 & 1 \end{bmatrix} \begin{bmatrix} \dfrac{s}{s^2+3s+8} & \dfrac{-8}{s^2+3s+8} \\ \dfrac{1}{s^2+3s+8} & \dfrac{s+3}{s^2+3s+8} \end{bmatrix}$$

Observe que a matriz identidade (*I*), que no início estava à direita passou para a esquerda, e a matriz que restou à direita da justaposição agora é a inversa desejada, ou seja:

$$(sI - A)^{-1} = \begin{bmatrix} \frac{s}{s^2+3s+8} & \frac{-8}{s^2+3s+8} \\ \frac{1}{s^2+3s+8} & \frac{s+3}{s^2+3s+8} \end{bmatrix}$$

- Cálculo da FT:

Para converter de EE para FT, basta aplicar a fórmula $G(s) = C(sI - A)^{-1}B + D$, ou seja:

$$G(s) = [2 \quad 5] \begin{bmatrix} \frac{s}{s^2+3s+8} & \frac{-8}{s^2+3s+8} \\ \frac{1}{s^2+3s+8} & \frac{s+3}{s^2+3s+8} \end{bmatrix} \begin{bmatrix} 1 \\ 0 \end{bmatrix} = [2 \quad 5] \begin{bmatrix} \frac{s}{s^2+3s+8} \\ \frac{1}{s^2+3s+8} \end{bmatrix}$$

$$= \frac{2s}{s^2+3s+8} + \frac{5}{s^2+3s+8}$$

Finalmente, tem-se:

$$G(s) = \frac{2s+5}{s^2+3s+8}$$

1.2.1.2.3 Convertendo Função de Transferência para Espaço de Estados (FT→EE)

Seja um sistema modelado pela seguinte função de transferência (FT):

$$G(s) = \frac{b_0 s^n + b_1 s^{n-1} + \dots + b_{n-1} s + b_n}{s^n + a_1 s^{n-1} + \dots + a_{n-1} s + a_n} \tag{1.12}$$

sendo que o polinômio do denominador (também denominado de polinômio característico) possui o coeficiente do termo de maior ordem igual a 1 (polinômio mônico). Uma das maneiras de se obter a representação de uma FT no EE é aplicando a seguinte fórmula (esta expressão é denominada de Forma Canônica Controlável):

$$\begin{cases} \begin{bmatrix} \dot{x}_1 \\ \dot{x}_2 \\ \dot{x}_3 \\ \vdots \\ \dot{x}_n \end{bmatrix} = \begin{bmatrix} -a_1 & -a_2 & \cdots & -a_{n-1} & -a_n \\ 1 & 0 & \dots & 0 & 0 \\ 0 & 1 & \cdots & 0 & 0 \\ \vdots & \vdots & \cdots & \vdots & \vdots \\ 0 & 0 & \cdots & 1 & 0 \end{bmatrix} \begin{bmatrix} x_1 \\ x_2 \\ x_3 \\ \vdots \\ x_n \end{bmatrix} + \begin{bmatrix} 1 \\ 0 \\ 0 \\ \vdots \\ 0 \end{bmatrix} u \qquad \text{(Equação de Estado)} \\ y = [(b_1 - a_1.b_0) \quad (b_2 - a_2.b_0) \quad \dots \quad (b_n - a_n.b_0)] \begin{bmatrix} x_1 \\ x_2 \\ \vdots \\ x_n \end{bmatrix} + [b_0]u \qquad \text{(Equação de Saída)} \end{cases} \tag{1.13}$$

Exemplo: Converter a FT abaixo para a representação no EE.

$$G(s) = \frac{s^2 + 2}{2s^3 + 6s^2 + 5s + 8}$$

Solução: Este exercício ficará para o leitor fazer...

1.2.1.2.4 Resumo: Esquema geral de conversão EDO-FT-EE

O esquema a seguir mostra as conversões da equação diferencial ordinária (EDO) para a função de transferência (FT) e espaço de estados (EE), assim como entre estas duas últimas formas de representação de sistemas:

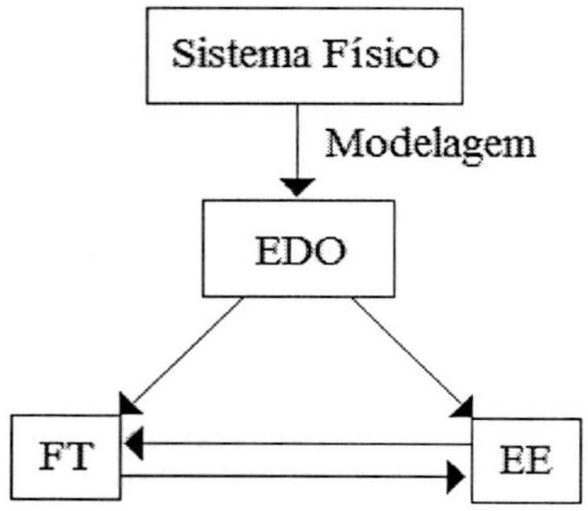

Figura 1.8 – Esquema de conversão EDO-FT-EE.

Optar por uma destas formas de representação fica a critério do projetista, evidentemente o projetista deverá levar em consideração as vantagens e desvantagens de cada uma delas, para finalmente fazer a escolha correta.

1.2.2 Modelos lineares discretos

Inicialmente, será feita uma breve revisão sobre as diferenças entre um sinal discreto e outro digital. O sinal discreto é um sinal intermitente no tempo, isto é, seus valores apenas são definidos em pontos específicos da trajetória descontínua de sua existência.

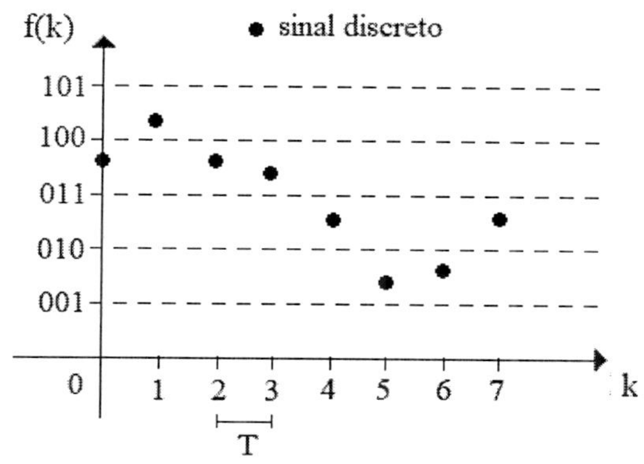

Figura 1.9 – Sinal discreto.

A variável independente é o tempo discreto $k \in \mathbb{Z}$, sendo $T \in \mathbb{R}$ o período de amostragem escolhido e que define o intervalo de tempo entre dois pontos consecutivos amostrados.

Sinal digital

Este tipo de sinal, além de variar de maneira intermitente no tempo, também é quantizado. A quantização nada mais é do que a discretização do valor do sinal (eixo vertical), o qual é dividido em intervalos ou níveis de quantização. Normalmente, utiliza-se o sistema binário para atribuir valores aos níveis de quantização.

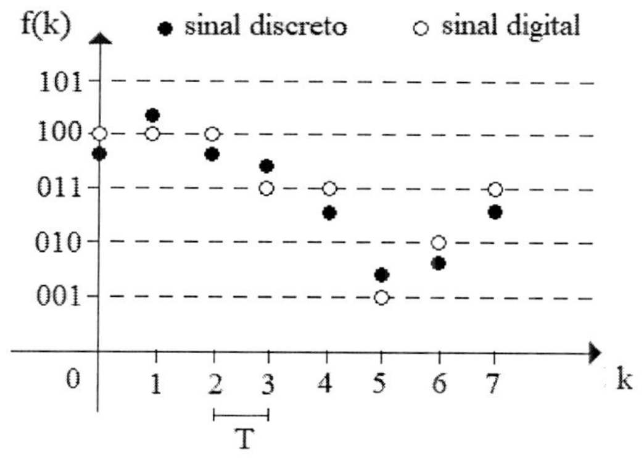

Figura 1.10 – Sinais discreto e digital.

Constata-se que a digitalização introduz obrigatoriamente um erro no valor do sinal devido a sua quantização realizada no eixo vertical, que, em última análise, nada mais é do que uma aproximação numérica dos valores contínuos situados nos interníveis. Este erro é denominado de erro de quantização, sendo tanto maior quanto menor for a quantidade de níveis adotada na quantização do sinal.

É interessante destacar que todo sinal digital é discreto, mas nem todo sinal discreto é digital. Como foi visto, a diferença entre um sistema digital e um sistema discreto é a quantização do sinal. Quando analisados sob o aspecto do tempo, eles têm o mesmo comportamento temporal, diferindo apenas quanto ao valor, a menos de um erro de quantização.

1.2.2.1 Função de Transferência Discreta

Define-se Função de Transferência Discreta de um sistema dinâmico *g*(*t*), representada por $\mathcal{Z}\{g(t)\} = G(z)$, a razão entre a Transformada *Z* do sinal de saída, *Y*(*z*), e a Transformada *Z* do sinal de entrada, *U*(*z*), garantindo-se que todas as condições iniciais sejam nulas, isto é, que todos os dispositivos armazenadores de energia (capacitores, indutores, molas etc.) estejam descarregados.

A Transformada *Z*, cujo símbolo é $\mathcal{Z}\{.\}$, por ser um operador linear, só é definida para sistemas lineares invariantes no tempo (*Linear Time Invariant* – LTI).

Por definição:

$$G(z) = \left.\frac{Y(z)}{U(z)}\right|_{condições\ iniciais=0} \tag{1.14}$$

Esquematicamente, tem-se:

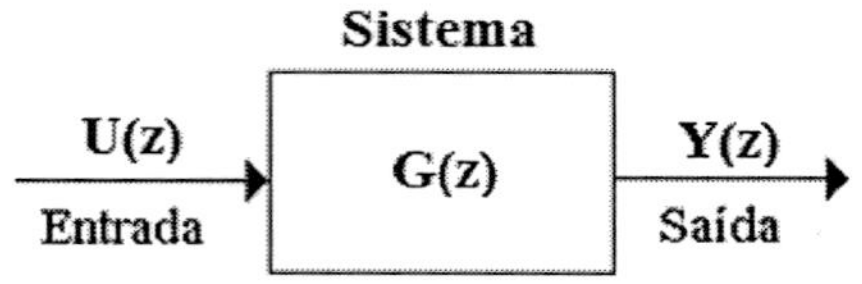

Figura 1.11 – Função de Transferência *G(s)*.

Exemplo: Determinar a função de transferência (FT) do sistema modelado pela seguinte equação de diferenças:

$$y(k) + 0{,}2y(k-1) + y(k-2) = u(k-1) + 1{,}5u(k-2)$$

Solução: Aplicando a Transformada *Z* e, em seguida, a propriedade da translação no domínio do *z*, virá:

$$\mathcal{Z}[y(k) + 0{,}2y(k-1) + y(k-2)] = \mathcal{Z}[u(k-1) + 1{,}5u(k-2)]$$
$$Y(z) + 0{,}2z^{-1}Y(z) + z^{-2}Y(z) = z^{-1}U(z) + 1{,}5z^{-2}U(z)$$
$$Y(z)[1 + 0{,}2z^{-1} + z^{-2}] = U(z)[z^{-1} + 1{,}5z^{-2}]$$

Finalmente, tem-se:

$$G(z) = \frac{Y(z)}{U(z)} = \frac{z^{-1} + 1{,}5z^{-2}}{1 + 0{,}2z^{-1} + z^{-2}}$$

Outra maneira de se obter a função de transferência discreta é aplicar métodos numéricos de discretização, sendo que alguns deles serão apresentados logo a seguir.

1.2.2.1.1 Métodos Numéricos de Discretização

São apresentados os seguintes métodos aproximados para conversão do domínio contínuo da variável *s* para o domínio discreto da variável *z*, através da substituição direta de variáveis, conforme aproximações mostradas no quadro a seguir (FRANKLIN *et al.*, 1990):

Método	**Aproximação**
Forward (Euler)	$s \leftarrow \frac{z-1}{T}$
Backward	$s \leftarrow \frac{z-1}{Tz}$
Trapezoidal (Tustin)	$s \leftarrow \frac{2}{T}\frac{z-1}{z+1}$

Figura 1.12 – Métodos numéricos de discretização.

Exemplo: Discretizar, usando o Método de Tustin e período de amostragem $T = 5$s, o sistema dado por:

$$G(s) = \frac{2}{s+1}$$

Solução:

$$G(z) = \frac{2}{\left(\frac{2}{T}\left(\frac{z-1}{z+1}\right)\right)+1} = \frac{2}{\left(\frac{2(z-1)}{5(z+1)}\right)+1} = \frac{2}{\frac{2(z-1)+5(z+1)}{5(z+1)}}$$

$$= \frac{10(z+1)}{2(z-1)+5(z+1)}$$

Manipulando matematicamente, finalmente chega-se à forma discreta de Tustin, qual seja:

$$G(z) = \frac{10(z+1)}{7z+3}$$

Qual será o comportamento deste sistema quanto à estabilidade?

Fica também a sugestão de consultar a literatura especializada para verificar como são obtidas as expressões dos métodos numéricos de discretização apresentados acima, os quais são usados na discretização de modelos contínuos no domínio do s para o domínio do z, exceto nos casos em que o sistema a discretizar for uma planta industrial.

Quando o sistema a discretizar for uma planta industrial, a técnica recomendada é a que utiliza um segurador de sinal (*signal holder*), pelo simples fato de possibilitar a manutenção do sinal de entrada atuando sobre a planta, mesmo durante os intervalos de tempo entre os pontos de amostragem, evitando, assim, o seu funcionamento intermitente inapropriado, ressalvados os casos de plantas descontínuas por natureza.

A forma geral da função de transferência discreta usando um segurador de sinal, é dada por Gabriel Filho (2018), que é:

$$G(z) = \frac{1}{U(z)} Z\{\mathcal{L}^{-1}\{G(s)U(s)\}\} \tag{1.15}$$

Olhando a expressão no interior das chaves duplas, constata-se que a multiplicação de $G(s)$ por $U(s)$ é como se aplicasse um sinal de entrada $U(s)$, que corresponde ao segurador de sinal, no modelo de planta contínuo $G(s)$. Na sequência, a divisão do resultado da Transformada Z por $U(z)$ é como se retirasse o referido sinal de entrada anteriormente aplicado, para finalmente obter o modelo puro da planta sem a entrada, já na forma discretizada.

Prova: Suponha que uma amostra seja tomada num instante $t = kT$, sendo T o período de amostragem da planta, conforme mostrado na figura a seguir:

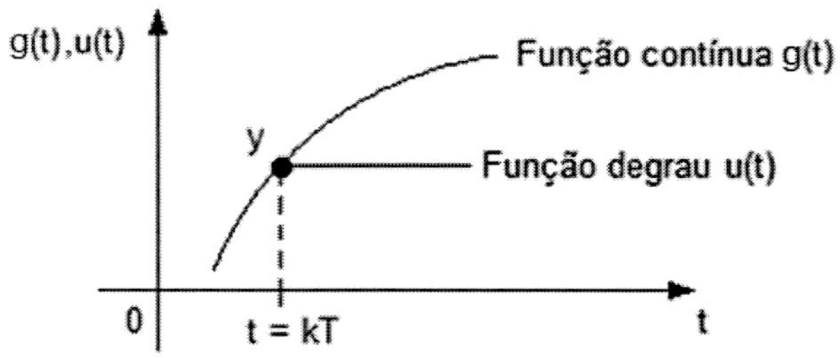

Figura 1.13 – Amostragem com segurador de 1ª ordem (função degrau).

No ponto de amostragem y, tem-se que:

$$y(t) = \mathcal{L}^{-1}\{G(s)U(s)\} \tag{1.16}$$
$$y(kT) = \mathcal{Z}^{-1}\{G(z)U(z)\} \tag{1.17}$$

para o qual a relação $t = kT$ é verdadeira, sendo $t, T \in \mathbb{R}$, $k \in \mathbb{Z}$ e T o período de amostragem. Portanto, é válido afirmar que:

$$\mathcal{Z}^{-1}\{\mathrm{G(z)U(z)}\} = \mathcal{L}^{-1}\{\mathrm{G(s)U(s)}\}$$

Manipulando matematicamente a equação acima, finalmente se obtém a fórmula geral para a discretização de plantas industriais usando seguradores de sinal, ou seja:

$$G(z) = \frac{1}{U(z)}\mathcal{Z}\{\mathcal{L}^{-1}\{G(s)U(s)\}\} \tag{1.18}$$

Por exemplo, caso seja utilizado um Segurador de Ordem Zero (*Zero Order Hold* – ZOH), cujo sinal de entrada é a função degrau unitário, a Equação (1.18) seria escrita da seguinte forma:

$$G(z) = (1 - z^{-1})\mathcal{Z}\left\{\mathcal{L}^{-1}\left[\frac{G(s)}{s}\right]\right\} \tag{1.19}$$

Outros seguradores de ordem superior podem ser obtidos, bastando utilizar o sinal de entrada requerido; outro exemplo, é o Segurador de Primeira Ordem (*First Order Hold* – FOH), que usa como entrada a função rampa unitária.

Para resumir, o esquema a seguir mostra graficamente as possíveis maneiras de se passar uma FT contínua para a correspondente FT discreta:

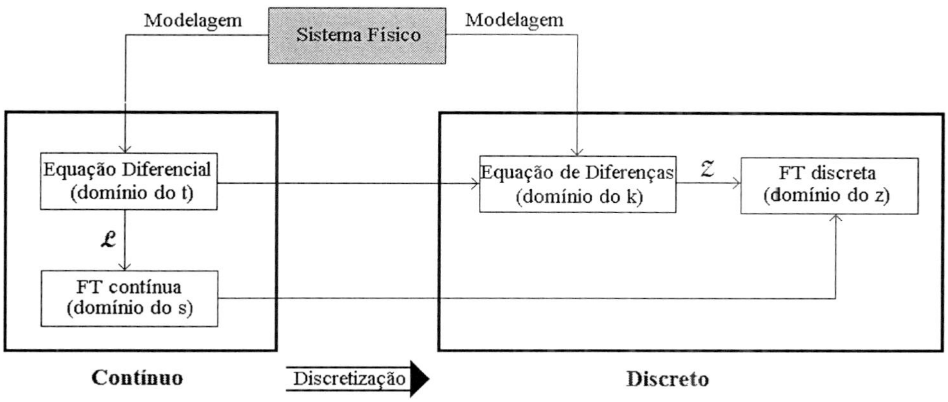

Figura 1.14 – Esquema geral para modelagem de sistemas físicos.

1.2.2.2 Espaço de Estados Discreto

A conversão da representação de um sistema MIMO (*Multiple Input, Multiple Output*), do espaço de estados contínuo para o discreto, é baseada na solução da equação de estado contínua e não envolve aproximações (CHEN, 1998), o que implica na solução exata em $t = kT$, sendo T o período de amostragem. Como resultado dessa conversão, obtém-se o modelo discreto no espaço de estados, cuja forma geral é dada por:

$$\begin{cases} \boldsymbol{x}(k+1) = \bar{A}\boldsymbol{x}(k) + \bar{B}\boldsymbol{u}(k) & \text{(Equação de Estado)} \\ \boldsymbol{y}(k) = C\boldsymbol{x}(k) + D\boldsymbol{u}(k) & \text{(Equação de Saída)} \end{cases} \quad (1.20)$$

em que: $\boldsymbol{x}$ é o vetor de estados (nx1), $\boldsymbol{u}$ é o vetor de entrada (mx1), $\boldsymbol{y}$ é o vetor de saída (px1), $\bar{A}_{nxn}$ é a matriz de estado, $\bar{B}_{nxm}$ é a matriz de entrada, C_{pxn} é a matriz de saída e D_{pxm} é a matriz de transmissão direta. Caso o sistema seja SISO (*Single Input, Single Output*) de ordem 'n', então basta fazer $m = p = 1$, assim, os coeficientes matriciais $\bar{B}$ e C passam a ser vetores e D um escalar.

A notação barrada, usada nas matrizes $\bar{A}$ e $\bar{B}$ da equação de estado discreta (1.20), indica que estas não são as mesmas de suas correspondentes, A e B, da equação de estado contínua (1.6); por outro lado, as matrizes C e D são iguais tanto na equação de saída discreta quanto na contínua. As matrizes $\bar{A}$ e $\bar{B}$ são calculadas por (CHEN, 1998; OGATA, 2011):

$$\bar{A} = e^{AT} \quad (1.21)$$

e

$$\bar{B} = \left(\int_0^T e^{A\tau} d\tau\right) B \quad (1.22)$$

Uma das maneiras para se calcular a exponencial da forma e^{AT}, sendo A uma matriz, é usar o procedimento baseado no Teorema de Cayley-Hamilton.

- **Teorema de Cayley-Hamilton**

"Seja A uma matriz n x n, sendo sua equação característica dada por

$$f(\lambda) = det(\lambda I - A) = \lambda^n + a_1\lambda^{n-1} + \cdots + a_{n-1}\lambda + a_n = 0$$

então a matriz A satisfaz a equação característica, ou seja

$$f(A) = A^n + a_1 A^{n-1} + \cdots + a_{n-1}A + a_n I = 0.\text{”}$$

Prova: Consultar Chen (1998), Ogata (2011).

1.2.2.2.1 Procedimento para cálculo de e^{AT}

Como a conversão de um modelo no espaço de estados contínuo para o modelo discreto correspondente passa, obrigatoriamente, pelo cálculo de uma exponencial matricial, mostramos a seguir como calcular, qual seja:
1º passo: Faça $f(\lambda) = e^{\lambda t}$ o que implica em $f(A) = e^{At}$ (pelo Teorema de Cayley-Hamilton), que, em última análise, é o que se deseja calcular;

2º passo: Calcule o polinômio característico de grau n obtido por det(sI - A);

3º passo: Fatore $\det(sI - A) = \prod_{i=1}^{m}(s - \lambda_i)^{n_i}$, em que m é a quantidade de raízes distintas dadas por λ_i com multiplicidade n_i, sendo que a soma dos n_i é igual ao grau n do polinômio característico;

4º passo: Escolha um polinômio $g(s)$ com 1 grau menor do que o polinômio característico, denominado de $g(s) = \alpha_{n-1}s^{n-1} + \alpha_{n-2}s^{n-2} + \cdots + \alpha_1 s + \alpha_0$;

5º passo: Monte as equações obtidas por

$$\frac{d^{(p)}f(\lambda_i)}{d\lambda^{(p)}} = \frac{d^{(p)}g(\lambda_i)}{ds^{(p)}}$$

em que p é a ordem da derivada (p = 0, 1, 2, ..., n_i – 1) e i = 1, 2, ..., m, sendo m a quantidade de raízes distintas. Observe que a derivada da esquerda é em relação a λ, e a da direita é em relação a s, porém ambas calculadas no ponto λ_i. Resolvendo o sistema de equações, os valores dos coeficientes α do polinômio $g(s)$ são calculados em função de termos do tipo $e^{\lambda_i t}$;

6º passo: Faça agora $f(A)$ = $g(A)$. Como $f(A) = e^{At}$, manipulando matematicamente esta igualdade e substituindo $t = T$, finalmente encontra-se o valor procurado para e^{At}.

Exemplo: Calcular e^{At}, sendo $A = \begin{bmatrix} 0 & 2 \\ 0 & 3 \end{bmatrix}$.

Solução:

1º) Faça $f(\lambda) = e^{\lambda t}$;

2º) Calcule o polinômio característico dado por det(sI-A):

$$\det(sI - A) = \det\left(s\begin{bmatrix}1 & 0\\0 & 1\end{bmatrix} - \begin{bmatrix}0 & 2\\0 & 3\end{bmatrix}\right) = \det\begin{bmatrix}s & -2\\0 & s-3\end{bmatrix} = s(s-3) - (-2)$$

$$= s^2 - 3s + 2\ ;$$

3º) Fatore $\det(sI - A) = (s-1)(s-2)$, cujas raízes valem 1 e 2, e $n_1 = n_2 = 1$ (multiplicidade das raízes);

4º) Escreva um polinômio $g(s)$, com 1 grau menor do que $\det(sI - A)$
$g(s) = \alpha_1 s + \alpha_0$;

5º) Monte as equações dadas por:

$$\frac{d^{(p)} f(\lambda_i)}{d\lambda^{(p)}} = \frac{d^{(p)} g(\lambda_i)}{ds^{(p)}}$$

fazendo $p = 0$ e $i = 1, 2$. Assim, $\lambda_1 = 1$ e $\lambda_2 = 2$, obtendo então:

$$f(1) = g(1) \Rightarrow e^t = \alpha_1 + \alpha_0$$
$$f(2) = g(2) \Rightarrow e^{2t} = 2\alpha_1 + \alpha_0$$

Resolvendo o sistema de equações acima, obtêm-se:

$$\alpha_1 = -e^t + e^{2t}$$
$$\alpha_0 = 2e^t - e^{2t}$$

6º) Como $f(A) = e^{At}$ e $g(A) = \alpha_1 A + \alpha_0 I$ (I = matriz identidade), igualando $f(A) = g(A)$, tem-se:

$$e^{At} = (-e^t + e^{2t})A + (2e^t - e^{2t})I$$

$$= (-e^t + e^{2t})\begin{bmatrix}0 & 2\\0 & 3\end{bmatrix} + (2e^t - e^{2t})\begin{bmatrix}1 & 0\\0 & 1\end{bmatrix}$$

$$= \begin{bmatrix}2e^t - e^{2t} & -2e^t + 2e^{2t}\\0 & -e^t + 2e^{2t}\end{bmatrix}$$

Agora fazendo $t = T$, encontra-se o valor de e^{At} que é:

$$e^{AT} = \begin{bmatrix}2e^T - e^{2T} & -2e^T + 2e^{2T}\\0 & -e^T + 2e^{2T}\end{bmatrix}$$

Exemplo: Considerando a mesma matriz A do exemplo anterior e supondo $B = \begin{bmatrix}1\\1\end{bmatrix}$, calcular $\bar{B}$.
Solução: A resposta é a integral definida dada por (1.22), conforme abaixo:

$$\bar{B} = \left(\int_0^T e^{A\tau} d\tau\right) B$$

Aproveitando e^{At} do exemplo anterior, fazendo $T = \tau$ e substituindo B, virá:

$$\bar{B} = \left(\int_0^T \begin{bmatrix} 2e^{\tau} - e^{2\tau} & -2e^{\tau} + 2e^{2\tau} \\ 0 & -e^{\tau} + 2e^{2\tau} \end{bmatrix} d\tau\right) \begin{bmatrix} 1 \\ 1 \end{bmatrix}$$

$$= \begin{bmatrix} \frac{4e^{T} - e^{2T} - 3}{2} & -2e^{T} + e^{2T} + 1 \\ 0 & -e^{T} + e^{2T} \end{bmatrix} \begin{bmatrix} 1 \\ 1 \end{bmatrix}$$

$$= \begin{bmatrix} \frac{e^{2T} - 1}{2} \\ -e^{T} + e^{2T} \end{bmatrix}$$

Exemplo: Discretizar o sistema modelado por:

$$\begin{cases} \dot{\boldsymbol{x}}(t) = A\boldsymbol{x}(t) + B\boldsymbol{u}(t) & \text{(Equação de Estado)} \\ \boldsymbol{y}(t) = C\boldsymbol{x}(t) + D\boldsymbol{u}(t) & \text{(Equação de Saída)} \end{cases}$$

em que: $A = \begin{bmatrix} 0 & 2 \\ 0 & 3 \end{bmatrix}$, $B = \begin{bmatrix} 1 \\ 1 \end{bmatrix}$, $C = [1 \quad 0]$ e $D = 0$.

Solução: A solução consiste em calcular:

$$\begin{cases} \boldsymbol{x}(k+1) = \bar{A}\boldsymbol{x}(k) + \bar{B}\boldsymbol{u}(k) & \text{(Equação de Estado)} \\ \boldsymbol{y}(k) = C\boldsymbol{x}(k) + D\boldsymbol{u}(k) & \text{(Equação de Saída)} \end{cases}$$

em que: $\bar{A} = e^{AT}$ e $\bar{B} = \left(\int_0^T e^{A\tau} d\tau\right) B$. Para as matrizes A e B dadas, as expressões de $\bar{A}$ e $\bar{B}$ já foram calculadas nos exemplos anteriores. Assim,

$$\begin{cases} \boldsymbol{x}(k+1) = \begin{bmatrix} 2e^{T} - e^{2T} & -2e^{T} + 2e^{2T} \\ 0 & -e^{T} + 2e^{2T} \end{bmatrix} \boldsymbol{x}(k) + \begin{bmatrix} \frac{e^{2T} - 1}{2} \\ -e^{T} + e^{2T} \end{bmatrix} \boldsymbol{u}(k) \\ \boldsymbol{y}(k) = [1 \quad 0]\boldsymbol{x}(k) \end{cases}$$

As matrizes C e D da equação de saída são as mesmas para os sistemas contínuos e discretos, pois não dependem do período de amostragem T.

Exemplo: Calcular e^{AT}, sendo $A = \begin{bmatrix} 0 & 0 & -2 \\ 0 & 1 & 0 \\ 1 & 0 & 3 \end{bmatrix}$

Solução:

1º) Faça $f(\lambda) = e^{\lambda t}$;

2º) Calcule o polinômio característico dado por det(sI-A):

$$\det(sI - A) = det\left(s\begin{bmatrix} 1 & 0 & 0 \\ 0 & 1 & 0 \\ 0 & 0 & 1 \end{bmatrix} - \begin{bmatrix} 0 & 0 & -2 \\ 0 & 1 & 0 \\ 1 & 0 & 3 \end{bmatrix}\right) = \det\begin{bmatrix} s & 0 & 2 \\ 0 & s-1 & 0 \\ -1 & 0 & s-3 \end{bmatrix}$$
$$= s^3 - 4s^2 + 5s - 2;$$

3º) Fatore det($sI - A$) = $(s-1)^2(s-2)$, cujas raízes valem 1, com multiplicidade $n_1 = 2$, e a outra raiz vale 2, com multiplicidade $n_2 = 1$;

4º) Escreva um polinômio $g(s)$, com 1 grau menor do que $\det(sI - A)$
$g(s) = \alpha_2 s^2 + \alpha_1 s + \alpha_0$;

5º) Monte as equações dadas por:

$$\frac{d^{(p)} f(\lambda_i)}{d\lambda^{(p)}} = \frac{d^{(p)} g(\lambda_i)}{ds^{(p)}}$$

fazendo $p = 0, 1$ para $\lambda_1 = 1$, e $p = 0$ para $\lambda_2 = 2$, obtendo então:

$$f(1) = g(1) \Longrightarrow e^t = \alpha_2 + \alpha_1 + \alpha_0$$
$$f'(1) = g'(1) \Longrightarrow te^t = 2\alpha_2 + \alpha_1$$
$$f(2) = g(2) \Longrightarrow e^{2t} = 4\alpha_2 + 2\alpha_1 + \alpha_0$$

Resolvendo o sistema de equações acima, obtêm-se:
$\alpha_0 = -2te^t + e^{2t}$, $\alpha_1 = 3te^t + 2e^t - 2e^{2t}$ e $\alpha_2 = -te^t - e^t + e^{2t}$

6º) Como $f(A) = e^{At}$ e $g(A) = \alpha_2 A^2 + \alpha_1 A + \alpha_0 I$ (I = matriz identidade), igualando $f(A) = g(A)$, tem-se:

$$e^{At} = (e^{2t} - e^t - te^t)A^2 + (3te^t + 2e^t - 2e^{2t})A + (-2te^t + e^{2t})I$$

$$= (e^{2t} - e^t - te^t)\begin{bmatrix} -2 & 0 & -6 \\ 0 & 1 & 0 \\ 3 & 0 & 7 \end{bmatrix} + (3te^t + 2e^t - 2e^{2t})\begin{bmatrix} 0 & 0 & -2 \\ 0 & 1 & 0 \\ 1 & 0 & 3 \end{bmatrix} +$$
$$(-2te^t + e^{2t})\begin{bmatrix} 1 & 0 & 0 \\ 0 & 1 & 0 \\ 0 & 0 & 1 \end{bmatrix}$$

$$= \begin{bmatrix} 2e^t - e^{2t} & 0 & 2e^t - 2e^{2t} \\ 0 & e^t & 0 \\ -e^t + e^{2t} & 0 & 2e^{2t} - e^t \end{bmatrix}$$

Observe que no cálculo de e^{At} as exponenciais são da forma $e^{\lambda_i t}$. Finalmente, fazendo $t = T$, encontra-se o valor de e^{At}, que é:

$$e^{AT} = \begin{bmatrix} 2e^T - e^{2T} & 0 & 2e^T - 2e^{2T} \\ 0 & e^T & 0 \\ -e^T + e^{2T} & 0 & 2e^{2T} - e^T \end{bmatrix}$$

1.2.2.3 Modelos Polinomiais

Os modelos polinomiais normalmente são expressões matemáticas discretas formadas pelos valores atual e passados da entrada e/ou da saída do sistema, assim como do erro de modelagem. Esses valores são dispostos na forma de uma sequência temporal de medidas da saída, entrada e do erro de modelagem, as quais são ponderadas através de coeficientes (parâmetros), sendo que cada uma dessas sequências é indexada pelo tempo discreto k, $k \in \mathbb{Z}$, como, por exemplo, podemos ver no modelo polinomial denominado de Autorregressivo com Entradas Exógenas (*AutoRegressive with eXogeneous inputs* – ARX), a seguir:

$$y(k) + 0{,}2y(k-1) = 1{,}5u(k-1) + \varepsilon(k)$$

Neste exemplo em particular, constata-se que a saída atual $y(k)$ e a passada $y(k\text{-}1)$ encontram-se ponderadas pelos coeficientes 1 e 0,2, respectivamente, enquanto a entrada passada $u(k\text{-}1)$ é ponderada pelo coeficiente 1,5 e o erro de modelagem $\varepsilon(k)$ é ponderado por 1, sendo o erro calculado por $\varepsilon(k) = y(k) - \hat{y}(k)$, em que $\hat{y}$ é o valor estimado da saída no instante k.

Como representar matematicamente os modelos polinomiais discretos? Existem duas formas que podem ser utilizadas, cada uma com suas vantagens e desvantagens, que devem ser consideradas pelo usuário no momento de escolher uma delas, levando-se em consideração a sua aplicação específica.

Estas formas são a representação polinomial implícita (equação de diferenças) e a representação polinomial explícita (matricial).

1.2.2.3.1 Representação polinomial implícita

Considere um sistema dado pelo seu modelo polinomial no tempo discreto, escrito na forma de uma equação de diferenças, por exemplo:

$$y(k) + 0{,}4y(k-1) + 0{,}2y(k-2) = 0{,}5u(k-1) - 0{,}8u(k-2) + \varepsilon(k) + 0{,}1\varepsilon(k-1) + 0{,}3\varepsilon(k-2)$$

Uma maneira alternativa da representação polinomial é utilizar o operador de atraso unitário q^{-1}, tal que $q^{-1}f(k) = f(k\text{-}1)$ (HEMERLY, 2000), para representar os termos deslocados no tempo da equação de diferenças, ou seja:

$$y(k) + 0{,}4q^{-1}y(k) + 0{,}2q^{-2}y(k) = 0{,}5q^{-1}u(k) - 0{,}8q^{-2}u(k) + \varepsilon(k) + 0{,}1q^{-1}\varepsilon(k) + 0{,}3q^{-2}\varepsilon(k)$$

$$(1 + 0{,}4q^{-1} + 0{,}2q^{-2})y(k) = (0{,}5q^{-1} - 0{,}8q^{-2})u(k) + (1 + 0{,}1q^{-1} + 0{,}3q^{-2})\varepsilon(k)$$

Agora fazendo:

$$\begin{aligned} A(q^{-1}) &= 1 + 0{,}4q^{-1} + 0{,}2q^{-2} \\ B(q^{-1}) &= 0{,}5q^{-1} - 0{,}8q^{-2} \\ C(q^{-1}) &= 1 + 0{,}1q^{-1} + 0{,}3q^{-2}, \end{aligned}$$

finalmente, obtém-se o modelo na forma polinomial implícita:

$$A(q^{-1})y(k) = B(q^{-1})u(k) + C(q^{-1})\varepsilon(k) \tag{1.23}$$

Neste caso específico (1.23), o modelo é denominado de Autorregressivo Média Móvel com Entradas Exógenas (*<u>A</u>uto<u>R</u>egressive <u>M</u>oving <u>A</u>verage with e<u>X</u>ogeneous inputs* – ARMAX), que será visto detalhadamente em capítulo mais adiante.

1.2.2.3.2 Representação polinomial explícita (matricial)

Outra maneira de representação é utilizar a forma explícita (matricial), que consiste em isolar a saída corrente em função das demais variáveis do sistema, as quais expressam os valores atuais e passados (regressores).

Considere novamente o modelo polinomial no tempo discreto anterior:

$$y(k) = -0{,}4y(k-1) - 0{,}2y(k-2) + 0{,}5u(k-1) - 0{,}8u(k-2) + \varepsilon(k) + 0{,}1\varepsilon(k-1) + 0{,}3\varepsilon(k-2)$$

$$y(k) = \begin{bmatrix} y(k-1) \\ y(k-2) \\ u(k-1) \\ u(k-2) \end{bmatrix}^T \begin{bmatrix} -0{,}4 \\ -0{,}2 \\ 0{,}5 \\ -0{,}8 \end{bmatrix} + \begin{bmatrix} 1 \\ 0{,}1 \\ 0{,}3 \end{bmatrix}^T \begin{bmatrix} \varepsilon(k) \\ \varepsilon(k-1) \\ \varepsilon(k-2) \end{bmatrix}$$

ou colocando na forma geral, tem-se:

$$y(k) = \boldsymbol{\varphi}^T \boldsymbol{\theta} + \boldsymbol{C}^T \boldsymbol{\varepsilon} \tag{1.24}$$

em que: $\boldsymbol{\varphi}$ (lê-se: fi minúsculo) é o vetor de regressores, que representa apenas um experimento contendo as medições dos pares de valores atual e passados de entrada-saída $[u, y]$, $\boldsymbol{\theta}$ é o vetor dos parâmetros, $\boldsymbol{C}$ é o vetor dos coeficientes dos erros de modelagem e $\boldsymbol{\varepsilon}$ é o vetor dos erros de modelagem, sendo T o operador de transposição de vetores. Esta representação é mais apropriada para a estimação de parâmetros usando o método dos mínimos quadrados (MMQ).

Existem várias estruturas para representação do modelo polinomial discreto, tais como FIR, ARX, ARMAX etc., os quais serão apresentadas com detalhes em capítulo mais adiante.

1.3 Representações Não Lineares

As representações não lineares têm a principal característica de representar o comportamento dinâmico do sistema em toda a sua faixa de operação. Por outro lado, são técnicas mais complexas, com grande aplicação na área de modelagem e simulação; entretanto, na área de controle ainda tem uma aplicação restrita a alguns casos práticos.

1.3.1 Modelos contínuos

O conceito de Função de Transferência não se aplica aos sistemas não lineares, devido a Transformada de Laplace ser um operador matemático linear. Entretanto, pode-se aplicar o conceito de Espaço de Estados, tendo em vista o mesmo ser obtido diretamente das equações diferenciais, podendo estas serem lineares ou não lineares.

1.3.1.1 Espaço de Estados

Uma representação contínua não linear no espaço de estados é caracterizada pela existência de termos não lineares na equação de estado e/ou de saída:

$$\begin{cases} \dot{\boldsymbol{x}}(t) = f[\boldsymbol{x}(t), \boldsymbol{u}(t), t] & \text{(Equação de Estado)} \\ \boldsymbol{y}(t) = g[\boldsymbol{x}(t), \boldsymbol{u}(t), t] & \text{(Equação de Saída)} \end{cases} \tag{1.25}$$

em que $\boldsymbol{x}$ é o vetor de estados, $\boldsymbol{u}$ é o vetor de entrada e $\boldsymbol{y}$ é o vetor de saída, sendo que f e/ou g são funções não lineares em $\boldsymbol{x}$ e/ou $\boldsymbol{u}$.

Exemplo: Considere o seguinte modelo:

$$\begin{cases} \dot{\boldsymbol{x}}(t) = \begin{bmatrix} 0 & 1 \\ -1 & 1-[x_1(t)]^2 \end{bmatrix} \boldsymbol{x}(t) + \begin{bmatrix} 1 \\ 0{,}5 \end{bmatrix} u(t) & \text{(Equação de Estado)} \\ \boldsymbol{y}(t) = [0{,}8 \quad 1]\, \boldsymbol{x}(t) & \text{(Equação de Saída)} \end{cases}$$

Pode-se observar que a não linearidade é introduzida no sistema pela variável de estado x_1, através da sua matriz de estado.

1.3.2 Modelos Discretos

Aqui, ao invés das funções não lineares serem indexadas pelo tempo contínuo t, $t \in \mathbb{R}$, elas são indexadas pelo tempo discreto k, para $k \in \mathbb{Z}$, destacando-se as representações no espaço de estado e as funções polinomiais, sendo estas última as mais usadas devido a sua praticidade e existência de diversos métodos para sua obtenção.

1.3.2.1 Espaço de Estados

A forma geral da representação não linear no espaço de estados é dada por:

$$\begin{cases} \boldsymbol{x}(k+1) = f[\boldsymbol{x}(k), \boldsymbol{u}(k), k] & \text{(Equação de Estado)} \\ \boldsymbol{y}(k) = g[\boldsymbol{x}(k), \boldsymbol{u}(k), k] & \text{(Equação de Saída)} \end{cases} \tag{1.26}$$

em que $\boldsymbol{x}$ é o vetor de estados, $\boldsymbol{u}$ é o vetor de entrada e $\boldsymbol{y}$ é o vetor de saída, sendo que f e/ou g são funções não lineares em $\boldsymbol{x}$ e/ou $\boldsymbol{u}$.

Exemplo:

$$\begin{cases} \boldsymbol{x}(k+1) = \begin{bmatrix} x_1(k) & -1 \\ 1 & x_1(k) \end{bmatrix} \boldsymbol{x}(k) + \begin{bmatrix} 0 \\ -1 \end{bmatrix} u(k) & \text{(Equação de Estado)} \\ \boldsymbol{y}(k) = [1 \quad 0{,}2]\boldsymbol{x}(k) & \text{(Equação de Saída)} \end{cases}$$

em que k é o índice de tempo discreto. Neste caso, a não linearidade atinge as variáveis de estado x_1 e x_2 da equação de estado. Atentar para o fato de que $\boldsymbol{x}(k) = [x_1(k) \ \ x_2(k)]^T$.

1.3.2.2 Modelos Polinomiais Não Lineares

São similares às representações polinomiais lineares. Para denominar os modelos polinomiais não lineares, utiliza-se a letra N antecedendo às correspondentes denominações lineares, por exemplo, o modelo linear ARX passa a ser o modelo não linear NARX, que significa, em inglês, *Nonlinear AutoRegressive with eXogenous inputs*, cujo modelo geral é dado por:

$$y(k+d) = f\big(\boldsymbol{y}(k), \boldsymbol{u}(k)\big) + \varepsilon(k) \tag{1.27}$$

em que k é o índice de tempo discreto, d é o atraso da entrada em relação à saída da planta, f é uma função não linear em y (saída) e/ou u (entrada) e ε é o erro de modelagem. É interessante ressaltar que a não linearidade pode afetar diretamente uma ou mais variáveis do sistema, assim como pode afetar apenas os coeficientes das variáveis ou ambos, variáveis e coeficientes. Quando a não linearidade afeta apenas os coeficientes das variáveis que compõem a estrutura do modelo, este é denominado não linear nos parâmetros.

1.3.2.3 Redes Neurais Artificiais

As Redes Neurais Artificiais – RNAs, em particular do tipo multicamadas, são boas para aprender relações não lineares, a partir de um processo de treinamento, usando um conjunto de dados experimentais de entrada-saída, sendo, por isso, consideradas aproximadores universais de funções matemáticas (HAYKIN, 1999).

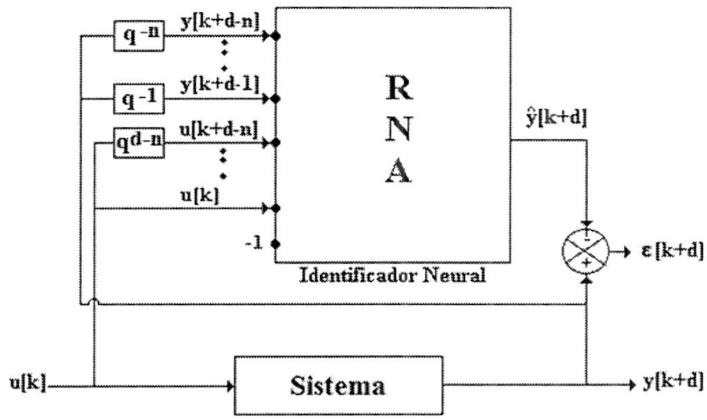

Figura 1.15 – Um esquema de identificação usando Rede Neural Artificial (RNA).

A relação entre um sistema (ou planta) e o seu modelo de redes neurais passa a ser descrita, de uma forma geral, por:

$$y(k+d) = f(\varphi(k,d,n),W) + \varepsilon(k+d) \tag{1.28}$$

em que: y é a saída da planta, f é a função não linear escolhida para modelar o comportamento dinâmico da planta, φ é o vetor de regressores do modelo, W é uma matriz contendo os parâmetros ajustáveis da rede neural (pesos sinápticos), sendo o erro de modelagem definido por $\varepsilon(k+d) = y(k+d) - \hat{y}(k+d)$.

A representação de sistemas usando as redes neurais multicamadas – RNMs é classificada de maneira similar aos modelos polinomiais, bastando agora acrescentar o prefixo NN (*Neural Network*) às correspondentes denominações lineares, quais sejam, NNARX, NNARMAX etc., variando de acordo com a entrada da rede neural, que será formada pelos valores presente e passado do vetor de regressores do modelo escolhido, acrescida da entrada extra com valor fixo igual a -1. Dois tipos de redes bastante usadas são as redes multicamadas - redes perceptron de múltiplas camadas (Multilayer Perceptron" – MLP) e as redes de base radial (*Radial-basis Function* – RBF).

Redes Perceptron de Múltiplas Camadas (MLPs)

São redes contendo uma camada de entrada (sem neurônios), uma ou mais camadas intermediárias ou escondidas, nas quais as funções de ativação dos neurônios são funções deriváveis, entre elas, as mais usadas são: função linear, função sigmoide unipolar (logística) e bipolar (tangente hiperbólica), e, por último, uma camada de saída, sendo que esta normalmente contém funções de ativação do tipo linear. Estas redes são as mais usadas nas aplicações envolvendo a identificação e o controle de processos industriais.

Redes de Base Radial (RBFs)

Neste caso, a rede possui apenas 3 camadas, sendo a camada de entrada (sem neurônios), a camada intermediária constituída de neurônios com função de ativação do tipo gaussiana ou normal, e a camada de saída com função de ativação linear. Enquanto os neurônios intermediários de uma rede MLP normalmente possuem função de ativação do tipo sigmoidal, podendo assim cobrir um grande espaço de entrada, os neurônios intermediários das redes RBF cobrem pequenas regiões do espaço de entrada, fazendo com que as MLPs sejam mais eficientes do que as RBFs na identificação de sistemas, que é um caso particular de aproximação de funções. Por outro lado, as RBFs são mais indicadas para o problema de classificação de padrões.

1.4 Estudo de caso: Separador Trifásico Água-Óleo-Gás (SAOG)

O separador de fases líquida e gasosa é um equipamento muito usado nas plataformas de produção de óleo e gás, denominado de separador de água, óleo e gás.

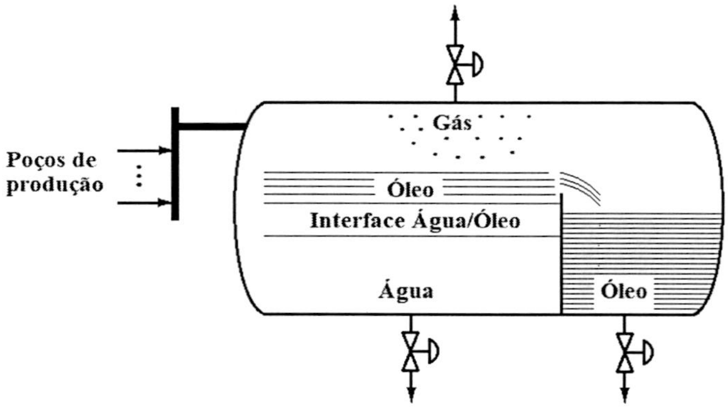

Figura 1.16 – Separador de Água-Óleo-Gás (SAOG).

A figura a seguir mostra os gráficos correspondentes às vazões de saída de óleo, em m^3/h, fornecidas pelo método de modelagem fenomenológica e por um método de modelagem experimental, este último obtido aplicando-se o método dos mínimos quadrados não recursivos. A partir dos dados retirados da simulação computacional do modelo fenomenológico, foi possível determinar o modelo experimental discreto dado pela seguinte equação:

$$f(z) = \frac{-0{,}07053}{z-1}\text{(Modelo experimental)} \tag{1.29}$$

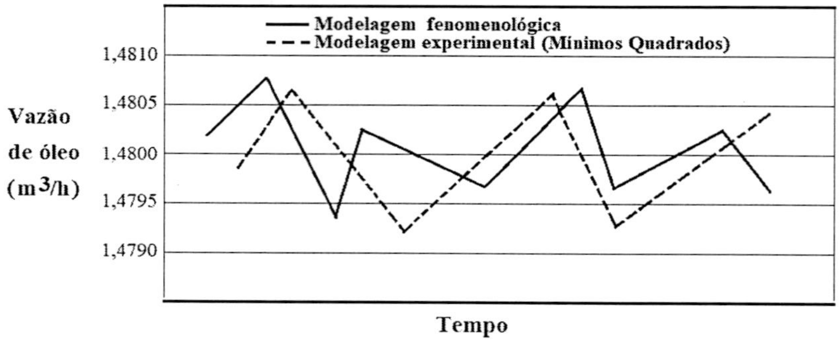

Figura 1.17: Gráfico da vazão de óleo (SAOG).

Como se pode observar, existe uma pequena diferença na vazão de óleo calculada pelos modelos fenomenológico e experimental, sendo esta inferior a 10^{-3}.

1.5 Conclusões

Na área da Engenharia, a busca da solução para um determinado problema começa pela sua análise, o que implica na necessidade de possuir um modelo teórico que seja capaz de reproduzir, o mais fielmente possível, o comportamento dinâmico da variável de interesse, quer seja em função das variáveis de influência (modelo fenomenológico, conceitual ou caixa branca) quer seja em função de medições de causa e efeito (modelo experimental, empírico ou caixa preta). Existe ainda uma terceira abordagem para construir um modelo, denominada de mista, que é o resultado da utilização de parte do conhecimento científico sobre o assunto, juntamente com os conhecimentos práticos adquiridos através da experiência.

Este capítulo teve o propósito de apresentar as abordagens fenomenológica e experimental para a construção de modelos, assim como os tipos de modelos quanto ao comportamento dinâmico das variáveis de causa (entradas) e efeito (respostas ou saídas), podendo o mesmo ser classificado como linear ou não linear, e quanto à evolução temporal dessas variáveis, ela pode ocorrer de maneira contínua no tempo ou intermitente (discreta).

De um modo geral, a teoria da modelagem de sistemas refere-se à construção de modelos matemáticos, com o termo identificação sendo frequentemente usado quando se tratar da abordagem experimental. Para cada abordagem, existe diversos métodos de estimação de parâmetros disponíveis na literatura para se chegar ao modelo final, cada um com suas vantagens e desvantagens.

Um requisito para ser um bom modelo, é que ele tenha uma estrutura a mais simplificada possível, e evidentemente, apresente resultados adequados a sua utilização, a qual poderá ser a predição ou o controle de processos industriais.

Para mais detalhes sobre as estruturas dos modelos existentes, suas vantagens e desvantagens, assim como aspectos de estabilidade, recomenda-se consultar livros sobre modelagem de sistemas dinâmicos (FRANKLIN *et al.*,1990), (OGATA, 2011) e identificação de sistemas (AGUIRRE 2007) e (LYUNG, 2007).

CAPÍTULO 2
MODELAGEM FENOMENOLÓGICA

2.1 Introdução

O processo de modelagem de um sistema ou processo consiste em obter um modelo que permita representá-lo de alguma forma. Segundo Aurélio (2014), um modelo é:

- Objeto destinado a ser reproduzido por imitação;
- Representação em pequena escala de algo que se pretende executar em grande escala;
- Molde;
- Pessoa ou coisa cuja imagem serve para ser reproduzida em escultura, pintura, fotografia etc.;
- Aquilo que serve de exemplo ou norma;
- Aquele a quem se procura imitar nas ações, no procedimento, nas maneiras etc.;
- Réplica tridimensional de objeto, artefato, cenário, pessoa etc., construído em escala normal, reduzida ou ampliada, para fins didáticos, filmagem de efeitos especiais, teste de segurança etc.; maquete;
- Estilo ou design de um determinado produto ou criação, como carro, vestido, joia, penteado etc.;
- Economia: modelo econômico;
- Física: conjunto de hipóteses sobre a estrutura ou o comportamento de um sistema físico pelo qual se procuram explicar ou prever, dentro de uma teoria científica, as propriedades do sistema.

Um modelo matemático é a "representação ou interpretação simplificada da realidade através de equações ou fórmulas matemáticas". Um modelo físico é a "representação ou interpretação simplificada da realidade física para soluções de problemas específicos de engenharia hidráulica, de engenharia sanitária, de estruturas, de mecânica dos fluidos, de aerodinâmica etc.", Wikipedia (acesso em 22/07/2014).

Como exemplos de modelos, podemos citar aqueles usados no desenvolvimento de novos aviões ou automóveis, que podem ser modelos computacionais, túneis de vento ou até protótipos em tamanho real. Os modelos são usados no desenvolvimento de sistemas eletrônicos, de microprocessadores a sistemas de telefonia. Na área da sociologia, economia, gerência de negócios também são utilizados modelos para validar teorias ou para testar novas teorias com mínimos riscos.

O tipo de modelagem de interesse é a modelagem computacional que é a área que trata da simulação de soluções para problemas científicos, analisando os fenômenos, desenvolvendo modelos matemáticos para sua descrição, e elaborando códigos computacionais para obtenção daquelas soluções. É uma área em expansão, de ampla aplicação, em:

- Desenvolvimento de produtos industriais;
- Pesquisas científicas básicas e aplicadas;
- Simulações e previsões temporais e espaciais de fenômenos;
- Matemática, física, química;
- Engenharia e tecnologia;
- Biologia e saúde;
- Meio ambiente e ecologia;
- Oceanografia e geofísica, dentre outras.

A modelagem que é obtida através da análise dos fenômenos envolvidos em um processo, usando leis específicas da física, química é chamada de modelagem fenomenológica. Em muitos casos, para tornar o modelo tratável, ocorre a sua simplificação intencional, a qual deve sempre ser levada em conta em uma futura aplicação real.

Alternativamente, um modelo matemático de um sistema pode ser obtido por experimentação, analisando a resposta do sistema para entradas conhecidas.

Neste capítulo, será tratada a modelagem fenomenológica de sistemas fluídicos e térmicos, comuns em processos de tratamento e separação de água-óleo, os quais são comumente encontrados em várias áreas, como a área de petróleo e gás. Também será tratada a modelagem de componentes não lineares que estão presentes em processos dessa natureza.

2.2 Modelagem de sistemas de fluido

A modelagem de sistemas fluídicos pode ser complexa devido à influência que grandezas como temperatura e pressão podem ter sobre o comportamento do sistema. As propriedades físicas do fluido, o tipo de escoamento e a geometria das tubulações também têm forte influência sobre o sistema, dificultando a modelagem.

2.2.1 Pressão e Vazão

A pressão, P, pode ser definida como a força exercida em uma unidade de área:

$$P = \frac{F}{A} \tag{2.1}$$

A vazão, Q, pode ser definida como a variação do volume com o tempo:

$$Q = \frac{dV}{dt} \tag{2.2}$$

A energia fluídica pode ser calculada analisando o deslocamento de um fluido em um tubo devido à uma força F, conforme Figura 2.1:

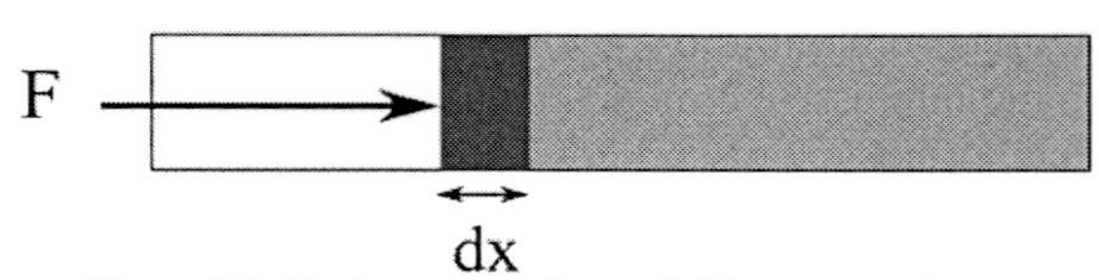

Figura 2.1- Deslocamento de um fluido em um tubo.

O trabalho W realizado por F ao deslocar o fluido pela área A em uma distância dx:

$$dW = Fdx = PAdx = PdV \tag{2.3}$$

em que dV é o volume deslocado. Assim, potência fluídica P_f pode ser calculada por:

$$P_f = \frac{dW}{dt} = P\frac{dV}{dt} = PQ \tag{2.4}$$

Esta relação é análoga à potência elétrica:

$$P_e = Vi \tag{2.5}$$

em que: V é a tensão elétrica e i a corrente elétrica.

Em uma análise simples podemos considerar que a diferença de pressão provoca uma vazão proporcional, o que possibilita uma analogia direta com sistemas elétricos, em que a diferença de potencial provoca uma corrente elétrica proporcional.

2.2.2 Elementos ideais de sistemas de fluido

Usando o conceito de variáveis generalizadas podemos identificar em sistemas fluídicos armazenadores, dissipadores e fontes de energia fluídica, os quais serão descritos a seguir.

- **Capacitância Fluídica**

A capacitância fluídica expressa a capacidade de um elemento armazenar energia sob a forma de energia potencial. É possível modelar um reservatório de área de seção transversal constante A, contendo um fluido de massa específica, ρ.

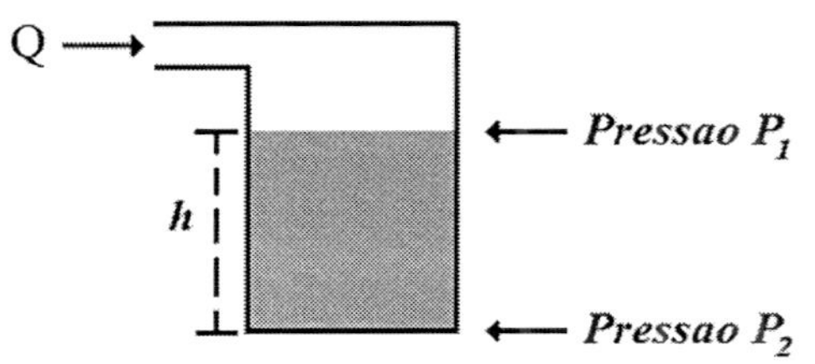

Figura 2.2- Capacitância fluídica em recipiente com fluido incompressível.

O volume armazenado no tanque é:

$$V = Ah \tag{2.6}$$

A vazão, Q, é definida como a variação do volume no tempo, ou seja,

$$Q = \frac{dV}{dt} = A\frac{dh}{dt} \tag{2.7}$$

Considerando P_1 e P_2 as pressões no topo e no fundo do tanque, respectivamente, podemos calcular as forças F_1 e F_2:

$$\begin{aligned} F_1 &= P_1 A \\ F_2 &= P_2 A \end{aligned} \tag{2.8}$$

O peso do fluido, P, contido no reservatório é:

$$P = mg = \rho V g = \rho A h g \tag{2.9}$$

em que: m é a massa, g é a aceleração da gravidade e ρ é a massa específica do fluido contido no reservatório.

Como o bloco de fluido tem aceleração vertical nula, o somatório das forças é igualmente nulo,

$$F_1 + P = F_2$$
$$P_1 A + \rho A g h = P_2 A \tag{2.10}$$

$$h = \left(\frac{1}{\rho g}\right)(P_2 - P_1) = \left(\frac{1}{\rho g}\right) P_{21} \tag{2.11}$$

Assim,

$$Q = \left(\frac{A}{\rho g}\right)\frac{dP_{21}}{dt} \tag{2.12}$$

Definindo a capacitância fluídica do reservatório

$$C_f = \left(\frac{A}{\rho g}\right) \tag{2.13}$$

Podemos escrever:

$$Q = C_f \frac{dP_{21}}{dt} \tag{2.14}$$

Podemos fazer uma analogia com um capacitor elétrico, cuja equação constitutiva linear é:

$$i = C\frac{dV}{dt} \tag{2.15}$$

em que: C é a sua capacitância, i é a corrente elétrica e V a tensão elétrica. Assim, a capacitância fluídica de um reservatório mede a sua capacidade em acumular vazões (integradas sob a forma de volume) e de produzir uma pressão proporcional, de maneira similar à capacitância de um capacitor elétrico, que mede a sua capacidade em acumular corrente elétrica (sob a forma de acúmulo de cargas elétricas) e de produzir uma tensão elétrica proporcional em seus terminais.

Assim como um capacitor em um circuito elétrico, um tanque pode ser interpretado como um filtro em um sistema mecânico, que atenua as flutuações de vazão em sua saída (no fundo do tanque) em relação às vazões em sua entrada. Em regime permanente, a vazão de entrada de um tanque é igual à sua vazão de saída (proporcional ao nível de equilíbrio). Dessa forma quando a vazão de entrada sofrer variações, primeiro o nível irá variar para depois a vazão de saída variar também.

- **Indutância Fluídica**

Para a determinação da indutância fluídica considere um bloco de fluido em movimento, conforme mostra a Figura 2.3, supondo todas as moléculas do fluido com a mesma velocidade v em uma tubulação com área da seção transversal constante A.

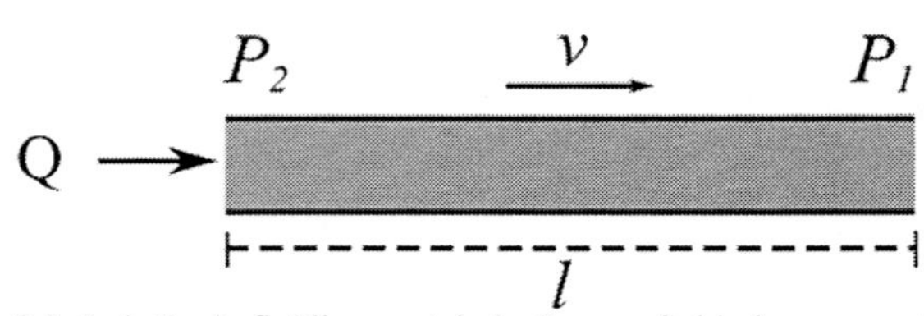

Figura 2.3- Indutância fluídica em tubulação com fluido incompressível.

Considerando-se as pressões P_1 e P_2 nas extremidades da tubulação de comprimento *l*, pode-se calcular as forças F_1 e F_2:

$$F_1 = P_1 A$$
$$F_2 = P_2 A \qquad (2.16)$$

Aplicando a lei de Newton, considerando-se o bloco de fluido com massa *m*:

$$F_2 - F_1 = m.a = \rho l A \frac{dv}{dt}$$
$$P_{21} = P_2 - P_1 = \rho l \frac{dv}{dt} \qquad (2.17)$$

Sabe-se que a vazão, *Q*, é igual ao produto da área *A* pela velocidade *v*:

'$Q = A.v$

Considerando a área constante:

$$\frac{dQ}{dt} = A.\frac{dv}{dt}$$
$$\frac{dv}{dt} = \left(\frac{1}{A}\right)\frac{dQ}{dt} \qquad (2.18)$$

Substituindo-se a Equação (2.18) na Equação (2.17):

$$P_{21} = \frac{\rho l}{A}\frac{dv}{dt} = L_f \frac{dv}{dt} \qquad (2.19)$$

em que:

$$L_f = \frac{\rho l}{A} \qquad (2.20)$$

é chamada de indutância fluídica, em razão da similaridade da Equação (2.19) com a Equação (2.21), de um indutor elétrico.

$$V = L\frac{di}{dt} \qquad (2.21)$$

Em que: *L* é a indutância elétrica, *V* é a tensão elétrica e *i* é a corrente elétrica. Assim como em um indutor elétrico, uma tubulação se opõe à variação de vazão, pois a massa de fluido tem uma inércia que precisa ser acelerada para que ocorra uma mudança de vazão na tubulação.

- **Resistência Fluídica**

A resistência fluídica modela a perda de carga (perda de pressão) em tubulações causada por variações nas alturas geográficas, pelo atrito do fluido com as paredes da tubulação ou até mesmo por uma restrição (redução da área da tubulação), comum em válvulas, torneiras etc. De forma semelhante ao que ocorre com um resistor em um circuito elétrico, a resistência fluídica relaciona a perda de carga (análoga à queda de tensão) com a vazão (análoga à corrente elétrica).

Para o cálculo da perda de carga é utilizado o Teorema de Bernoulli que é resumido a seguir. Considerando-se o escoamento em regime estacionário de um fluido não viscoso e incompressível através de uma tubulação, que tem diferentes áreas em seu início e final (A_1 e A_2, respectivamente). Os trechos da tubulação com áreas A_1 e A_2 têm diferentes níveis (h_1 e $h_{2,}$ respectivamente). Na parte inicial da tubulação a pressão é P_1 e a velocidade média de escoamento é v_1 e, na parte final tubulação a pressão é P_1e a velocidade média de escoamento é v_2.

Utilizando-se o teorema de trabalho-energia, o qual estabelece que "o trabalho realizado pela força resultante das forças que atuam em um sistema é igual à variação da energia cinética do sistema", desprezando-se a viscosidade do fluido que escoa, bem como o efeito do atrito entre o fluido e a tubulação, e assumindo que o escoamento ocorre em regime permanente, as forças que realizam um trabalho sobre o sistema são as forças P_1A_1 e P_2A_2 que atuam nas extremidades da tubulação, e também a força devido à gravidade. A Equação (2.22) é a resultante da aplicação do teorema acima referido:

$$P_1 + \frac{1}{2}\rho v_1^2 + \rho g h_1 = P_2 + \frac{1}{2}\rho v_2^2 + \rho g h_2 \tag{2.22}$$

As perdas em um sistema de fluido podem ser concentradas, que são aquelas que ocorrem em pontos específicos, como em redutores de diâmetro ou válvulas, ou distribuídas, que são aquelas que ocorrem gradativamente ao longo de uma tubulação. A seguir, serão tratados esses dois tipos de perdas de carga, calculando-se os seus valores tendo como base a equação de Bernoulli dada pela Equação (2.22).

- **Perdas Concentradas**

Será tratado a seguir o problema das perdas causadas por restrições em uma tubulação, como, por exemplo, o estrangulamento ocorrido em uma redução de área da seção transversal da tubulação, conforme mostra a Figura 2.4:

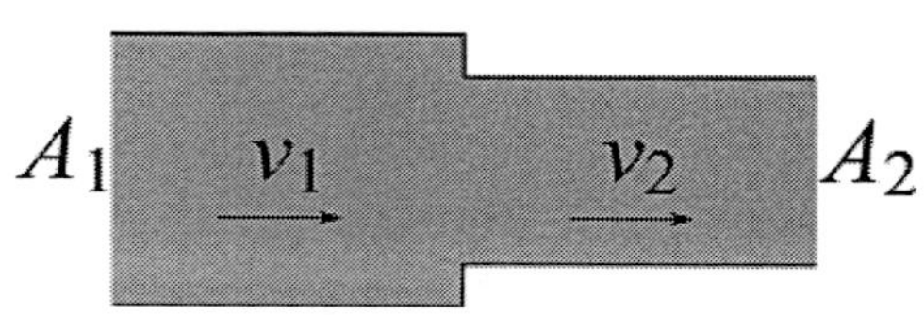

Figura 2.4- Estrangulamento em uma tubulação.

A partir da Equação (2.22) e admitindo que o estrangulamento ocorre na horizontal ($h_1 = h_2$), obtém-se a Equação (2.23):

$$P_1 + \frac{1}{2}\rho v_1^2 = P_2 + \frac{1}{2}\rho v_2^2$$

$$v_2^2 - v_1^2 = \frac{2(P_1 - P_2)}{\rho} = \frac{2P_{12}}{\rho} \tag{2.23}$$

A relação entre a vazão Q e as velocidades v_1 e v_2 é dada pelas Equações (2.24) e (2.25):

$$v_1 = \frac{Q}{A_1} \tag{2.24}$$

$$v_2 = \frac{Q}{A_2} \tag{2.25}$$

A partir das Equações (2.24) e (2.25), a Equação (2.23) pode ser escrita como na Equação (2.26):

$$P_{12} = \left[\frac{\rho}{2}\left(\frac{A_1^2 - A_2^2}{A_1^2 A_2^2}\right)\right] Q^2 \tag{2.26}$$

Na Equação (2.26) percebe-se que a relação entre a perda de carga (queda de pressão) na restrição e a vazão do fluido é não linear (quadrática) em relação à vazão Q e, portanto, para este tipo de perda de carga não é possível obter uma resistência linear, de forma análoga ao que se utiliza em um circuito elétrico linear.

- **Perdas Distribuídas**

O escoamento de um fluido em uma tubulação pode ocorrer de diversas formas, sendo as mais básicas os escoamentos laminar e turbulento. No escoamento laminar, as moléculas do fluido se movem com velocidades aproximadamente paralelas às paredes do duto, enquanto no escoamento turbulento as moléculas se movem em todas as direções.

O tipo de escoamento depende basicamente das propriedades do fluido que está escoando (massa específica ρ e viscosidade μ), do diâmetro d da tubulação e da velocidade v de escoamento do fluido, gerando o chamado número de Reynolds (R_e), conforme a Equação (2.27), que é adimensional e permite saber se o escoamento é laminar ou turbulento:

$$R_e = \frac{\rho . d . v}{\mu} \tag{2.27}$$

O escoamento é laminar se $R_e < 1.100$, turbulento se $R_e > 3.500$ e misto se $1.100 < R_e < 3.500$.

A perda de carga distribuída mais significativa é aquela que ocorre em escoamentos através de trechos retos de tubulação com área de seção transversal constante. Estas perdas são causadas principalmente pelo atrito do fluido com as paredes do duto e entre as suas partículas. A literatura apresenta três situações típicas para o cálculo da perda de carga:

- Escoamento turbulento em tubos rugosos: $P_{12} = R_f Q^2$;
- Escoamento turbulento em tubos lisos: $P_{12} = R_f Q^{1,75}$;
- Escoamento laminar através de meio poroso: $P_{12} = R_f Q$.

Para o caso de escoamento laminar em dutos, a resistência fluídica é dada pela Equação (2.28):

$$R_f = \frac{128 l \mu}{\pi d^4} \tag{2.28}$$

em que: d é o diâmetro interno da tubulação, l é o comprimento do trecho reto da tubulação e μ é a viscosidade absoluta do fluido.

2.2.2.1 Exemplo – Sistema de tanques

Como primeiro exemplo, considere o sistema de dois tanques acoplados, mostrado na Figura 2.5. O sistema é composto por dois tanques de áreas de seção transversal constantes e iguais a A_1 e A_2, respectivamente. Na parte de baixo de cada um dos tanques existe uma restrição à passagem de fluxo, com escoamento laminar através de meio poroso, cujas resistências são R_{f1} e R_{f2}, respectivamente:

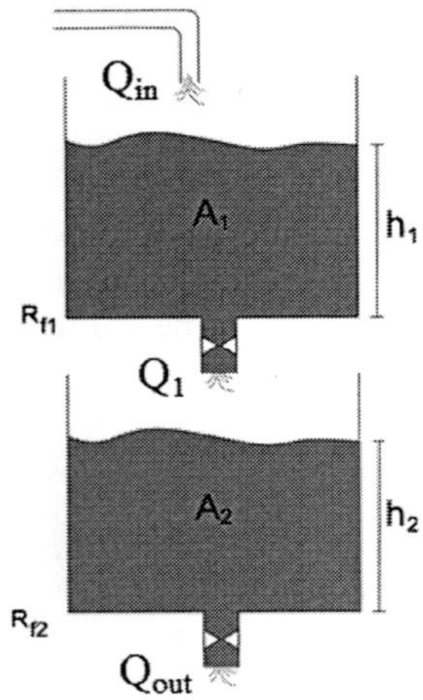

Figura 2.5- Sistema de tanques.

Em cada tanque, temos que, a vazão que entra é igual a vazão que sai mais a vazão armazenada, ou seja, no tanque 1:

$$Q_{in} = Q_{arm1} + Q_1 \tag{2.29}$$

$2x$

e no tanque 2:

$$Q_1 = Q_{arm2} + Q_{out} \tag{2.30}$$

Por definição, a vazão armazenada, Q_{arm}, em um tanque é igual a:

$$Q_{arm} = \frac{dV}{dt} \tag{2.31}$$

em que V é o volume. Assim:

$$Q_{arm1} = \frac{dV_1}{dt} = \frac{d}{dt}(A_1 h_1) = A_1 \frac{dh_1}{dt} \tag{2.32}$$

No tanque 2:

$$Q_{arm2} = \frac{dV_2}{dt} = \frac{d}{dt}(A_2 h_2) = A_2 \frac{dh_2}{dt} \tag{2.33}$$

Considerando os orifícios de saída do fluido no tanque 1 como uma resistência fluídica linear, podemos escrever, a partir da Equação (2.29):

$$Q_{in} = A_1 \frac{dh_1}{dt} + \frac{P_1}{R_{f1}} \tag{2.34}$$

De forma análoga à Equação (2.30), para o tanque 2 podemos escrever:

$$\frac{P_1}{R_{f1}} = A_2 \frac{dh_2}{dt} + \frac{P_2}{R_{f2}} \tag{2.35}$$

Por outro lado, sabemos que:

$$P_1 = \rho g h_1$$
$$P_2 = \rho g h_2 \tag{2.36}$$

Assim,

$$Q_{in} = \frac{A_1}{\rho g} \frac{dP_1}{dt} + \frac{P_1}{R_{f1}} \tag{2.37}$$

$$\frac{P_1}{R_{f1}} = \frac{A_2}{\rho g} \frac{dP_2}{dt} + \frac{P_2}{R_{f2}} \tag{2.38}$$

Sabendo-se que:

$$C_{fi} = \frac{A_i}{\rho g} \tag{2.39}$$

Da Equação (2.37):

$$\frac{dP_1}{dt} = -\frac{P_1}{C_{f1}R_{f1}} + \frac{1}{C_{f1}} Q_{in} \tag{2.40}$$

Da Equação (2.38):

$$\frac{dP_2}{dt} = \frac{P_1}{C_{f2}R_{f1}} - \frac{P_2}{C_{f2}R_{f2}} \tag{2.41}$$

As equações diferenciais (2.40) e (2.41) podem ser resolvidas, conhecendo-se a entrada qin e as condições iniciais de h_1 e h_2 (P_1 e P_2), além dos parâmetros A_1, A_2, R_{f1} e R_{f2}.

Para calcular a Função de Transferência (FT) entre a entrada Q_{in} e a pressão do tanque 2, P_2, que é proporcional ao nível h_2, podemos calcular inicialmente a FT entre P_1 e Q_{in}:

$$\frac{P_1(s)}{Q_{in}(s)} = \frac{R_{f1}}{sC_{f1}R_{f1}+1} \tag{2.42}$$

E depois a FT entre P_2 e P_1:

$$\frac{P_2(s)}{P_1(s)} = \frac{R_{f2}}{R_{f1}(sC_{f2}R_{f2}+1)} \tag{2.43}$$

A FT entre a saída (P_2), pressão no fundo do tanque 2, e a entrada (Q_{in}), vazão na entrada do tanque 1, pode ser calculada a partir das equações (2.42) e (2.43):

$$\frac{P_2(s)}{Q_{in}(s)} = \frac{R_{f2}}{(sC_{f1}R_{f1}+1)(sC_{f2}R_{f2}+1)} \tag{2.44}$$

Podemos utilizar essa Equação (2.44) para fazer uma análise do que acontece com as pressões (e os níveis) dos tanques 1 e 2, considerando uma vazão de entrada Q_{in} constante igual a Q. Assim:

$$Q_{in}(s) = \frac{Q}{s} \tag{2.45}$$

Considerando o teorema do valor final, Equação (2.46), podemos calcular o valor das pressões P_1 e P_2 em regime permanente:

$$\lim_{t\to\infty} x(t) = \lim_{s\to 0} sX(s) \tag{2.46}$$

Assim:

$$\lim_{t\to\infty} p_1(t) = \lim_{s\to 0} sP_1(s) = R_{f1}Q \tag{2.47}$$

$$\lim_{t\to\infty} p_2(t) = \lim_{s\to 0} sP_2(s) = R_{f2}Q \tag{2.48}$$

Verifica-se pelas Equações (2.47) e (2.48) que as pressões, e consequente os níveis dos tanques, em regime permanente serão iguais ao produto da vazão Q de entrada e das resistências fluídicas de cada tanque.

Em regime permanente, as vazões de saída de cada tanque, Q_1 e Q_{out}, serão iguais à razão da pressão em regime permanente pela resistência fluídica de cada tanque, ou seja, ambas serão iguais a Q. Em suma, em regime permanente, os níveis de cada tanque serão tais que a pressão de cada tanque produza a mesma vazão de entrada dos mesmos, nesse caso Q. O regime transitório dependerá da capacitância fluídica e da resistência fluídica do orifício de saída de cada tanque, cujo produto representa a constante de tempo do sistema.

2.2.3 Transformador fluídico

Em um transformador fluídico, mostrado na Figura 2.6, tem-se um aumento (ou redução) da pressão.

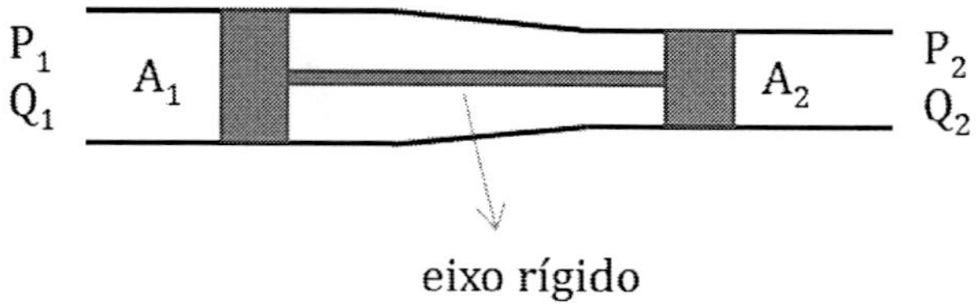

Figura 2.6- Transformador Fluídico Ideal.

Considerando a força F atuando no eixo rígido, podemos considerar que a mesma é igual nas duas extremidades, ou seja:

$$F = P_1A_1 = P_2A_2 \tag{2.49}$$

Assim:

$$P_2 = P_1 \frac{A_1}{A_2} \tag{2.50}$$

Considerando o fluido incompressível, podemos escrever que a velocidade v do eixo também é a mesma nas duas extremidades:

$$v_1 = v_2 = v \tag{2.51}$$

Por outro lado, a vazão é dada por:

$$Q = Av \tag{2.52}$$

Assim, usando as equações (2.44) e (2.45), tem-se:

$$v = \frac{Q_1}{A_1} = \frac{Q_2}{A_2} \tag{2.53}$$

E, consequentemente:

$$Q_2 = Q_1 \frac{A_2}{A_1} \tag{2.54}$$

Conforme esperado, para um transformador ideal, em que são desprezadas a energia armazenada e a energia dissipada no sistema, a potência é a mesma, ou seja:

$$P_1 Q_1 = P_2 Q_2 = P_1 \frac{A_1}{A_2} \frac{A_2}{A_1} Q_1 \tag{2.55}$$

Através das Equações (2.43) e (2.47) observa-se que, quando há uma redução na área em uma tubulação, a pressão aumenta e a vazão diminui.

2.3 Modelagem de sistemas térmicos

A modelagem destes sistemas é necessária em aplicações em que ocorra transferência de calor entre dois corpos. Por exemplo, em aplicações de petróleo e gás isto é muito comum, pois muitos processos usam calor para a separação de componentes, como é o caso de colunas de destilação.

2.3.1 Temperatura e fluxo de calor

Os sistemas térmicos são regidos pelas leis da Termodinâmica. De acordo com a lei zero da Termodinâmica, se dois corpos com temperaturas diferentes são colocados em contato em um ambiente isolado, após algum tempo as duas temperaturas tornam-se iguais (equilíbrio térmico). Esta temperatura de equilíbrio é um valor intermediário entre a maior e a menor temperatura. Este equilíbrio acontece devido à transferência de energia térmica entre os corpos. Esse fluxo de energia térmica é chamado de transferência de calor.

Fazendo uma analogia com sistemas elétricos, podemos afirmar que a diferença de temperatura é análoga à diferença de potencial e o fluxo de calor é análogo à corrente elétrica. Ou seja, uma diferença de potencial provoca uma corrente elétrica que circula do maior para o menor potencial, assim como a diferença de temperatura provoca um fluxo de calor do corpo da maior para o de menor temperatura, conforme mostra a Figura 2.7.

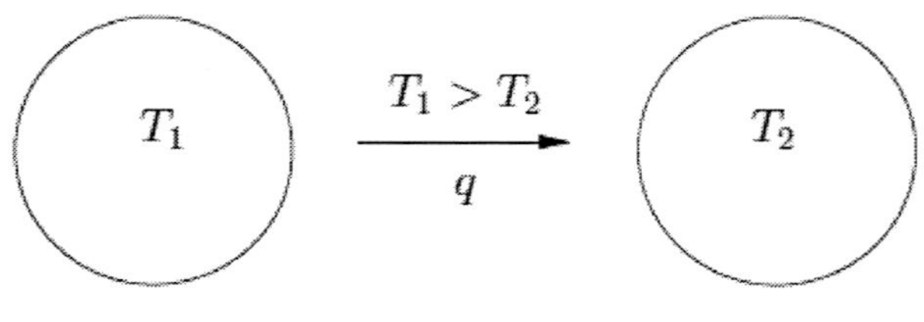

Figura 2.7: Exemplo de transferência de calor entre dois corpos.

Seja H_1 a energia térmica do corpo 1 e H_2 a energia térmica do corpo 2. Nos sistemas 1 e 2 da Figura 2.7, o fluxo de calor q entre os dois corpos é dado por:

$$q = -\frac{dH_1(t)}{dt} = \frac{dH_2(t)}{dt} \tag{2.56}$$

2.3.2 Elementos ideais de sistemas térmicos

- **Capacitância Térmica**

A capacitância térmica ou capacidade térmica (C) de um corpo é a quantidade de calor (ΔH) necessária para produzir uma variação de temperatura no corpo (ΔT), ou seja:

$$C = \frac{\Delta H}{\Delta T} \tag{2.57}$$

A capacidade térmica é medida em cal/°C (caloria por grau Celsius), ou kcal/ °C, e no SI é dada por J/K (Joule por Kelvin). Uma caloria é definida como a quantidade de calor necessária para elevar a temperatura de 1g de água de 1°C. A capacitância térmica é a grandeza que mede a dificuldade de se variar a temperatura de um corpo ao fornecer-lhe (ou retirar-lhe) calor.

Um conceito importante associado com capacidade térmica é o de calor específico de um corpo (c), que pode ser definido como a quantidade de calor necessária para que uma unidade de massa do corpo varie de uma unidade de temperatura. O calor específico e a capacidade térmica de um corpo dependem da substância que compõe o corpo:

$$c = \frac{\Delta H}{m\Delta T} = \frac{C}{m} \tag{2.58}$$

em que m é a massa do corpo.

Partindo-se da equação:

$$\Delta H = C\Delta T \tag{2.59}$$

Derivando-se esta equação, em relação ao tempo, e usando o conceito associado à Equação (2.56):

$$\frac{dH}{dt} = C\frac{dT}{dt} = q \tag{2.60}$$

Fazendo uma analogia com circuitos elétricos, podemos considerar um corpo análogo a um capacitor, de capacitância elétrica (C_e), cuja equação constitutiva para o caso linear é:

$$i = C_e\frac{dv}{dt} \tag{2.61}$$

Assim, a capacidade (capacitância) térmica é equivalente à capacitância de um capacitor elétrico.

O calor específico de uma substância não é constante, dependendo da temperatura. Mesmo assim, seu valor pode ser considerado constante em certos intervalos.

- **Resistência Térmica**

Sabemos que sempre que existir um gradiente de temperatura no interior de um sistema, ou que houver diferença de temperatura entre dois sistemas colocados em contato, haverá transferência de calor. O processo pelo qual essa energia é transferida chama-se de transmissão de calor. Há três modos distintos de transmissão de calor: condução, radiação e convecção.

A condução é o processo pelo qual o calor flui de uma região de maior temperatura para outra de mais baixa, dentro de um meio sólido, líquido ou gasoso. Nesta modalidade de transmissão de calor, a energia é transmitida por comunicação molecular direta, sem um movimento considerável das mesmas.

A radiação é o processo pelo qual o calor é transmitido de um corpo de alta para um de baixa temperatura quando estes corpos estão separados no espaço. A radiação ocorre por ondas eletromagnéticas, que podem transportar energia através de um meio transparente ou através do espaço.

A convecção é o processo de transmissão de calor pela ação combinada da condução de calor, armazenamento de energia e movimento da mistura, ocorrendo, principalmente, em fluidos (gases e líquidos).

A condução térmica através de um corpo é regida pela lei de Fourrier. A equação elementar para a condução unidimensional no regime permanente é:

$$q = -kA\frac{dT}{dx} \tag{2.62}$$

em que:

- q é o calor transmitido por condução de tempo [kcal/h];
- k é a condutividade térmica do material [kcal/(h.m.°C) ou W/(m.K)];
- A é a área da seção transversal na qual o calor flui [m^2];
- $\frac{dT}{dx}$ é o gradiente de temperatura na seção ao longo do eixo x [°C/m].

Da equação acima podemos notar que o calor transferido depende da geometria do corpo. Para uma placa mostrada na Figura 2.8, isolada termicamente nas faces superior e inferior, considerando-se k constante, e sua área de seção transversal também constante, a lei de Fourier pode ser expressa como:

$$q\frac{1}{A}dx = -kdT \tag{2.63}$$

Assim:

$$\int_0^L q\frac{1}{A}dx = -\int_{T_2}^{T_1} kdT \tag{2.64}$$

$$q\frac{1}{A}\int_0^L dx = -k\int_{T_2}^{T_1} dT \tag{2.65}$$

$$q\frac{L}{A} = k(T_2 - T_1) \tag{2.66}$$

$$q = \frac{kA}{L}\Delta T \tag{2.67}$$

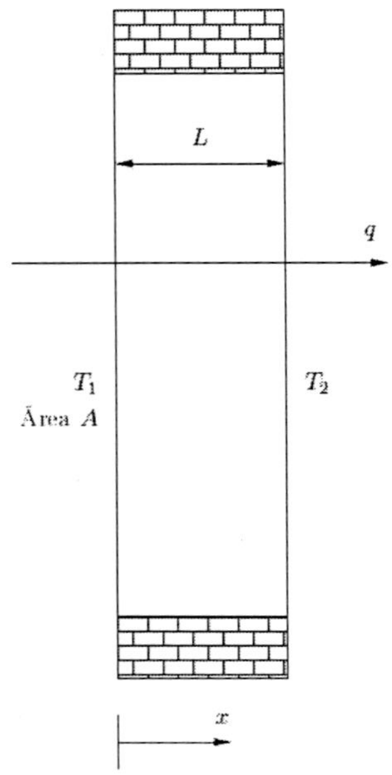

Figura 2.8- Condução de calor através de uma placa plana.

Fazendo uma analogia com circuitos elétricos, podemos considerar um corpo como sendo equivalente à uma resistência elétrica (R), cuja relação constitutiva linear é:

$$i = \frac{v}{R} \tag{2.68}$$

Assim, a resistência térmica, R_t, será:

$$R_t = \frac{L}{kA} \tag{2.69}$$

E o fluxo de calor q será:

$$q = \frac{\Delta T}{R_t} \tag{2.70}$$

2.3.2.1 Exemplo – Termômetro simples

Considere um termômetro simples mostrado na Figura 2.9, composto de um recipiente de vidro (de paredes finas, com resistência térmica, R_v), contendo em seu interior mercúrio (de baixa capacitância térmica, C_m). Considere T_m a temperatura do mercúrio, com valor inicial T_{0m} e T_a a temperatura do meio, do qual se deseja medir a temperatura. O fluxo de calor irá fluir do meio para o mercúrio, considerando a temperatura do meio maior que a temperatura inicial do mercúrio.

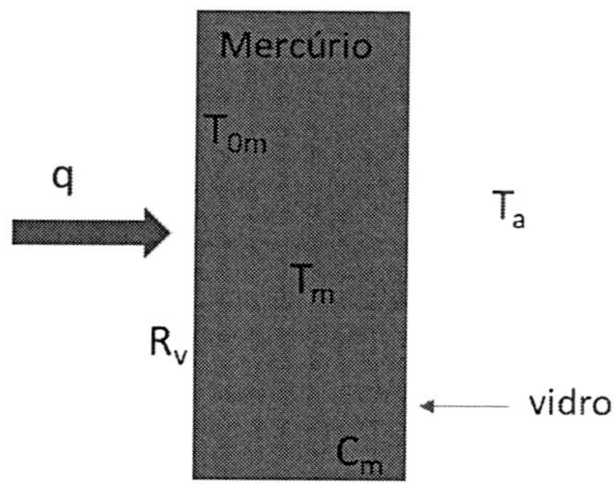

Figura 2.9- Termômetro simples.

O fluxo de calor, q, que flui para o termômetro através de suas paredes de resistência térmica, R_v, é diretamente proporcional à diferença entre a temperatura ambiente, T_a, e a temperatura do mercúrio, T_m, e inversamente proporcional à resistência térmica. Ao mesmo tempo, esse mesmo fluxo de calor é armazenado no mercúrio, conforme Equação (2.60). A Equação (2.71) mostra essa igualdade.

$$q = \frac{T_a - T_m}{R_v} = C_m \frac{d}{dt}(T_m - T_{0m}) \tag{2.71}$$

Para que possamos calcular a Função de Transferência do sistema, fazemos uma transformação de variáveis, tornando o "zero" a temperatura inicial do mercúrio, T_{0m}. A diferença entre a temperatura do mercúrio, T_m, e a temperatura inicial do mercúrio, T_{0m}, será chamada de T. A diferença entre a temperatura ambiente (que se deseja medir), T_a, e a temperatura inicial do mercúrio, T_{0m}, será chamada de T_{ref}, conforme a Equação (2.72):

$$\frac{T_a - T_{0m} - \overbrace{T_m + T_{0m}}^{-(T_m - T_{0m})}}{R_v} = C_m \frac{d}{dt}(T_m - T_{0m}) \begin{cases} T_m - T_{0m} = T \\ T_a - T_{0m} = T_{ref} \end{cases} \tag{2.72}$$

Assim:

$$\frac{T_{ref} - T}{R_v} = C_m \frac{dT}{dt} \tag{2.73}$$

Aplicando a transformada de Laplace na Equação (2.73):

$$\frac{T(s)}{T_{ref}(s)} = \frac{1}{sC_m R_v + 1} \tag{2.74}$$

Considerando a temperatura ambiente T_a constante, e, portanto, a sua variação, T_{ref}, igualmente constante (degrau) e igual a T_R, podemos calcular a evolução temporal da variação da temperatura do mercúrio *T(t)*:

$$T(t) = T_R\left(1 - e^{-\frac{1}{C_m R_v}t}\right) \qquad (2.75)$$

A temperatura ambiente (a ser medida) é considerada constante durante o processo, o que é plausível, uma vez que o meio possui uma dimensão muito maior que o mercúrio no interior do termômetro, fazendo com que a quantidade de calor retirada do meio, para variar a temperatura do mercúrio do termômetro, seja muito pequena para variar a temperatura ambiente. Conforme podemos observar na Equação (2.75), a variação de temperatura medida pelo termômetro *T(t)*, em um tempo muito grande, será igual à variação da temperatura do meio em relação ao ambiente T_R, ou seja, a temperatura será medida corretamente pelo termômetro.

2.4 Modelagem de componentes não lineares em sistemas

Em sistemas físicos é muito comum a presença de não linearidades, que tem como principal característica o fato de o comportamento de sua resposta depender da amplitude e do tipo de entrada, ao contrário do que ocorre com um elemento linear. Na prática, as não linearidades estão sempre presentes, devido à própria característica de limitação dos sistemas físicos, cujos sinais quase sempre têm limites mínimo e máximo.

As não linearidades podem ser inerentes ou intencionais. As inerentes são aquelas presentes no sistema, e as intencionais são aquelas que são introduzidas deliberadamente no sistema para realizar uma tarefa específica, como, por exemplo, limitar um determinado sinal entre dois valores. Exemplos de não linearidades inerentes são: saturação em atuadores, atritos seco e de Coulomb e folga em engrenagens. Exemplos de não linearidades intencionais são: relés, limitadores para restringir uma variável, e zona morta para evitar oscilações causadas por ruídos.

De uma maneira geral, as não linearidades prejudicam o desempenho de um sistema de controle em malha fechada, causando oscilações ou erros de regime estacionário.

A seguir, serão tratadas as não linearidades mais comuns, que são as do tipo saturação, zona morta e histerese, bem como serão discutidos os seus efeitos em uma malha de controle (GARCIA, 2005).

2.4.1 Saturação

Este tipo de não linearidade, em que o sinal de saída está limitado entre dois valores (mínimo e máximo) é a mais comum em sistemas físicos. A Figura 2.10 mostra a curva característica estática de um elemento com saturação:

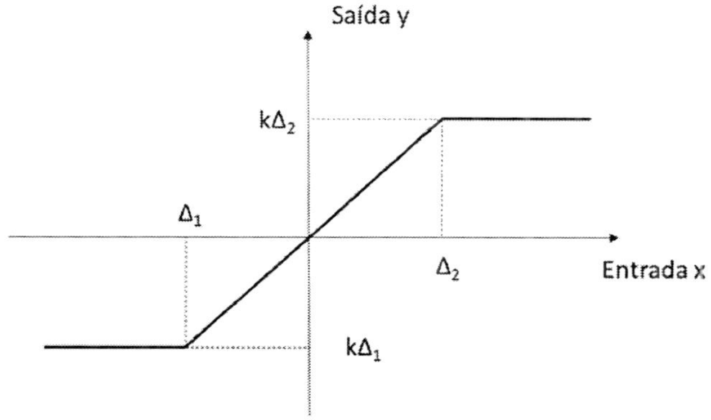

Figura 2.10- Curva característica de um elemento com saturação.

A equação a seguir descreve a não linearidade do tipo saturação, assimétrica em relação ao eixo y:

$$y(x) = \begin{cases} kx & \text{para } \Delta_1 < x < \Delta_2 \\ y_{max} = k\Delta_2 & \text{para x} \geq \Delta_2 \\ y_{min} = k\Delta_1 & \text{para x} \leq \Delta_1 \end{cases} \tag{2.76}$$

em que: Δ_1 é o limite inferior (mínimo) e Δ_2 é o limite superior (máximo) da não linearidade.

Em processos reais, a maioria dos elementos tem algum tipo de saturação. Uma válvula eletropneumática de controle, por exemplo, pode ser aberta ou fechada, totalmente ou parcialmente, entre 0 e 100%. Considerando como sinal de entrada da válvula uma pressão de comando, e como saída a abertura da válvula, se for fornecida uma pressão maior que a pressão máxima da válvula (usualmente 15 psi), a válvula não poderá abrir mais, pois já estará em 100%, o que caracteriza uma saturação inerente.

Na prática, a saturação sempre está presente, mas, em muitos casos, o sistema em malha fechada opera na região linear entre Δ_1 e Δ_2, de forma que o sistema possa ser considerado linear nessa faixa de operação. Caso o sistema em malha fechada opere fora dessa faixa de operação, o sistema poderá ficar mais lento ou até oscilar em torno de um ponto de operação.

2.4.2 Zona morta

A curva característica da zona morta ideal é mostrada na Figura 2.11:

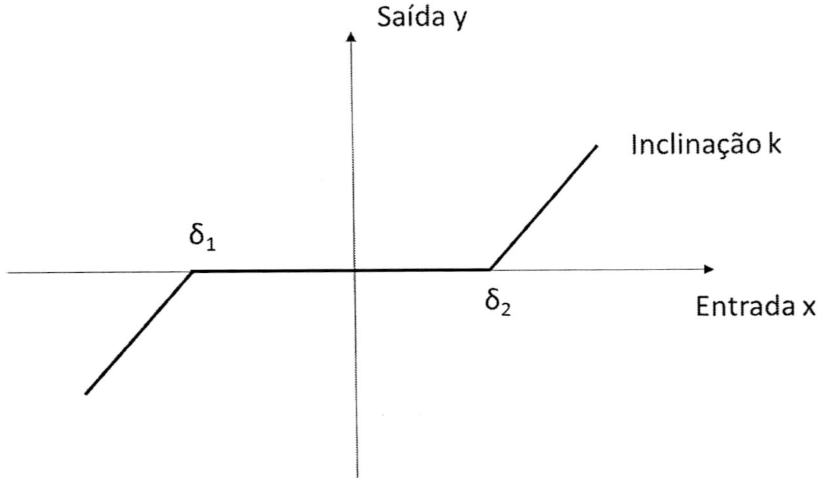

Figura 2.11- Curva característica de sistema com zona morta ideal.

A equação a seguir descreve a zona morta:

$$y(x) = \begin{cases} 0 & \text{para } \delta_1 < x < \delta_2 \\ y_{max} = k(x - \delta_2) & \text{para x} \geq \delta_2 \\ y_{min} = k(x - \delta_1) & \text{para x} \leq \delta_1 \end{cases} \quad (2.77)$$

A saída y de um elemento de saturação para uma entrada x senoidal é uma onda composta de uma senoide com regiões constantes causadas pela zona morta. A zona morta é uma faixa operacional de entrada que não produz resposta na dinâmica na saída do sistema.

Um exemplo prático desse tipo de não linearidade é um robô móvel, em que ao se aplicar um pequeno sinal de entrada ao sistema em repouso, uma vez que as rodas têm que superar as forças de reação impostas pela superfície, o robô permanece em repouso até que o sistema seja colocado em movimento (tempo que as rodas demoram para superar estas barreiras).

2.4.3 Folga

Este tipo de não linearidade é muito comum em sistemas mecânicos, devido ao desgaste das peças, sendo comum em engrenagens, em que temos duas partes em movimento, gerando atrito entre si. Devido à folga, o movimento dessas partes não é solidário o tempo todo.

Na Figura 2.12 a entrada x representa a posição da engrenagem motora, a saída y representa a posição da engrenagem de carga, b é a folga e v é a velocidade da engrenagem motora:

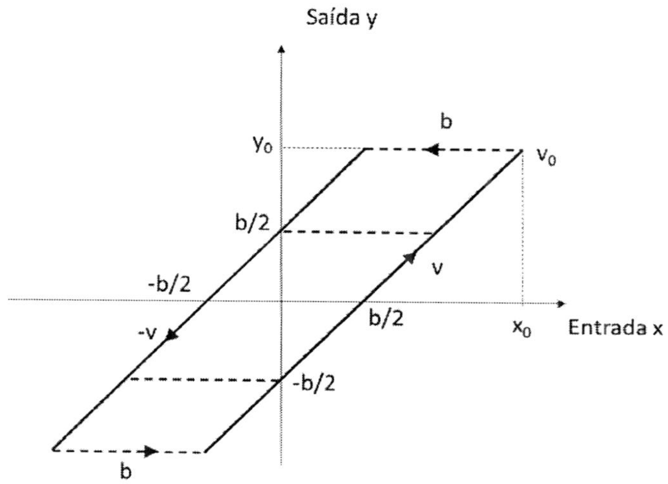

Figura 2.12- Curva característica de uma folga.

A equação de movimento para um sistema com folga nas engrenagens tem duas formas: uma para o movimento normal, quando as engrenagens motora e de carga estão se movimentando juntas; e outra na região de folga, em que a engrenagem de carga não se move, apesar da engrenagem motora estar se movendo.

- **Movimento fora da região da folga**

Nesta região as 2 partes da engrenagem estão em contato, mas defasadas de um certo valor:

$$y(x) = x - \frac{b}{2} sgn(v) \tag{2.78}$$

- **Movimento na região da folga**

As duas partes da engrenagem perdem contato quando a velocidade é revertida, e permanecem separadas (com a engrenagem de carga parada) até que a engrenagem motora tenha se movido por uma distância b, conforme linhas pontilhadas mostradas na Figura 2.12. Considerando x_0 o valor de x (posição da engrenagem motora) no momento da reversão, a posição da engrenagem de carga permanecerá em um valor $y(x_0)$, que pode ser calculada através da Equação (2.79):

$$y(x_0) = x_0 - \frac{b}{2} sgn(v_0) \tag{2.79}$$

em que v_0 é a velocidade no instante da reversão.

2.4.4 Análise de um sistema com uma não linearidade

A presença de não linearidades em um sistema de controle, conforme a Figura 2.13, afeta prejudicialmente o seu desempenho. Por exemplo, a folga pode causar instabilidade no sistema, e a zona morta pode causar erro em regime permanente.

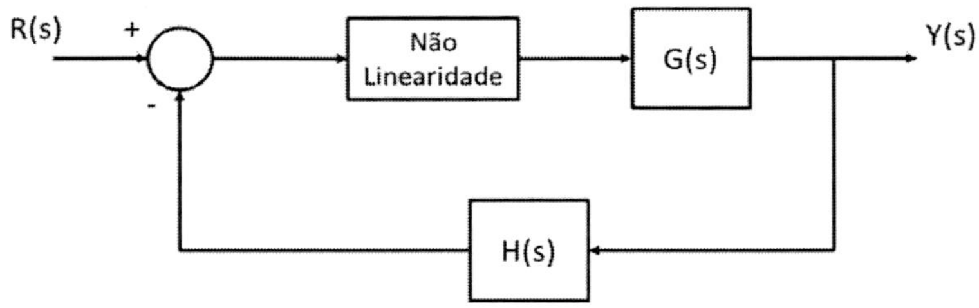

Figura 2.13- Sistema em malha fechada com uma não linearidade.

Um dos métodos para analisar o comportamento de um sistema não linear é o Método da Função Descritiva (OGATA, 1982), que é uma versão estendida do método e resposta em frequência, e pode ser usado para analisar e prever aproximadamente o comportamento não linear do sistema. Sua principal utilidade é a de prever a existência de ciclos limite, que são oscilações mantidas na saída de um sistema não linear e que não dependem das suas condições iniciais.

Existem outros métodos para a análise de sistemas não lineares, como o método do plano de fase, que fornece informação tanto quanto à estabilidade, quanto ao comportamento de resposta temporal, sendo limitado a sistemas de primeira e segunda ordem.

O método de Lyapunov pode ser utilizado na análise da estabilidade de sistemas não lineares, porém, a sua aplicação pode ser prejudicada pela dificuldade de se achar funções de Lyapunov positivas definidas (maiores que zero) para sistemas complexos.

2.5 Exemplo: Modelagem fenomenológica de um vaso separador

Será realizada a modelagem do sistema mostrado na Figura 2.14, que é um sistema de separação de água, óleo e gás de uma plataforma de petróleo.

As plantas de processamento primário de petróleo são projetadas para receber e separar, com segurança, as diferentes fases de misturas provenientes dos poços de petróleo. Este tratamento se faz necessário devido à mistura extraída constituir-se geralmente de água, óleo e gás natural, bem como outras impurezas, tais como sais contidos na água.

Os principais equipamentos responsáveis para os tratamentos dessas correntes são: separadores gravitacionais, hidrociclones e tratadores eletrostáticos. Estes equipamentos têm como objetivo enviar cada fase ao seu respectivo destino, como é apresentado em Nunes *et al.*, (2010):

- o óleo será tratado e processado para envio às refinarias;
- a água poderá ser reutilizada na injeção em poços, ou, após o devido tratamento, ser descartada no mar;
- o gás natural terá destinos diversos, como geração de potência em turbinas a gás, alimentação de sistemas de injeção em poços, ou envio às plantas de processamento em terra para posterior comercialização.

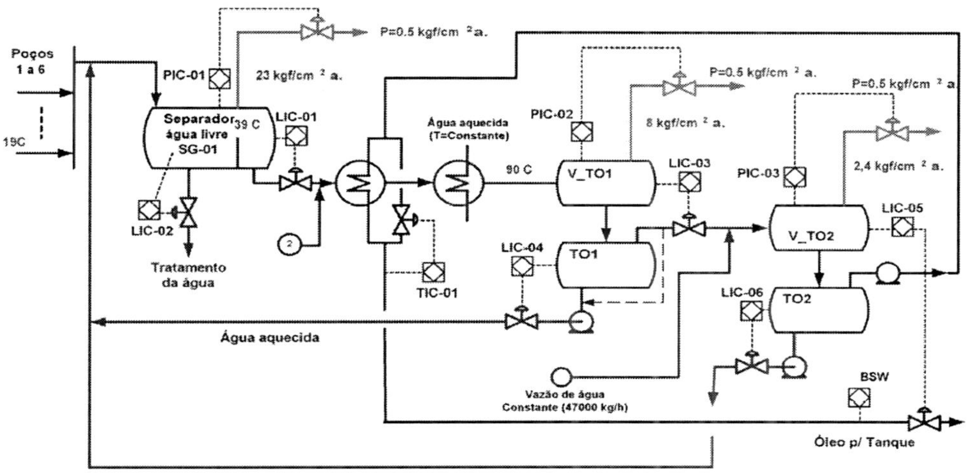

Figura 2.14- Planta de tratamento de óleo de uma plataforma.

A planta de processamento primário, Figura 2.14, é formada por um separador de água livre (SG-01) que separa as três fases (óleo, água e gás), e que será mais bem detalhado na Figura 2.15. Este separador constitui-se de quatro seções distintas:

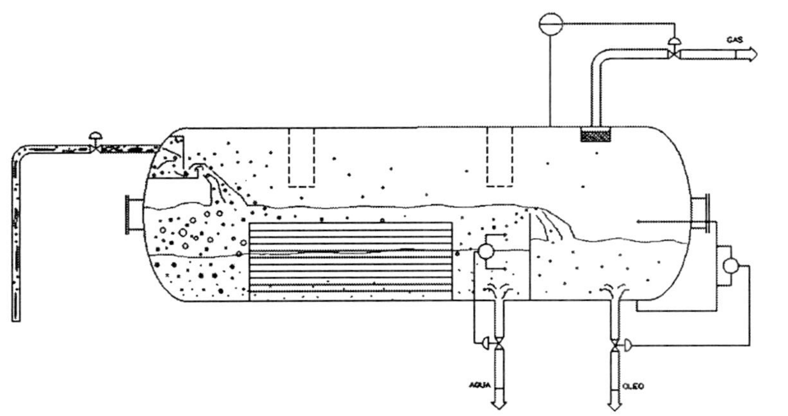

Figura 2.15- Planta de tratamento de óleo de uma plataforma.

- **Seção de separação primária**: onde o fluido choca-se com defletores na entrada do separador, fazendo com que o líquido se precipite para o fundo do vaso. É nesta seção que a maior parte do líquido é separada, removendo rapidamente as golfadas e as gotículas de maior diâmetro do líquido. Com isso, ocorre uma diminuição da turbulência, evitando o retorno do líquido para a fase gasosa;

- **Seção de separação secundária**: constitui a porção superior do interior do vaso, ocupada pela fase gasosa. Nesta seção, grande parte do líquido arrastado, sob a forma de gotas, é separada por decantação;

- **Seção de acúmulo de líquido (óleo/água)**: localizada imediatamente abaixo da região ocupada pela fase gasosa. É formada pela extensão ocupada pela fase líquida. Nesta seção, a fase líquida fica armazenada em uma câmara de separação, onde há o aparecimento de duas camadas distintas: óleo (acima) e água (abaixo). Na câmara de separação são utilizadas placas paralelas que efetuam a separação líquido-líquido, ao favorecer a coalescência das gotículas. A câmara de separação possui uma chicana que permite à fase oleosa da câmara de separação ser vertida para câmara de óleo, realizando assim a separação das duas fases líquidas;

- **Seção aglutinadora**: onde as gotículas de líquido arrastadas pela corrente de gás, não separadas nas seções anteriores, são aglutinadas em meios porosos e recuperadas. Para retenção de pequenas gotículas de líquido na parte superior dos vasos, são utilizados vários tipos de extratores de névoa (NUNES et al., 2010).

Ao finalizar o processo de separação do vaso (SG-01), as válvulas de saída (0% totalmente fechada e 100% totalmente aberta) podem ser acionadas, permitindo que o gás seja enviado aos destinos citados na subseção anterior. A água livre será enviada para o processo de tratamento, pois, neste caso, contém um resíduo de óleo acima dos padrões especificados para o seu descarte. Finalmente, a parte oleosa irá para um novo processo de tratamento em um separador de gás (V-T01), conectado diretamente a um tratador eletrostático (T01) para a separação da água residual, como pode ser observado na Figura 2.14.

O separador de gás (V-T01) realiza uma separação bifásica (líquido/gás), onde o fluido, que possui uma velocidade considerável, quando entra no separador, choca-se com os defletores posicionados na parte superior do vaso. Isso faz com que o gás associado se desprenda devido à mudança brusca de velocidade. Neste processo de separação existe também a interferência da força gravitacional, fazendo com que as gotículas, que são mais pesadas, se desprendam da corrente de gás e se acumulem na sessão de acumulação de líquidos (óleo/água) (JUSTINO, 2010). Após a separação, realizada através das suas duas válvulas de saída, o gás é enviado a destinos diversos, e a fase líquida (óleo/água) é enviada para um tratador eletrostático (T01).

O tratador eletrostático (T01) é baseado na indução de carga elétrica nas gotículas de água presente na corrente de óleo, provocando a coalescência dessas gotas devido às forças de atração eletrostática que passam a agir, e que, por sua vez, formam gotas maiores que vão se decantando no fundo do vaso por ação de forças gravitacionais. Por fim, o processo primário é finalizado com a abertura das válvulas do vaso (VT-02), de maneira que as três fases são enviadas para os seus respectivos destinos finais: a água é enviada para tratamento, o gás para outros fins e o óleo para os reservatórios petrolíferos (PETROBRAS, 2007). Depois da separação realizada no vaso (T01), o óleo deve passar novamente pelo mesmo processo de tratamento, utilizando outro vaso de separação de gás (VT-02), conectado diretamente com outro tratador eletrostático (T02).

2.5.1 Modelagem Matemática

Nesta seção, será desenvolvida a modelagem fenomenológica do escoamento em cada etapa de tratamento primário das fases líquidas (água e óleo), processado inicialmente por um vaso separador trifásico (água-óleo-gás) e depois por outros vasos apropriados, com a finalidade de especificar a água para o seu descarte no mar e o óleo para o transporte até a refinaria.

As equações diferenciais obtidas para o processo seguirão o padrão da Equação (2.80):

$$\dot{x} = f(x) + g(x)u \tag{2.80}$$

A modelagem proposta será realizada para cada um dos vasos de tratamento primário, e terá como ponto de partida a equação de balanceamento de massas. Esta equação afirma que, em um espaço fechado, a massa existente no seu interior é igual a massa que entra menos a massa que sai, qual seja:

$$\dot{x} = \frac{M_{ENT}^{L} - M_{SAI}^{L}}{\rho A_n} \tag{2.81}$$

sendo:

$$M_{ENT}^{L} = M_{ENT}^{OLEO} + M_{ENT}^{AGUA} = constante \tag{2.82}$$

$$M_{SAI}^{OLEO} = u_i k_i \sqrt{P_{entrada} - P_{saida}} \tag{2.83}$$

$$M_{SAI}^{AGUA} = u_j k_j \tag{2.84}$$

$$A_n \approx 2\sqrt{R_n^2 - (R_n - x_n)^2} l_n \tag{2.85}$$

em que:

x é a variável de estado associada à altura do nível de líquido no interior do tanque;
M^L é a massa de líquido que entra/sai do tanque;
u_n é a abertura das válvulas de saída (óleo e água);
k_n são os fatores constantes das válvulas de saída (óleo e água);
P é a pressão;
R é o raio dos tanques;
l_n é o comprimento horizontal do tanque;
A_n é a área da seção transversal do tanque;
ρ é a massa específica do líquido.

As variáveis de estado serão então x_1, x_2, x_3, que correspondem às alturas dos níveis de água em SG-01, TO1 e TO2, respectivamente, e x_4, x_5, x_6, que correspondem às alturas dos níveis de óleo em SG-01, V-TO1 e V-TO2, respectivamente.

As entradas u_1, u_2, u_3 correspondem às aberturas das válvulas de saída de água de SG-01, TO1 e TO2, respectivamente, as entradas u_3, u_4, u_5 correspondem às válvulas de saída de óleo de SG-01, V-TO1 e V-TO2, respectivamente

2.5.1.1 Modelagem para as alturas dos níveis de água

- **Separador de água livre SG-01**

$$\dot{x}_1 = \frac{M_{ENT}^{L} - u_1 k_1}{2\rho_{AGUA}\sqrt{R_{SG-01}^2 - (R_{SG-01} - x_1)^2}\, l_{SG-01}^{E}} \tag{2.86}$$

Manipulando para que fique parecida com o formato da Equação (2.80):

$$\dot{x}_1 = \frac{M_{ENT}^{L}}{2\rho_{AGUA}\sqrt{R_{SG-01}^2 - (R_{SG-01} - x_1)^2}\, l_{SG-01}^{E}} - \frac{u_1 k_1}{2\rho_{AGUA}\sqrt{R_{SG-01}^2 - (R_{SG-01} - x_1)^2}\, l_{SG-01}^{E}} \tag{2.87}$$

- **Tratador eletrostático TO1**

Substituindo as Equações (2.82), (2.83) e (2.84) em (2.81):

$$\dot{x}_2 = \frac{u_4 k_4 \sqrt{P_{V-TO1} - P_{ext}}\, BSW_{V-TO1} - u_2 k_2}{2\rho_{AGUA}\sqrt{R_{TO1}^2 - (R_{TO1} - x_2)^2}\, l_{TO1}} \tag{2.88}$$

- **Tratador eletrostático TO2**

Substituindo as equações (2.82), (2.83) e (2.84) em (2.81):

$$\dot{x}_3 = \frac{u_5 k_5 \sqrt{P_{V-TO2} - P_{ext}}\, BSW_{V-TO2} - u_3 k_3}{2\rho_{AGUA}\sqrt{R_{TO2}^2 - (R_{TO2} - x_3)^2}\, l_{TO2}} \tag{2.89}$$

2.5.1.2 Modelagem para as alturas dos níveis de óleo

- **Separador de água livre SG-01**

Substituindo as equações (2.82), (2.83) e (2.84) em (2.81):

$$\dot{x}_4 = \frac{M_{ENT}^{L}}{2\rho_{OLEO}\sqrt{R_{SG-01}^2 - (R_{SG-01} - x_4)^2}\, l_{SG-01}^{D}} - \frac{u_4 k_4 \sqrt{P_{SG-01} - P_{v-TO1}}}{2\rho_{OLEO}\sqrt{R_{SG-01}^2 - (R_{SG-01} - x_4)^2}\, l_{SG-01}^{D}} \tag{2.90}$$

- **Vaso separador de gás do TO1 (V-TO1)**

Substituindo as equações (2.82), (2.83) e (2.84) em (2.81):

$$\dot{x}_5 = \frac{u_4 k_4 \sqrt{P_{SG-01} - P_{v-TO1}}\,(1 - BSW_{V-TO1})(1 - RGO_{V-TO1}) - u_5 k_5 \sqrt{P_{V-TO1} - P_{V-TO2}}}{2\rho_{OLEO}\sqrt{R_{V-TO1}^2 - (R_{V-TO1} - x_5)^2}\, l_{V-TO1}} \tag{2.91}$$

- **Vaso separador de gás do TO2 (V-TO2)**

Substituindo as equações (2.82), (2.83) e (2.84) em (2.81):

$$\dot{x}_6 = \frac{u_5 k_5 \sqrt{P_{V-T01} - P_{V-T02}}(1 - BSW_{V-T02})(1 - RGO_{V-T02}) - u_6 k_6 \sqrt{P_{V-02} - P_{ext}}}{2\rho_{OLEO} \sqrt{R_{V-T02}^2 - (R_{V-T02} - x_6)^2}\, l_{V-T02}} \qquad (2.92)$$

Nas equações mostradas nesta subseção, BSW (*Basic Sediments and Water*) significa o percentual de água e sedimentos existentes no óleo, e RGO significa razão gás/óleo.

2.6 Conclusões

Este capítulo apresentou aspectos da modelagem fenomenológica de sistemas de fluido e térmicos, muito comuns na indústria petroquímica, como por exemplo a indústria de petróleo e gás. Os exemplos apresentados mostram a modelagem simplificada, considerando elementos lineares, e permitiu a análise transitória e em regime permanente do comportamento da resposta dos sistemas para determinadas entradas.

No final do capítulo foi apresentada a modelagem de um sistema de separação trifásica (água, óleo e gás) de uma plataforma de petróleo, com equações não lineares.

CAPÍTULO 3
MODELAGEM EXPERIMENTAL DE SISTEMAS LINEARES

3.1 Introdução

A modelagem experimental, muitas vezes denominada de identificação, tem o objetivo de produzir modelos matemáticos eficientes para atender basicamente as necessidades de simulação, predição e controle de processos. Para isso, este capítulo abordará alguns modelos lineares retirados da teoria de controle clássico e dos modelos polinomiais discretos, com destaque para a utilização do método dos mínimos quadrados. Vale ressaltar que, devido aos sistemas reais serem de natureza não linear, uns mais outros menos, o que será feito é obter uma aproximação linear do sistema real em estudo. Dependendo do grau da não linearidade do sistema, o resultado pode não ser aceitável, requerendo, assim, a adoção de linearização por partes, com pequenos intervalos de operação ou, até mesmo, a mudança de estratégia usando modelos não lineares. Uma notícia encorajadora é que é possível obter bons resultados, utilizando-se modelos lineares de primeira ordem com atraso de transporte, para uma grande parte de sistemas industriais.

Outro aspecto a destacar é que a identificação de sistemas dinâmicos será capaz apenas de retratar alguns comportamentos de causa e efeito que sejam de interesse, isto é, a simplicidade do modelo é um requisito importante, tendo-se sempre em mente a sua aplicação. Para atingir este objetivo com sucesso, o processo de identificação deve ser precedido de um planejamento inicial, ocasião em que é definida qual a finalidade do modelo, os recursos necessários para a sua obtenção – bibliografia, habilidades e competências, equipamentos (hardware) e programas (software), ambientes de simulação e/ou experimentação real, de maneira a cumprir basicamente as seguintes etapas e respectivas atividades:

Etapa 1: Coleta de dados do sistema, consistindo em experimentação simulada ou real, armazenamento e pré-tratamento dos dados;

Etapa 2: Escolha da estrutura dos modelos candidatos, consistindo em verificação dos requisitos da aplicação x características do modelo e a viabilidade de utilização;

Etapa 3: Implementação de técnicas para estimação de parâmetros, consistindo em estudo (domínio), decisão e implementação;

Etapa 4: Validação dos modelos candidatos, consistindo em aplicação dos critérios de desempenho baseados na análise dos erros de estimação e validação final.

No contexto da identificação, as variáveis, cujo comportamento é de interesse, são definidas como sendo as saídas do sistema, denominadas de variável de processo (*process variable* – PV). Têm-se também as variáveis das entradas manipuláveis que afetam as saídas de interesse, denominadas de variável manipulada (*manipulated variable* – MV), podendo ainda existir outras entradas que, apesar de também afetarem as saídas de interesse, são não manipuláveis. Estas últimas variáveis normalmente são definidas como sendo as perturbações que afetam as saídas do sistema em observação.

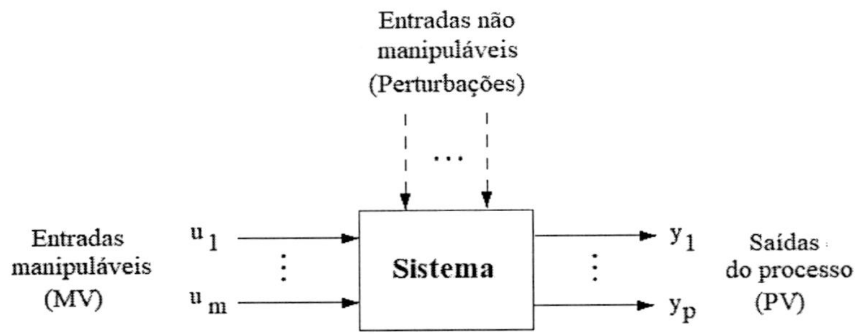

Figura 3.1 – Bloco de um sistema com entradas e saídas.

Exemplificando um sistema real, a seguir é mostrado (Figura 3.2) um separador trifásico de água-óleo-gás (SAOG), o qual constitui um equipamento importante numa plataforma marítima de produção de petróleo e gás natural. Normalmente são definidas como PV o nível de água na câmara de separação, o nível de óleo na câmara de óleo e a pressão do gás no interior do separador, e como MV as aberturas das válvulas de saída da água, do óleo e do gás natural.

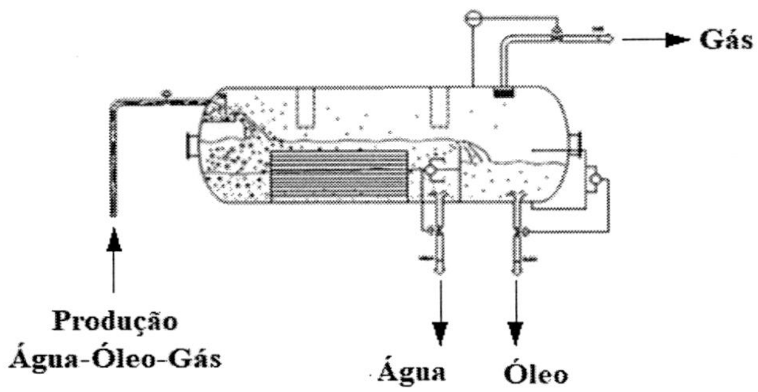

Figura 3.2 – Separador trifásico água-óleo-gás (SAOG)

É interessante ressaltar que a vazão de entrada desses produtos para o interior do vaso separador é frequentemente tratada como uma perturbação, devido à dificuldade de medição da quantidade de cada produto e a variação contínua de sua composição na mistura água-óleo-gás.

3.2 Funções de Transferência (FT)

O objetivo é obter a função de transferência contínua de um sistema usando dados experimentais.

3.2.1 Modelos de 1ª Ordem com atraso de transporte

A forma geral da função de transferência de 1ª ordem com atraso de transporte (*First Order Plus Dead Time* – FOPDT) é dada por (AGUIRRE, 2007; COELHO e COELHO, 2004):

$$G(s) = \frac{Ke^{-Ls}}{\tau s+1} \tag{3.1}$$

em que K = ganho estático, L = atraso de transporte e τ = constante de tempo.

Para se obter os parâmetros K, L e τ do modelo, aplica-se o Método de Resposta ao Degrau Unitário, que tem a finalidade de traçar a curva de reação do sistema (este método também é conhecido por Método da Curva de Reação). Trata-se de um método de malha aberta, o qual utiliza uma entrada degrau unitário para obter a resposta da planta experimentalmente, cujo gráfico da resposta deve possuir a forma de um 'S', conforme mostrada na figura a seguir:

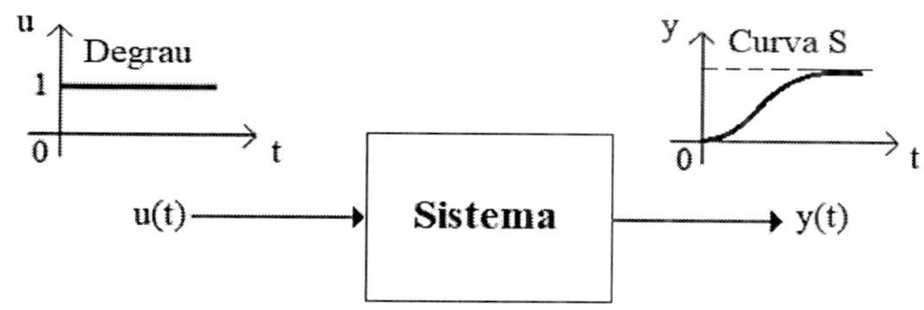

Figura 3.3 – Resposta a uma entrada degrau unitário, na forma de 'S'.

Através da leitura direta no gráfico da resposta obtida experimentalmente (Figura 3.4), é possível obter o valor dos parâmetros da função de transferência de primeira ordem, com atraso de transporte, representados pelas letras K, L e τ.

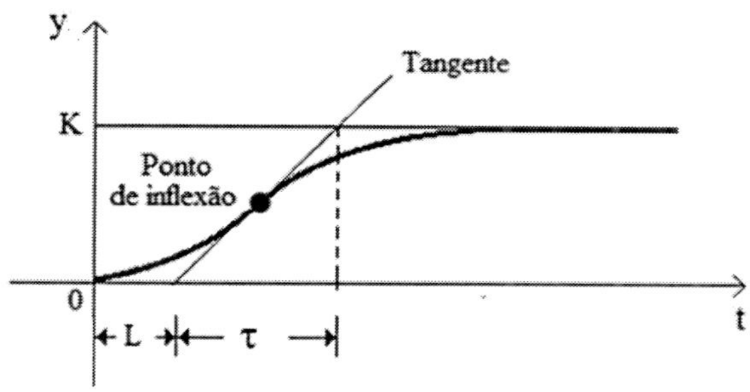

Figura 3.4 – Curva de reação (curva na forma de 'S').

De posse dos valores dos parâmetros acima, obtém-se assim o modelo de 1ª ordem com atraso de transporte, cuja forma geral (3.1) é dada por:

$$G(s) = \frac{Y(s)}{U(s)} = \frac{Ke^{-Ls}}{\tau s + 1}$$

em que: K é o ganho estático, L é o atraso de transporte e τ é a constante de tempo aproximada do sistema. Se a planta não possuir integradores puros nem tampouco polos complexos dominantes, então a sua resposta ao degrau unitário terá a forma de um 'S', ou seja, existirá um ponto de inflexão da curva, conforme mostrado na Figura 3.4. Caso se tenha dificuldade de avaliar graficamente os parâmetros K, L e τ, a literatura apresenta uma variedade de métodos que facilitam a sua determinação, tais como o Método de Smith, o Método de Sundaresen e Krishnaswamy e o Método de Nishikawa (COELHO e COELHO, 2004).

3.2.1.1 Parâmetros dos sistemas de 1ª ordem, com atraso de transporte

A seguir, serão definidas formalmente as principais características (parâmetros *K*, *L* e τ) de um sistema de 1ª ordem, com atraso de transporte.

Ganho estático (*K*) - Equivale ao valor de saída em estado permanente (*steady-state*), quando a entrada do sistema é um degrau unitário aplicada em $t = 0$.

Prova: Suponha um sistema de primeira ordem sem atraso de transporte, para simplicidade da demonstração e sem perda de generalidade. Para este sistema, a equação que rege a dinâmica do sistema é dada por:

$$y(t) = K\left(1 - e^{-\left(\frac{1}{\tau}\right)t}\right) \tag{3.2}$$

O valor da saída de estado permanente pode ser calculado fazendo o tempo tender para infinito, ou seja:

$$\lim_{t\to\infty} y(t) = \lim_{t\to\infty} K\left(1 - e^{-\left(\frac{1}{\tau}\right)t}\right) = K(1 - e^{-\infty}) = K(1 - 0) = K$$

De uma maneira geral, o ganho estático *K* pode ser calculado dividindo a variação ocorrida da saída ($\Delta y(t)$) pela variação da entrada ($\Delta u(t)$), após o sistema atingir o regime permanente, ou seja:

$$K = \left.\frac{\Delta y(t)}{\Delta u(t)}\right|_{regime\ permanente} \tag{3.3}$$

o que é perfeitamente consistente com o método original que usa um degrau unitário, o que implica em $\Delta u(t) = 1$, fazendo assim com que a saída em regime permanente seja igual a $\Delta y(t) = K$.

Atraso de transporte (*L*) - Define-se atraso de transporte como sendo o intervalo de tempo gasto pelo sistema para que a entrada produza efeito sobre a saída. Todos os sistemas apresentam um atraso na resposta, uns menos, podendo, nestes casos, ser desprezado, e outros mais.

No domínio da variável *s* (Transformada de Laplace), o atraso de transporte é modelado pelo fator e^{-Ls}, de acordo com a propriedade da translação no domínio do tempo contínuo *t*, ou seja, "se $\mathcal{L}\{g(t)\} = G(s)$, então $\mathcal{L}\{g(t - L)\} = e^{-Ls}G(s)$", sendo *L* o valor do atraso de transporte em unidades de tempo.

Como o atraso é uma não linearidade, para linearizar o fator e^{-Ls}, podem ser usadas as aproximações matemáticas propostas por Padé (AGUIRRE, 2007), que são fornecidas por:

$$e^{-Ls} \cong R_n(s) = \frac{Q_n(-Ls)}{Q_n(Ls)} \tag{3.4}$$

com o valor de $Q_n(s)$ dado por:

$$Q_n(s) = \sum_{j=0}^{n} \frac{(n+j)!}{j!(n-j)!}(Ls)^{n-j} \tag{3.5}$$

em que: *n* é a ordem escolhida para a aproximação de Padé. A expressão para $Q_n(s)$ afirma que a aproximação será tanto melhor quanto maior for o valor de *n*. Ressalta-se, que o *n* de Padé nada tem a ver com a ordem do sistema!!!

Constante de tempo (τ) (lê-se: tal) - É o intervalo de tempo que um sistema gasta para atingir 63,21% do valor da saída em regime permanente, denominada de $y_{steady\text{-}state}$ ou simplesmente y_{SS}.

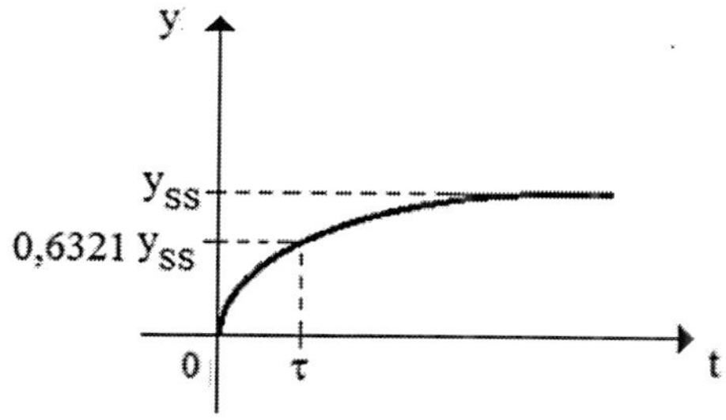

Figura 3.5 – Constante de tempo τ.

Prova: Na Equação (3.2), fazendo $t = \tau$, obtém-se ($e = 2{,}7183$):

$$y(t) = K(1 - e^{-1}) = K(1 - 0{,}3679) = 0{,}6321K = 0{,}6321y_{ss} \tag{3.6}$$

em que o valor de K, para entrada degrau unitário aplicada em $t = 0$s, é equivalente ao valor da saída de estado permanente y_{ss}.

A constante de tempo indica a rapidez de crescimento (ou de decrescimento) da saída do sistema, de acordo com o sinal do ganho estático K. Pode-se afirmar que quanto menor o valor de τ mais rápido é o sistema. Normalmente, sistemas elétricos são rápidos e sistemas térmicos são lentos, sendo que os demais (mecânicos, hidráulicos etc.) têm velocidade de resposta intermediária, dependendo fundamentalmente da natureza da variável em observação (deslocamento, velocidade, vazão, pressão etc.).

Exemplo: Calcular a aproximação de Padé de primeira ordem ($n = 1$) para e^{-2s}.

Solução: Fazendo $n = 1$ (primeira ordem da aproximação), tem-se:

$$R_1(s) = \frac{Q_1(-Ls)}{Q_1(Ls)}$$

$$Q_1(s) = \sum_{j=0}^{1} \frac{(n+j)!}{j!\,(n-j)!}(Ls)^{1-j} = \frac{(1+0)!}{0!\,(1-0)!}(Ls)^{1-0} + \frac{(1+1)!}{1!\,(1-1)!}(Ls)^{1-1} = \frac{1}{1}(Ls) + \frac{2}{1}(Ls)^0$$
$$= Ls + 2$$

Substituindo, finalmente virá:

$$R_1(s) = \frac{-Ls + 2}{Ls + 2}$$

Conforme já foi mencionado anteriormente, a aproximação será tanto melhor quanto maior a ordem da aproximação. Porém, normalmente uma aproximação de primeira ordem ($n = 1$) é suficiente para incluir o atraso de transporte na modelagem do sistema.

3.2.2 Modelos de 2ª Ordem com atraso de transporte

Usualmente, os sistemas de 2ª ordem são representados pela função de transferência, cuja forma geral com atraso de transporte é dada por:

$$G(s) = \frac{K\omega_n^2 e^{-Ls}}{s^2+2\varsigma\omega_n s+\omega_n^2} \quad (3.7)$$

em que K é o ganho estático, L é o atraso de transporte, ζ (lê-se: zéta) é o coeficiente de amortecimento e ω_n é a frequência angular não amortecida ou natural do sistema. O polinômio do denominador (polinômio característico) deve ser mônico, ou seja, o coeficiente do termo de maior grau (s^2) deve ser igual a 1; caso este coeficiente seja diferente de 1, os polinômios do numerador e do denominador deverão ser divididos por ele, no sentido de tornar mônico o polinômio do denominador, reduzindo a função de transferência de 2ª ordem à forma geral da Equação (3.7).

3.2.2.1 Parâmetros dos sistemas de 2ª ordem, com atraso de transporte

As principais características de um sistema de 2ª ordem com atraso de transporte apresentadas no modelo da Equação (3.7), são as seguintes:

Ganho estático (*K*) - É o valor da saída de um sistema estável, quando o seu tempo de funcionamento tende a infinito ($t \rightarrow \infty$), ou seja, em regime permanente.

$$K = \left.\frac{\Delta y}{\Delta u}\right|_{regime\ permanente} \quad (3.8)$$

Atraso de transporte (*L*) – Ver definição no subitem 3.2.1.1.

Frequência angular não amortecida ou natural (*ω_n*) (lê-se: ômega ene) – A unidade é radianos por segundo (rad/s), valendo lembrar que $\omega = 2\pi f$, em que f é dado em hertz (Hz).

Coeficiente de amortecimento (*ζ*) (lê-se: zéta) - Mede o amortecimento ocorrido no sistema durante a sua evolução no regime transitório; é uma grandeza adimensional.

Tipos de resposta transitória, de acordo com o valor de ζ: o comportamento da resposta transitória de um sistema de 2ª ordem, levando em consideração somente o valor do coeficiente de amortecimento ζ, é classificado como sendo:

- oscilatório puro (ζ=0);

- subamortecido (0<ζ<1);

- criticamente amortecido (ζ=1);

- superamortecido (ζ>1).

Graficamente é possível identificar cada um dos comportamentos transitórios, de acordo com os padrões gráficos das curvas mostradas na figura a seguir:

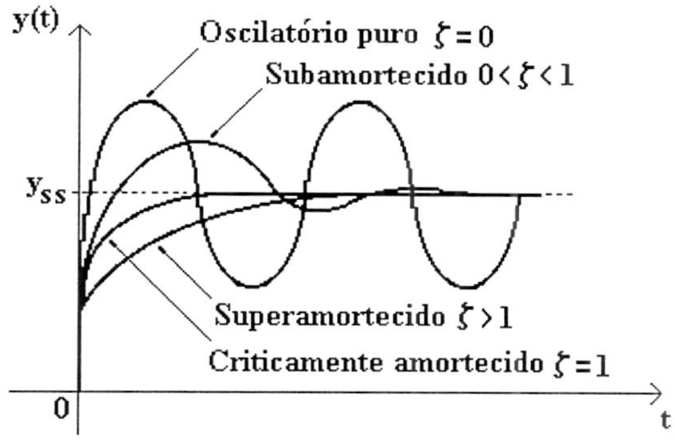

Figura 3.6 – Classificação dos sistemas de 2ª ordem, de acordo com o valor de ζ.

3.3 Modelos Polinomiais Discretos

Os modelos polinomiais discretos são expressões matemáticas formadas pelos valores atual e passados da saída, da entrada e/ou do erro de modelagem do sistema, denominados de regressores, os quais são ponderados através de coeficientes (parâmetros), obedecendo uma sequência temporal de ocorrência indexada pelo tempo discreto k, $k \in \mathbb{Z}$. Os coeficientes dos termos do polinômio são denominados de parâmetros do modelo de estrutura escolhido para a identificação do sistema. Este tipo de representação matemática é especialmente indicado para identificação de sistemas, pelo fato de se encontrar disponíveis diversos algoritmos eficientes para a estimação de seus parâmetros.

Existem várias formas de identificação usando modelos polinomiais, tais como: FIR, ARX, ARMAX, OE e BJ. Estas serão vistas com detalhes nos próximos itens, sendo que todas elas podem ser descritas pela equação:

$$A(q^{-1})y(k) = \frac{B(q^{-1})}{F(q^{-1})}u(k) + \frac{C(q^{-1})}{D(q^{-1})}\varepsilon(k) \qquad \text{(Forma geral)} \quad (3.9)$$

em que u e y representam a entrada e a saída, respectivamente. Os polinômios A, B, C, D e F são polinômios regressores, q^{-1} é o operador de deslocamento (atraso) unitário no tempo discreto e ε é um ruído que corrompe a saída, tendo a sua origem em: erros de medição, não linearidades, dinâmica não modelada etc. (AGUIRRE, 2007). Este ruído é normalmente suposto ser um ruído branco, com média zero e variância σ^2.

Os polinômios regressores são matematicamente definidos como:

$$A(q^{-1}) = 1 - a_1 q^{-1} - \cdots - a_{n_y} q^{-n_y} \qquad (3.10)$$
$$B(q^{-1}) = b_0 + b_1 q^{-1} + \cdots + b_{n_u} q^{-n_u} \qquad (3.11)$$
$$C(q^{-1}) = 1 + c_1 q^{-1} + \cdots + c_{n_\varepsilon} q^{-n_\varepsilon} \qquad (3.12)$$
$$D(q^{-1}) = 1 + d_1 q^{-1} + \cdots + d_{n_d} q^{-n_d} \qquad (3.13)$$
$$F(q^{-1}) = 1 + f_1 q^{-1} + \cdots + f_{n_f} q^{-n_f} \qquad (3.14)$$

3.3.1 Modelo polinomial Resposta Finita ao Impulso (*Finite Impulse Response* - FIR)

A forma geral do modelo FIR é dada por:

$$y(k) = B(q^{-1})u(k) + \varepsilon(k) \tag{3.15}$$

que se obtém ao fazer $A(q^{-1}) = C(q^{-1}) = D(q^{-1}) = F(q^{-1}) = 1$ na forma geral (3.9) dos modelos polinomiais, sendo ε um ruído no sistema que corrompe a sua saída y.

Exemplo: Seja $y(k) = 0{,}4u(k) + 1{,}5u(k\text{-}1) + \varepsilon(k)$. Neste caso, tem-se $B(q^{-1}) = 0{,}4 + 1{,}5q^{-1}$, sendo $\varepsilon(k)$ um ruído branco.

Para o modelo FIR, o estimador da saída é obtido supondo que o erro de estimação, dado por $y(k) - \hat{y}(k)$, seja totalmente causado pelo ruído no sistema ε, ou seja, $\varepsilon(k) = y(k) - \hat{y}(k)$, que substituindo em (3.15) resulta na seguinte expressão:

$$\hat{y}(k) = B(q^{-1})u(k) \tag{3.16}$$

Expressando o estimador da saída na forma matricial, tem-se:

$$\hat{y}(k) = \varphi^T(k)\hat{\theta} \tag{3.17}$$

cujo vetor de regressores φ e o vetor de parâmetros estimados $\hat{\theta}$ para o modelo FIR são dados por:

$$\varphi^T(k) = [u(k-d), \dots, u(k-d-n_u)] \tag{3.18}$$

$$\hat{\theta} = \left[b_0, \dots, b_{n_u}\right]^T \tag{3.19}$$

em que: n_u é dado por (3.11) e d é o atraso da entrada u em relação à saída y, em múltiplos inteiros do período de amostragem.

Este estimador de saída sempre será estável, devido à ausência de polos do sistema. Assim, um sistema real que contém polos não pode ser bem descrito por um modelo de estrutura do tipo FIR, a menos que seja estável e a sua resposta ao impulso decaia de maneira rápida; neste caso, os parâmetros do modelo serão iguais aos coeficientes da resposta ao impulso (NØRGAARD *et al.*, 2001).

3.3.2 Modelo polinomial Autorregressivo com Entradas Exógenas (*AutoRegressive with eXogenous inputs* - ARX)

A forma geral do modelo ARX é dada por:

$$A(q^{-1})y(k) = B(q^{-1})u(k) + \varepsilon(k) \tag{3.20}$$

que se obtém ao fazer $C(q^{-1}) = D(q^{-1}) = F(q^{-1}) = 1$ na forma geral (3.9) dos modelos polinomiais.

Exemplo: Seja $y(k) = 0{,}3y(k\text{-}1) + 1{,}5u(k\text{-}1) + \varepsilon(k)$. Neste caso, tem-se $A(q^{-1}) = 1 - 0{,}3q^{-1}$ e $B(q^{-1}) = 1{,}5q^{-1}$, sendo $\varepsilon(k)$ um ruído branco.

Também para o modelo ARX, o estimador da saída é obtido supondo que o erro de estimação, dado por $y(k) - \hat{y}(k)$, seja totalmente causado pelo ruído no sistema ε, ou seja, $\varepsilon(k) = y(k) - \hat{y}(k)$, que substituindo em (3.20) resulta na seguinte expressão:

$$\hat{y}(k) = [1 - A(q^{-1})]y(k) + B(q^{-1})u(k) \tag{3.21}$$

Expressando o estimador da saída na forma matricial, tem-se:

$$\hat{y}(k) = \varphi^T(k)\hat{\theta} \tag{3.22}$$

cujo vetor de regressores φ e o vetor de parâmetros estimados $\hat{\theta}$ para o modelo ARX são dados por:

$$\varphi^T(k) = \left[y(k-1), \dots, y(k-n_y), u(k-d), \dots, u(k-d-n_u)\right] \tag{3.23}$$

$$\hat{\theta} = \left[-a_1, \dots, -a_{n_y}, b_0, \dots, b_{n_u}\right]^T \tag{3.24}$$

em que: n_y e n_u são dados por (3.10) e (3.11), respectivamente, e d é o atraso da entrada u em relação à saída y, em múltiplos inteiros do período de amostragem.

Observe que o estimador da saída $\hat{y}(k)$ para o modelo ARX não depende de sua própria dinâmica (3.21). Isto pode ser comprovado pela ausência de regressores da saída estimada e pela ausência de regressores do erro de estimação na expressão que fornece o estimador da saída, lembrando que o erro de estimação é dado por $\varepsilon(k) = y(k) - \hat{y}(k)$. Assim, conclui-se que o estimador da saída fornecido pelo modelo ARX é sempre estável, mesmo que o sistema seja instável. Esta é uma característica muito importante do modelo de estrutura do tipo ARX (NØRGAARD *et al.*, 2001).

3.3.3 Modelo polinomial Autorregressivo Média Móvel com Entradas Exógenas (*AutoRegressive Moving Average with eXogenous inputs* - ARMAX)

Este modelo possui média variável (móvel) no tempo, devido ao fato de suas saídas serem afetadas por erros passados representados por $C(q^{-1})$, conforme se depreende através de sua forma geral dada por:

$$A(q^{-1})y(k) = B(q^{-1})u(k) + C(q^{-1})\varepsilon(k) \tag{3.25}$$

que se obtém ao fazer $D(q^{-1}) = F(q^{-1}) = 1$ na forma geral (3.9) dos modelos polinomiais.

Exemplo: Seja $y(k) = 0{,}6y(k\text{-}1) + 2u(k) + 0{,}4u(k\text{-}1) + 0{,}3u(k\text{-}2) + \varepsilon(k) + 0{,}1\,\varepsilon(k-1)$. Neste caso, tem-se $A(q^{-1}) = 1 - 0{,}6q^{-1}$, $B(q^{-1}) = 2 + 0{,}4q^{-1} + 0{,}3q^{-2}$ e $C(q^{-1}) = 1 + 0{,}1q^{-1}$ sendo $\varepsilon(k)$ um ruído branco calculado por $\varepsilon(k) = y(k) - \hat{y}(k)$.

O estimador da saída é obtido manipulando, inicialmente, o modelo (3.25) e adotando a mesma suposição feita para os modelos anteriores, isto é, o erro de estimação igual ao ruído do sistema, $\varepsilon(k) = y(k) - \hat{y}(k)$, quais sejam:

$$A(q^{-1})y(k) = B(q^{-1})u(k) + C(q^{-1})\varepsilon(k) + [\varepsilon(k) - \varepsilon(k)]$$
$$A(q^{-1})y(k) = B(q^{-1})u(k) + [C(q^{-1}) - 1]\varepsilon(k) + [y(k) - \hat{y}(k)]$$
$$\hat{y}(k) = [1 - A(q^{-1})]y(k) + B(q^{-1})u(k) + [C(q^{-1}) - 1]\varepsilon(k) \tag{3.26}$$

Expressando o estimador da saída na forma matricial, tem-se:

$$\hat{y}(k) = \varphi^T(k)\hat{\theta} \tag{3.27}$$

cujo vetor de regressores φ e o vetor de parâmetros estimados $\hat{\theta}$ para o modelo ARMAX são dados por:

$$\varphi^T(k) = \left[y(k-1), \dots, y(k-n_y), u(k-d), \dots, u(k-d-n_u), \varepsilon(k-1), \dots, \varepsilon(k-n_\varepsilon)\right] \tag{3.28}$$

$$\hat{\theta} = \left[-a_1, \dots, -a_{n_y}, b_0, \dots, b_{n_u}, c_1, \dots, c_{n_\epsilon}\right]^T \tag{3.29}$$

em que: n_y, n_u e n_ε são dados por (3.10), (3.11) e (3.12), respectivamente, e d é o atraso da entrada u em relação à saída y, em múltiplos inteiros do período de amostragem.

No modelo ARMAX o valor do estimador de saída (3.26) depende de seus valores passados embutidos na expressão do erro, caracterizando assim a existência de uma dinâmica de realimentação. A principal implicação dessa realimentação no cálculo do estimador é que este só será estável se as raízes do polinômio $C(q^{-1})$ estiverem localizadas no interior do círculo unitário, no sentido de que o valor do estimador de saída sempre se manterá o mais próximo possível da saída real do sistema.

3.3.4 Modelo polinomial Erro na Saída (*Output Error* - OE)

Sua forma geral é dada por:

$$y(k) = \frac{B(q^{-1})}{F(q^{-1})}u(k) + \varepsilon(k) \tag{3.30}$$

que se obtém ao fazer $A(q^{-1}) = C(q^{-1}) = D(q^{-1}) = 1$ na forma geral (3.9) dos modelos polinomiais. O fato do ruído branco estar diretamente relacionado com a saída, justifica a denominação de erro na saída dado a este tipo de modelo polinomial.

Exemplo: Seja $y(k) = -0{,}5y(k-1) + 1{,}5u(k) + 0{,}4u(k-1) + 0{,}3u(k-2) + \varepsilon(k) + 0{,}5\,\varepsilon(k-1)$. Neste caso, tem-se $B(q^{-1}) = 1{,}5 + 0{,}4q^{-1} + 0{,}3q^{-2}$ e $F(q^{-1}) = 1 + 0{,}5q^{-1}$, sendo $\varepsilon(k)$ um ruído branco.

Para o modelo OE, o estimador da saída é obtido supondo que o erro de estimação, $y(k) - \hat{y}(k)$, seja totalmente causado pelo ruído no sistema ε, ou seja, fazendo $\varepsilon(k) = y(k) - \hat{y}(k)$, que substituindo em (3.30) resulta na seguinte expressão:

$$y(k) = \frac{B(q^{-1})}{F(q^{-1})}u(k) + [y(k) - \hat{y}(k)]$$

$$\hat{y}(k|\theta) = \frac{B(q^{-1})}{F(q^{-1})}u(k)$$

Agora, eliminando o polinômio $F(q^{-1})$ do denominador e manipulando matematicamente, virá:

$$F(q^{-1})\hat{y}(k) = B(q^{-1})u(k) + [\hat{y}(k) - \hat{y}(k)]$$

$$\hat{y}(k) = [1 - F(q^{-1})]\hat{y}(k) + B(q^{-1})u(k) \tag{3.31}$$

Expressando o estimador da saída na forma matricial, tem-se:

$$\hat{y}(k) = \varphi^T(k)\hat{\theta} \tag{3.32}$$

cujo vetor de regressores φ e o vetor de parâmetros estimados $\hat{\theta}$ para o modelo OE são dados por:

$$\varphi^T(k) = \left[\hat{y}(k-1), \dots, \hat{y}(k - n_f), u(k-d), \dots, u(k - d - n_u)\right] \tag{3.33}$$

$$\hat{\theta} = \left[-f_1, \dots, -f_{n_f}, b_0, \dots, b_{n_u}\right]^T \tag{3.34}$$

em que: n_u e n_f são dados por (3.11) e (3.14), respectivamente, e d é o atraso da entrada u em relação à saída y, em múltiplos inteiros do período de amostragem.

No cálculo do estimador da saída (3.31), pode-se notar a dependência em relação aos seus valores passados, indicando assim a existência de realimentação. Constata-se que a única condição para que o referido estimador seja estável é que as raízes do polinômio $F(q^{-1})$ estejam localizadas no interior do círculo unitário.

3.3.5 Modelo polinomial Box-Jenkins (*Box-Jenkins* - BJ)

Trata-se de um modelo mais complexo cuja forma geral é dada por:

$$y(k) = \frac{B(q^{-1})}{F(q^{-1})}u(k) + \frac{C(q^{-1})}{D(q^{-1})}\varepsilon(k) \tag{3.35}$$

que se obtém ao fazer $A(q^{-1}) = 1$ na forma geral (3.9) dos modelos polinomiais. O fato do ruído não branco, proveniente da transformação do ruído branco $\varepsilon(k)$através da multiplicação por C/D, estar diretamente relacionado com a saída, torna este modelo também do tipo erro na saída.

Exemplo: Seja $y(k) = -y(k-1) + 2u(k) + 2{,}5u(k-1) + 0{,}5u(k-2) + \varepsilon(k) + 0{,}9\,\varepsilon(k-1)$. Neste caso, tem-se $F(q^{-1})D(q^{-1}) = 1 + q^{-1}$, $B(q^{-1})D(q^{-1}) = 2 + 2{,}5q^{-1}+0{,}5q^{-2}$ e $C(q^{-1})F(q^{-1}) = 1 + 0{,}9q^{-1}$, sendo $\varepsilon(k)$ um ruído branco calculado por $\varepsilon(k) = y(k) - \hat{y}(k)$.

O estimador da saída é obtido adotando a mesma suposição feita para os modelos anteriores, isto é, o erro de estimação igual ao ruído do sistema, $\varepsilon(k) = y(k) - \hat{y}(k)$, e manipulando matematicamente o modelo (3.35), quais sejam:

$$y(k) = \frac{B(q^{-1})}{F(q^{-1})}u(k) + \frac{C(q^{-1})}{D(q^{-1})}[y(k) - \hat{y}(k)]$$

$$F(q^{-1})D(q^{-1})y(k) = B(q^{-1})D(q^{-1})u(k) + C(q^{-1})F(q^{-1})[y(k) - \hat{y}(k)]$$

$$\begin{aligned}\hat{y}(k) = {} & [C(q^{-1})F(q^{-1}) - F(q^{-1})D(q^{-1})]y(k) + B(q^{-1})D(q^{-1})u(k) \\ & +[1 - C(q^{-1})F(q^{-1})]\hat{y}(k)\end{aligned} \tag{3.36}$$

Expressando o estimador da saída na forma matricial, tem-se:

$$\hat{y}(k) = \varphi^T(k)\hat{\theta} \tag{3.37}$$

cujo vetor de regressores φ e o vetor de parâmetros estimados $\hat{\theta}$ para o modelo BJ são dados por:

$$\varphi^T(k) = \big[y(k-1), \dots, y(k-n), u(k-d), \dots, u(k-d-(n_u+n_d-1)), \hat{y}(k-1), \dots, \hat{y}(k-(n_\varepsilon+n_f-2))\big] \tag{3.38}$$

$$\hat{\theta} = \left[-a_1, \dots, -a_n, b_0, \dots, b_{n_u+n_d-1}, -\hat{a}_1, \dots, -\hat{a}_{n_\varepsilon+n_f-2}\right]^T \tag{3.39}$$

em que: n_y, n_u, n_ε, n_d e n_f são dados por (3.10), (3.11), (3.12), (3.13) e (3.14), respectivamente, n é escolhido como maior$[(n_\varepsilon+ n_f\text{-}1),(n_u+ n_d\text{-}1)]$, e d é o atraso da entrada u em relação à saída y, em múltiplos inteiros do período de amostragem. No cálculo do estimador da saída (3.36) pode-se notar a dependência em relação aos seus valores passados, indicando assim a existência de realimentação. Assim, a única condição para que o estimador seja estável é que as raízes do polinômio resultante do produto $C(q^{-1})F(q^{-1})$ estejam localizadas no interior do círculo unitário.

3.3.6 Outra forma de obter um estimador de saída

Tomando-se por base a Equação (3.9), que estabelece:

$$y(k) = \frac{B(q^{-1})}{A(q^{-1})F(q^{-1})}u(k) + \frac{C(q^{-1})}{A(q^{-1})D(q^{-1})}\varepsilon(k) \tag{3.40}$$

e fazendo

$$G(q^{-1}) = \frac{B(q^{-1})}{A(q^{-1})F(q^{-1})} \quad \text{e} \quad H(q^{-1}) = \frac{C(q^{-1})}{A(q^{-1})D(q^{-1})}$$

obtém-se uma nova forma parametrizada pela introdução dos polinômios de G e H (LYUNG, 2007), que é:

$$y(k) = G(q^{-1})u(k) + H(q^{-1})\varepsilon(k) \tag{3.41}$$

em que u e y representam a entrada e a saída, respectivamente, os polinômios G e H representam os regressores, ε é o erro de estimação (ou predição), frequentemente suposto ser um ruído branco de média zero e variância σ^2, e q^{-1} é o operador de deslocamento (atraso) no tempo discreto. Agora, substituindo $\varepsilon(k) = y(k) - \hat{y}(k)$ em (3.41) virá:

$$y(k) = G(q^{-1})u(k-d) + H(q^{-1})(y(k) - \hat{y}(k))$$

Finalmente, manipulando matematicamente obtém-se a forma geral para o estimador da saída $\hat{y}(k)$, que é dada por:

$$\hat{y}(k) = H^{-1}(q^{-1})\, G(q^{-1})u(k) + \left(1 - H^{-1}(q^{-1})\right)y(k) \tag{3.42}$$

Exemplo: Obter o estimador de saída para a estrutura tipo FIR.
Sabe-se que o modelo FIR (3.15) é dado por $y(k) = B(q^{-1})u(k) + \varepsilon(k)$, em que $G(q^{-1}) = B(q^{-1})$ e $H(q^{-1}) = 1$. Substituindo em (3.42) e manipulando, virá:

$$\hat{y}(k) = B(q^{-1})u(k)$$

cuja expressão está de acordo com (3.16).

Exemplo: Idem, para o modelo ARMAX.
Sabe-se que o modelo ARMAX (3.25) é dado por $A(q^{-1})y(k) = B(q^{-1})u(k) + C(q^{-1})\varepsilon(k)$, em que $G(q^{-1}) = B(q^{-1})/A(q^{-1})$ e $H(q^{-1}) = C(q^{-1})/A(q^{-1})$. Substituindo em (3.42) e manipulando (para simplicidade do desenvolvimento, o operador de atraso q^{-1} será omitido), virá:

$$\begin{aligned}
\hat{y}(k) &= \left(\frac{C}{A}\right)^{-1}\left(\frac{B}{A}\right)u(k) + \left(1 - \left(\frac{C}{A}\right)^{-1}\right)y(k) \\
&= \frac{B}{C}\,u(k) + \left(\frac{C-A}{C}\right)y(k) \\
C\hat{y}(k) &= Bu(k) + Cy(k) - Ay(k) \\
C\hat{y}(k) - Cy(k) &= Bu(k) - Ay(k)
\end{aligned}$$

$$C(\hat{y}(k) - y(k)) = Bu(k) - Ay(k)$$
$$-C\varepsilon(k) = Bu(k) - Ay(k)$$

Agora, para fazer o estimador $\hat{y}(k)$ aparecer de volta nesta última equação, será necessário usar o artifício matemático de somar e subtrair $\varepsilon(k)$ no lado esquerdo da citada equação, qual seja:

$$-C\varepsilon(k) + \varepsilon(k) - \varepsilon(k) = Bu(k) - Ay(k)$$
$$-(C-1)\varepsilon(k) = Bu(k) - Ay(k) + \varepsilon(k)$$
$$-(C-1)\varepsilon(k) = Bu(k) - Ay(k) + y(k) - \hat{y}(k)$$

Rearrumando e retornando com o operador de atraso unitário q^{-1}, finalmente virá:

$$\hat{y}(k) = [1 - A(q^{-1})]y(k) + B(q^{-1})u(k) + [C(q^{-1}) - 1]\varepsilon(k)$$

cuja expressão está de acordo com a última equação de (3.26).

3.4 Estimador de Mínimos Quadrados (*offline*)

O método básico dos Mínimos Quadrados (MMQ) baseia-se em dados já disponíveis, frequentemente referidos como dados em batelada ou *offline*, é usado para estimar os coeficientes numéricos ou parâmetros de modelos matemáticos polinomiais, de tal maneira que o somatório das distâncias quadráticas, traçadas dos pontos representativos dos dados até o gráfico da equação do modelo, seja mínimo.

No contexto da modelagem experimental, o problema que se pretende resolver é o seguinte: dado um conjunto de pares de valores de entrada-saída medidos de um sistema físico, obter um modelo linear que represente o comportamento dinâmico do sistema com alguma exatidão, de acordo com o critério que minimiza a soma do quadrado das distâncias entre os dados e a equação do modelo. O método também pode ser aplicado para obter modelos não lineares, desde que o modelo seja linear nos parâmetros. Para resolver tal problema, suponha que o sistema seja representado por $y = f(u)$, em que y é a saída e u é a entrada.

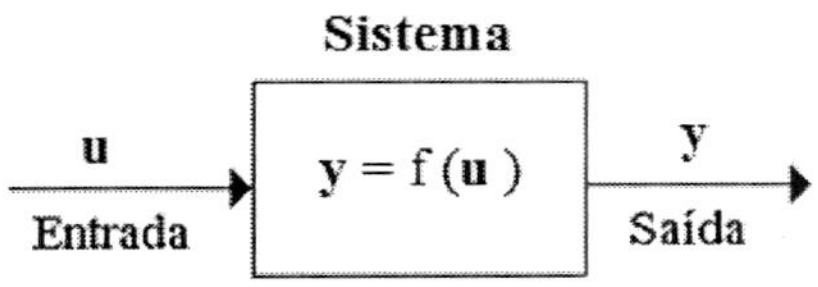

Figura 3.7 – Sistema com entrada-saída.

Suponha também que o sistema possa ser modelado por $\hat{y} = F(u, \hat{\theta})$, em que $\hat{y}$ é a saída estimada pelo modelo e $\hat{\theta}$ representa os parâmetros a serem estimados através da aplicação do método dos mínimos quadrados (*least squares*), de tal forma que:

$$\hat{y}(k) = \sum_{j=1}^{q} \hat{\theta}_{a,j} y(k-j) + \sum_{j=0}^{p} \hat{\theta}_{b,j} u(k-j) \qquad (3.43)$$

em que a quantidade arbitrária de termos vale $(p + q + 1)$ e $\hat{\theta} = \left[\hat{\theta}_{a,1}, \dots, \hat{\theta}_{a,q}, \hat{\theta}_{b,0}, \dots, \hat{\theta}_{b,p}\right]^T$ é o vetor de parâmetros a serem estimados. O estimador linear de mínimos quadrados tem o objetivo de calcular os valores dos parâmetros, que sejam capazes de minimizar a função custo quadrática (ou função objetivo) dada por:

$$J(\hat{\theta}) = \sum_{i=1}^{M} \left[f(u^i) - g(u^i, \hat{\theta})\right]^2 \qquad (3.44)$$

em que a expressão entre colchetes nada mais é do que o erro de estimação em cada ponto i, para $i = 1$ até M, sendo M a quantidade total de pontos $[y^i, u^i]$ de saída-entrada, obtidos experimentalmente para se fazer a identificação do modelo.

Os valores dos parâmetros estimados que minimizam a função custo, com base no MMQ, são calculados por:

$$\hat{\theta} = (\Phi^T \Phi)^{-1} \Phi^T Y \tag{3.45}$$

em que:

$$\Phi = \begin{bmatrix} y^1(k-1) & \cdots & y^1(k-q) & u^1(k) & \cdots & u^1(k-p) \\ \vdots & & \vdots & \vdots & & \vdots \\ y^M(k-1) & \cdots & y^M(k-q) & u^M(k) & \cdots & u^M(k-p) \end{bmatrix} \tag{3.46}$$

lembrando que Φ é a matriz de regressores, contendo M linhas e $(p+q+1)$ colunas, formada pelos valores medidos em M experimentos realizados, cujas linhas são vetores regressores do tipo φ^T com dimensão $1\text{x}(p+q+1)$.

O vetor de saída Y é dado por:

$$Y = [y^1, \dots, y^M]^T \tag{3.47}$$

Exemplo: Suponha que se deseje identificar os coeficientes para um sistema, com atraso nulo, cujo modelo escolhido é:

$$\hat{y}(k) = \hat{\theta}_a y(k-1) + \hat{\theta}_b u(k)$$

sendo que cada par de dados é formado por $[y(k\text{-}1),\ u(k)]$. Considere que as 3 medições obtidas de experimentos resultaram nos valores [2,1], [0,1] e [1,1], com as respectivas saídas valendo 0, 1 e 0,5.

Solução:

$$\Phi = \begin{bmatrix} 2 & 1 \\ 0 & 1 \\ 1 & 1 \end{bmatrix} \text{ e } Y = \begin{bmatrix} 0 \\ 1 \\ 0{,}5 \end{bmatrix}$$

Aplicando o método dos mínimos quadrados (3.11) para obter uma estimativa dos parâmetros, virá:

$$\hat{\theta} = (\Phi^T \Phi)^{-1} \Phi^T Y$$

$$\hat{\theta} = \left(\begin{bmatrix} 2 & 0 & 1 \\ 1 & 1 & 1 \end{bmatrix} \begin{bmatrix} 2 & 1 \\ 0 & 1 \\ 1 & 1 \end{bmatrix} \right)^{-1} \begin{bmatrix} 2 & 0 & 1 \\ 1 & 1 & 1 \end{bmatrix} \begin{bmatrix} 0 \\ 1 \\ 0{,}5 \end{bmatrix}$$

Calculando, finalmente tem-se:

$$\hat{\theta} = \begin{bmatrix} -0{,}5 \\ 1 \end{bmatrix}$$

em que: $\hat{\theta}_a = -0{,}5$ e $\hat{\theta}_b = 1$, ou seja, $\hat{y}(k) = -0{,}5y(k-1) + u(k)$.

Conforme foi afirmado no início desta seção, o método dos mínimos quadrados (MMQ) também pode ser usado para modelos lineares nos parâmetros, por exemplo, $\hat{y}(k) = \hat{\theta}_a y(k-1) + \hat{\theta}_b u^3(k)$, apesar de tratar-se de um modelo não linear.

Ao se expressar um conjunto de saídas, *Y*, em função dos parâmetros estimados, $\hat{\theta}$, usando o método dos mínimos quadrados, deve-se acrescentar o erro cometido na estimação (também denominado de resíduo) de cada saída, E (épsilon maiúsculo), por se tratar de uma aproximação dos dados contidos em Φ por uma equação paramétrica *Y*. Assim, tem-se:

$$Y = \Phi\hat{\theta} + E \tag{3.48}$$

em que *E* é o vetor dos erros de estimação correspondentes a cada linha formada pelos regressores da entrada e da saída, que constituem a matriz Φ. A Equação (3.48) engloba vários experimentos, na qual se constata que as saídas estão contaminadas por erros de estimação (resíduos), e não por ruídos de medição, como será visto mais adiante.

3.4.1 Polarização na Estimação dos Parâmetros usando o MMQ

O que vem a ser um estimador polarizado? Um estimador fica polarizado quando o sinal de saída do sistema sofre contaminação por um ruído, quer de natureza interna, quer de natureza externa ao sistema, este último normalmente causado por um erro na medição. A seguir, serão analisados os dois casos, que são a polarização com ruído interno e com ruído externo.

3.4.1.1 Convergência dos parâmetros estimados considerando apenas a existência de ruído interno no sistema (ou erro na equação)

Seja, por exemplo, um sistema representado pelo modelo matemático (autorregressivo) com entradas exógenas ARX, cuja equação é:

$$y[k] = a_1 y(k-1) + \cdots + a_{n_y} y(k-n_y) + b_0 u(k) + b_1 u(k-1) + \cdots + b_{n_u} u(k-n_u) + \varepsilon(k) \tag{3.49}$$

em que os coeficientes *a* e *b* são os parâmetros do modelo, *u* e *y* representam a entrada e a saída do sistema, respectivamente, e ε (épsilon minúsculo) é um ruído. Este modelo também é conhecido como "erro na equação", devido à existência de um ruído interno no sistema. Na hipótese do parâmetro b_0 ser diferente de zero significa um sistema sem atraso de transporte (saída instantânea).

A Equação (3.49), quando aplicada para vários experimentos, tem a seguinte forma matricial:

$$Y = \Phi\theta + E \tag{3.50}$$

em que aqui *E* é um vetor de ruídos (e não de erros de estimação). Por outro lado, a equação usada para estimar os parâmetros do sistema, na hipótese de que não existe erro de estimação (resíduo), é:

$$y(k) = \hat{a}_1 y(k-1) + \cdots + \hat{a}_{n_y} y(k-n_y) + \hat{b}_0 u(k) + \hat{b}_1 u(k-1) + \cdots + \hat{b}_{n_u} u(k-n_u) \tag{3.51}$$

Representando matricialmente um único experimento, virá:

$$y(k) = \left[y(k-1), \dots, y(k-n_y), u(k), u(k-1), \dots, u(k-n_u)\right] \begin{bmatrix} \hat{a}_1 \\ \vdots \\ \hat{a}_{n_y} \\ \hat{b}_0 \\ \hat{b}_1 \\ \vdots \\ \hat{b}_{n_u} \end{bmatrix} \quad (3.52)$$

$$= \varphi^T \hat{\theta} \quad (3.53)$$

em que: φ (lê-se: fi minúsculo), que representa apenas um experimento com a medição dos pares de valores de entrada-saída $[u, y]$, e $\hat{\theta}$ são dados por:

$$\varphi^T = \left[y(k-1), \dots, y(k-n_y), u(k), u(k-1), \dots, u(k-n_u)\right]$$
$$\hat{\theta} = \left[\hat{a}_1 \quad \dots \quad \hat{a}_{n_y} \quad \hat{b}_0 \quad \hat{b}_1 \quad \dots \quad \hat{b}_{n_u}\right]^T$$

Suponha agora que a estimação seja conduzida para vários experimentos com medições dos pares de valores de entrada-saída $[u, y]$, cada um deles escritos na forma da Equação (3.53). Agrupando todas as equações do modelo na forma matricial, tem-se:

$$Y = \Phi\hat{\theta} \quad (3.54)$$

Os parâmetros estimados,$\hat{\theta}$, serão obtidos aplicando o MMQ na Equação (3.54), resultando em:

$$\hat{\theta} = (\Phi^T\Phi)^{-1}\Phi^T Y \quad (3.55)$$

Substituindo (3.50) em (3.55) virá:

$$\hat{\theta} = (\Phi^T\Phi)^{-1}\Phi(\Phi\theta + E)$$
$$\hat{\theta} = (\Phi^T\Phi)^{-1}\Phi^T\Phi\theta + (\Phi^T\Phi)^{-1}\Phi^T\Phi E$$
$$\hat{\theta} = \theta + (\Phi^T\Phi)^{-1}\Phi^T\Phi E \quad (3.56)$$

Tomando-se a esperança matemática E{.} (ou valor esperado) em (3.56), tem-se (não confundir o operador esperança matemática, E{.}, com o vetor de ruídos, E):

$$\mathrm{E}\{\hat{\theta}\} = \mathrm{E}\{\theta\} + \mathrm{E}\{(\Phi^T\Phi)^{-1}\Phi^T\Phi E\}$$
$$\mathrm{E}\{\hat{\theta}\} = \theta + (\Phi^T\Phi)^{-1}\Phi^T\Phi E\{E\} \quad (3.57)$$

Caso o ruído interno do sistema seja um ruído branco, o valor esperado será $\mathrm{E}\{E\} = 0$ em (3.57). Assim, finalmente virá:

$$\mathrm{E}\{\hat{\theta}\} = \theta \quad (3.58)$$

ou seja, os parâmetros estimados convergirão obrigatoriamente para os parâmetros verdadeiros, isso considerando que se tenha utilizado uma quantidade muito grande de regressores de entrada e saída, comparativamente à quantidade de parâmetros do modelo do sistema.

Pode-se concluir que, quando o MMQ é usado, os parâmetros estimados $\hat{\theta}$ do processo contaminado com ruído interno (ou ruído na equação) não serão polarizados, desde que o ruído seja branco; caso o ruído não seja branco (ruído colorido), os parâmetros estimados serão polarizados, ou seja, possuirão um desvio (*bias*) em relação aos parâmetros verdadeiros do sistema.

3.4.1.2 Convergência dos parâmetros estimados considerando apenas a existência de ruído externo de medição (ou erro na saída)

Deseja-se estimar os parâmetros do modelo do sistema através das medições da saída y, contaminadas com um ruído externo ε, conforme figura a seguir:

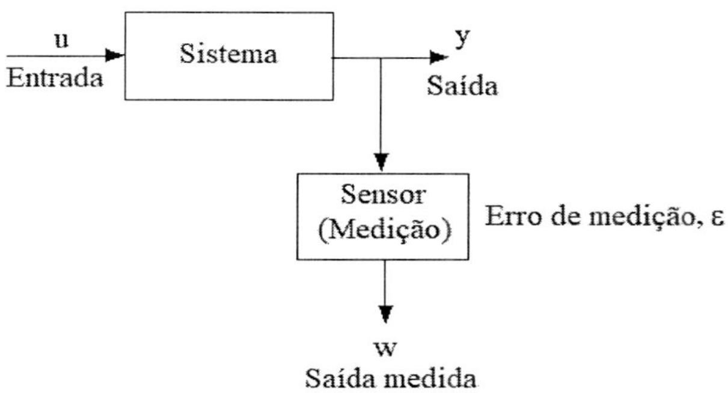

Figura 3.8 - Erro de medição da saída do sistema, $\varepsilon = w - y$.

Neste caso, o modelo matemático será representado pelas seguintes equações:

$$y(k) = f\left(y(k-1), \dots, y(k-n_y), u(k), \dots, u(k-n_u)\right) \quad (3.59)$$

$$w[k] = y(k) + \varepsilon(k) \quad (3.60)$$

Suponha que o ruído contaminante ε, na Equação (3.60), seja um ruído aditivo de média zero e variância σ^2, e que se deseja estimar os parâmetros do modelo do sistema que afetam as medições conhecidas w. Será também suposto que a equação que modela a saída medida w também é do tipo ARX, o mesmo adotado para modelar a saída real y, a menos da presença do ruído externo que agora contamina as saídas medidas, sendo ambos lineares nos parâmetros a_i, para $i = 1, \dots, n_y$, em que $n_w = n_y$, e nos parâmetros b_j, para $j = 0, \dots, n_u$. Com base nas premissas estabelecidas, o modelo em w será:

$$w(k) = a_1 w(k-1) + \cdots + a_{n_w} w(k-n_w) + b_0 u(k) + b_1 u(k-1) + \cdots + b_{n_u} u(k-n_u) \quad (3.61)$$

Aplicando sucessivamente a Equação (3.61) para as p medições realizadas, com $p > n_w + n_u + 1$ e adotando, por exemplo, sem perda de generalidade, $n_w = n_u = 2$, obtém-se o sistema de equações sobredeterminada (mais equações do que incógnitas):

$$\begin{cases} w(1) = \hat{a}_1 w(0) + \hat{a}_2 w(-1) + \hat{b}_0 u(1) + \hat{b}_1 u(0) + \hat{b}_2 u(-1) \\ \vdots \\ w(p) = \hat{a}_1 w(p-1) + \hat{a}_2 w(p-2) + \hat{b}_0 u(p) + \hat{b}_1 u(p-1) + \hat{b}_2 u(p-2) \end{cases}$$

Agrupando o sistema de equações na forma matricial tem-se:

$$\begin{bmatrix} w[1] \\ \vdots \\ w(p) \end{bmatrix} = \begin{bmatrix} w(0) & w(-1) & u(1) & u(0) & u(-1) \\ \vdots & \vdots & \vdots & \vdots & \vdots \\ w(p-1) & w(p-2) & u(p) & u(p-1) & u(p-2) \end{bmatrix} \begin{bmatrix} \hat{a}_1 \\ \hat{a}_2 \\ \hat{b}_0 \\ \hat{b}_1 \\ \hat{b}_2 \end{bmatrix} \tag{3.62}$$

$$W = \Phi_w \hat{\theta}_w \tag{3.63}$$

Usando o MMQ, tem-se que a estimativa dos parâmetros de (3.63) é obtida por:

$$\hat{\theta}_w = (\Phi_w^T \Phi)^{-1} \Phi_w^T W \tag{3.64}$$

De (3.60), decorre imediatamente que $W = Y + E$, em que E é o vetor dos erros de estimação (não confundir o operador esperança matemática, E{.}, com o vetor de erros, E). Substituindo em (3.64), virá:

$$\hat{\theta}_w = (\Phi_w^T \Phi_w)^{-1} \Phi_w^T (Y + E)$$

$$\hat{\theta}_w = (\Phi_w^T \Phi_w)^{-1} \Phi_w^T Y + (\Phi_w^T \Phi_w)^{-1} \Phi_w^T E \tag{3.65}$$

Similarmente à (3.63), pode-se deduzir que $Y = X_y \hat{\theta}_y$. Assim, substituindo Y em (3.65) virá:

$$\hat{\theta}_w = (\Phi_w^T \Phi_w)^{-1} \Phi_w^T \Phi_y \hat{\theta}_y + (\Phi_w^T \Phi_w)^{-1} \Phi_w^T E \tag{3.66}$$

Tomando-se a esperança matemática (valor esperado) de (3.66), tem-se:

$$\mathrm{E}\{\hat{\theta}_w\} = (\Phi_w^T \Phi_w)^{-1} \Phi_w^T \Phi_y \mathrm{E}\{\hat{\theta}_y\} + (\Phi_w^T \Phi_w)^{-1} \Phi_w^T \mathrm{E}\{E\} \tag{3.67}$$

Considerando que o sistema foi suposto sem ruído interno, o que implica $\mathrm{E}\{\hat{\theta}_y\} = \theta_y$, e sabendo-se que para ruído externo de medição com média zero $\mathrm{E}\{E\}$=0, virá finalmente:

$$E\{\hat{\theta}_w\} = (\Phi_w^T \Phi_w)^{-1} \Phi_w^T \Phi_y \theta_y \tag{3.68}$$

Pode-se, então, concluir que valor esperado para os parâmetros estimados $\hat{\theta}_w$, calculados usando medições com ruído externo, embora estes possam ser um ruído branco de média zero, sempre serão polarizados. Vale lembrar que a quantidade de medições sempre deve ser muito grande, comparativamente a quantidade de parâmetros do modelo a estimar.

3.4.1.3 Comentários Finais sobre a Polarização do Estimador usando MMQ

Sintetizando as análises feitas sobre a polarização de estimadores, quando se usa o Método dos Mínimos Quadrados (MMQ), é possível tecer os seguintes comentários:

1°) Usando o MMQ, a estimação de parâmetros dos modelos para sistemas com ruído interno (erro na equação) convergirá para os valores verdadeiros dos parâmetros do sistema, desde que este ruído seja branco

com média zero. No caso de ruído interno com média diferente de zero, existem métodos de estimação capazes de minimizar o erro nos citados parâmetros, conforme serão vistos mais à frente;
2º) O método de estimação de parâmetros com ruído externo (erro na saída) é o que ocorre na prática, em função da medição ser feita por um sensor que normalmente introduz erros nas medições. A única maneira de reduzir estes erros introduzidos na medição (erro externo) é através de uma boa calibração no medidor da saída (sensor). Os erros sistemáticos são previsíveis e podem ser avaliados e corrigidos, enquanto os erros aleatórios são imprevisíveis e contaminam as medidas da saída verdadeira do sistema, polarizando assim a estimativa dos parâmetros do modelo, mesmo sendo um ruído branco com média zero;

3º) Embora o objetivo seja verificar a influência do ruído na estimação dos parâmetros de um modelo usando o MMQ, é impossível calcular diretamente o valor esperado de $\hat{\theta}_w$, devido aos regressores da saída y, necessários para compor a matriz Φ (3.68), serem de valor desconhecido, assim como os parâmetros do sistema θ_y;

4º) Na análise da influência do ruído externo (erro na saída), caso o sistema também esteja contaminado por um ruído interno (erro na equação) de média zero, mesmo assim o resultado da Equação (3.68) permanece válido, isto é, os modelos com erro na saída sempre apresentarão um desvio (bias) nos parâmetros estimados pelo MMQ.

3.5 Estimadores Não Polarizados

No caso de ruído interno não branco (média diferente de zero), existem métodos de estimação capazes de minimizar o erro nos citados parâmetros. Porém, antes de apresentar tais métodos, é interessante analisar matematicamente as maneiras ideais de como proceder para anular a polarização dos parâmetros do modelo, quando o sistema estiver contaminado por um ruído interno não branco, já que é nula a polarização devido ao ruído interno branco. Quando se tratar de um ruído externo, a polarização é inevitável, devido aos erros de medição provocados pelo medidor (sensor), restando garantir que o medidor esteja muito bem calibrado.

Assim, denomina-se polarização ao desvio ocorrido no valor da saída, provocado pela contaminação por um ruído, quer seja de origem interna ao sistema, quer seja de origem externa (medição). Matematicamente, define-se polarização (desvio ou *bias*) como sendo:

$$d = \mathrm{E}\{\hat{\theta}\} - \theta \tag{3.69}$$

Para melhorar o entendimento sobre estimadores não polarizados, vamos analisar as condições para polarização nula. Partindo de equações conhecidas fornecidas pelo MMQ, sabe-se que:

$$\hat{\theta} = (\Phi^T\Phi)^{-1}\Phi^T Y$$
$$Y = \Phi\theta + E$$

e substituindo-as na Equação (3.69) de definição da polarização, virá:

$$\begin{aligned} d &= \mathrm{E}\{\hat{\theta}\} - \theta = E\{(\Phi^T\Phi)^{-1}\Phi^T Y\} - \theta \\ &= \mathrm{E}\{(\Phi^T\Phi)^{-1}\Phi^T)(\Phi\theta + E)\} - \theta \\ &= \mathrm{E}\{(\Phi^T\Phi)^{-1}\Phi^T\Phi\theta\} + E\{(\Phi^T\Phi)^{-1}\Phi^T E\} - \theta \end{aligned}$$

Considerando que o vetor θ é determinístico, ou seja, $\mathrm{E}\{\theta\} = \theta$, tem-se:

$$d = \mathrm{E}\{(\Phi^T\Phi)^{-1}\Phi^T E\} \tag{3.70}$$

Com base na Equação (3.70), conclui-se que para se ter polarização nula (d = 0), uma das duas condições a seguir deve ser atendida, quais sejam:

1ª) todos os vetores-linha que compõem a matriz resultante de $(\Phi^T\Phi)^{-1}\Phi^T$ devem ser estatisticamente independentes do vetor-coluna do erro E

ou

2ª) os ruídos internos que compõem o vetor-coluna do erro E devem ser um ruído branco com média zero, ou seja, $\mathrm{E}\{E\} = 0$, em que a letra E fora das chaves é a notação do operador de esperança matemática (valor esperado), e a letra E no interior das chaves é o vetor de erros.

Por outro lado, uma outra maneira de analisar o fenômeno da polarização por ruído interno no sistema, é introduzir um olhar geométrico com base na Equação (3.70). Nota-se que existem duas estruturas: uma matriz resultante de $(\Phi^T\Phi)^{-1}\Phi^T$, que depende dos regressores, e um vetor de ruídos E. Estas estruturas constituem os fatores de uma multiplicação interna (ou produto escalar). Geometricamente, isto significa dizer que, para que não haja polarização, cada um dos vetores-linha, que formam a matriz $(\Phi^T\Phi)^{-1}\Phi^T$, deve ser simultaneamente ortogonal ao vetor-coluna dos ruídos E. Esta condição de ortogonalidade substitui as duas primeiras condições acima, para que não ocorra polarização na aplicação do método dos mínimos quadrados (MMQ), devido à contaminação por ruído interno não branco no sistema.

Substituindo as 1ª e 2ª condições acima, de uma maneira geral pode-se afirmar que:

3ª) Se $(\Phi^T\Phi)^{-1}\Phi^T$ for perpendicular a E, então a polarização é nula (esta condição substitui as 1ª e 2ª condições acima), o que significa afirmar que o desvio $d = 0$.

Para evitar este problema, existem alguns estimadores ditos não polarizados que, de uma forma ou de outra, exploram essas condições para se conseguir reduzir, ou até mesmo eliminar, a polarização proveniente de ruídos internos, que acabam por provocar desvios indesejáveis na saída do sistema, podendo até mesmo vir a comprometer os resultados obtidos na estimação dos parâmetros do modelo.

Os estimadores não polarizados que serão estudados são os seguintes: Estimador Estendido e o Estimador Generalizado.

3.5.1 Estimador dos Mínimos Quadrados Estendido (MQE)

O MQE é um método capaz de contornar o problema da polarização causada pelo ruído não branco (colorido), ou seja, pelo ruído de média diferente de zero. A técnica consiste em incluir uma parte do ruído não branco (ou colorido) como extensão de uma nova matriz de regressores, de modo a deixar apenas a parcela correspondente ao ruído branco explícita no modelo de estimação, daí a justificativa da denominação de mínimos quadrados estendido.

Para entender a transformação de um modelo com ruído não branco em outro estendido, este último contendo apenas ruído branco, considere a equação de regressão dada por:

$$Y = \Phi\theta + E \tag{3.71}$$

em que Φ é a matriz de regressores, θ é o vetor de parâmetros verdadeiros do sistema e E é o vetor de ruídos não brancos. Pelo fato do processo estar contaminado por ruído não branco, a estimação de seus parâmetros certamente será polarizada (ou com desvio).

Uma maneira de se evitar a polarização é transformar a equação acima em:

$$Y^* = \Phi\theta^* + E^* \tag{3.72}$$

em que o vetor E^* é constituído somente de ruídos brancos, fazendo com que a estimação dos parâmetros passe a não apresentar polarização ($\mathrm{E}\{E^*\} = 0$). Evidentemente, a matriz original de regressores Φ e o vetor original de parâmetros θ ficarão aumentados, respectivamente, das parcelas correspondentes às partes não branca do erro de estimação, ao deixar de fora somente a parcela branca do ruído original.

Aqui surge uma dificuldade: como inserir na matriz de regressores um valor desconhecido, já que não se tem a medição do ruído num processo real?

A solução é estimar o valor do ruído, subtraindo a saída real (medida) do seu valor calculado (estimado), a cada iteração, durante o processo de convergência do processo de estimação dos parâmetros.

3.5.2 Estimador dos Mínimos Quadrados Generalizado (MQG)

Como já foi visto anteriormente, devido aos processos reais conterem ruídos não brancos, alguns estimadores não são capazes de estimar corretamente os parâmetros. Esse desvio é denominado de polarização.

Para resolver o problema da polarização, o método MQE, apresentado no item anterior, utiliza a estratégia de incluir, na parcela formada pelo produto $\Phi\theta^*$, a parte do ruído não branco, de tal forma a deixar de fora apenas o ruído branco dado por E^*.

Já o MQG adota outra estratégia, que consiste em filtrar o vetor de erro de forma a torná-lo um ruído branco (AGUIRRE, 2007). Resumindo: a ideia por trás do MQG é encontrar um filtro Q, tal que:

$$E^* = QE \tag{3.73}$$

resulte em um ruído branco, em que E é o vetor de erros de estimação. Outros métodos que permitem despolarizar o estimador podem ser encontrados em Aguirre (2007) e Ljung (2007).

3.6 Estimadores Recursivos (*online*)

Diferentemente do método em batelada (*offline*), os métodos recursivos se prestam para estimação do modelo em tempo real (*online*). Assim, o método dos mínimos quadrados recursivos é usado para estimação dos parâmetros do modelo de um processo, usando as medições obtidas em tempo real.

3.6.1 Método dos Mínimos Quadrados Recursivo (MQR)

Como já foi dito, o MQR é utilizado para estimação em tempo real dos parâmetros de uma planta (identificação), através da aplicação iterativa usando um algoritmo recursivo, ou seja, os parâmetros são estimados a cada período de amostragem usando os valores de medição da entrada-saída. Em cada período de amostragem, novas medidas ficam disponíveis e são utilizadas de acordo com o modelo escolhido, atualizando os valores dos parâmetros no sentido de minimizar o erro de modelagem.

Os parâmetros estimados são então obtidos usando as seguintes equações:

$$K_k = \frac{P_{k-1}\Phi_k}{\Phi_k^t P_{k-1}\Phi_k + 1} \tag{3.74}$$

$$\hat{\Theta}_k = \hat{\Theta}_{k-1} + K_k\left[y(k) - \Phi_k^t\hat{\Theta}_{k-1}\right] \tag{3.75}$$

$$P_k = P_{k-1} - K_k\Phi_k^t P_{k-1} \tag{3.76}$$

Até este ponto, as equações do MQR apresentadas requerem a escolha inicial de um modelo para estimação que, em decorrência da escolha, determinará as dimensões da matriz de regressores e do vetor de parâmetros, as quais se manterão fixas durante todo o processo de estimação.

Como o MQR inicia de um modelo com parâmetros definidos, e assim permanece até o final da estimação, seria interessante possuir um outro método que, conservando-se as características básicas do modelo escolhido, permitisse o aumento dos regressores, com o propósito de se buscar, dentro da classe do modelo, um que forneça resultados mais aproximados da planta real a ser identificada.

É exatamente isto que o método de Estimação com Parâmetros Crescentes, a ser apresentado em seguida, irá fazer, ou seja, possibilitar o aumento sequencial da quantidade de parâmetros no cálculo do modelo escolhido.

3.6.2 Estimação com Parâmetros Crescentes

De acordo com Hsia (1977), será apresentado um algoritmo que permite calcular recursivamente a estimativa dos parâmetros pelo método dos mínimos quadrados, no caso em que a quantidade de parâmetros aumenta continuamente, em decorrência de medições sucessivas.

Em diversos problemas de análise de estimação, a quantidade exata de parâmetros necessários para ajustar os dados é normalmente desconhecida *a priori*. Então, é preciso tentar fazer o ajuste com quantidades diferentes de parâmetros na equação do modelo. Porém, isto requer que se resolva repetidamente a equação matricial $\hat{\boldsymbol{\theta}} = \left(\Phi^T\Phi\right)^{-1}\Phi^T\boldsymbol{Y}$, um procedimento computacional dispendioso.

Uma técnica recomendada é aproveitar os cálculos já realizados no problema de p-parâmetros para calcular as estimativas para q-parâmetros, sendo $q > p$. Para se conseguir isso, somente uma inversão de matriz $(q\text{-}p)$x$(q\text{-}p)$ torna-se necessária, como será visto no algoritmo recursivo a seguir.

Vamos iniciar particionando o vetor de parâmetros $\boldsymbol{\theta}$ em duas partes, como segue:

$$\begin{aligned}\boldsymbol{\theta} &= \left[\theta_1, \theta_2, \dots, \theta_p | \theta_{p+1}, \dots, \theta_q\right]^T \\ &= \begin{bmatrix}\theta_{(1)} \\ \cdots \\ \theta_{(2)}\end{bmatrix}\end{aligned} \tag{3.77}$$

A matriz Φ particionada correspondente é:

$$\begin{aligned}\Phi &= \begin{bmatrix}\phi_1(1) & \cdots & \phi_p(1) & \phi_{p+1}(1) & \cdots & \phi_q(1) \\ \vdots & & & | & & \vdots \\ \phi_1(m) & \cdots & \phi_p(m) & \phi_{p+1}(m) & \cdots & \phi_q(m)\end{bmatrix} \\ &= [\Phi_1 \vdots \Phi_2]\end{aligned} \tag{3.78}$$

em que: M é a M-ésima amostragem realizada (total de amostras conhecidas). De acordo com $(\Phi^T\Phi)\hat{\boldsymbol{\theta}} = \Phi^T\boldsymbol{Y}$, tem-se:

$$\begin{bmatrix}\Phi_1^T\Phi_1 & \vdots & \Phi_1^T\Phi_2 \\ \cdots & \cdots & \cdots \\ \Phi_2^T\Phi_1 & \vdots & \Phi_2^T\Phi_2\end{bmatrix}\begin{bmatrix}\hat{\boldsymbol{\theta}}_{(1)} \\ \cdots \\ \hat{\boldsymbol{\theta}}_{(2)}\end{bmatrix} = \begin{bmatrix}\Phi_1^T\boldsymbol{Y} \\ \cdots \\ \Phi_2^T\boldsymbol{Y}\end{bmatrix} \tag{3.79}$$

Desenvolvendo a equação matricial (3.79), virá:

$$\Phi_1^T\Phi_1\widehat{\boldsymbol{\theta}}_{(1)} + \Phi_1^T\Phi_2\widehat{\boldsymbol{\theta}}_{(2)} = \Phi_1^T\boldsymbol{Y}$$
$$\Phi_2^T\Phi_1\widehat{\boldsymbol{\theta}}_{(1)} + \Phi_2^T\Phi\widehat{\boldsymbol{\theta}}_{(2)} = \Phi_2^T\boldsymbol{Y}$$

Resolvendo o sistema de equações para $\widehat{\boldsymbol{\theta}}_{(1)}$ e $\widehat{\boldsymbol{\theta}}_{(2)}$, obtém-se:

$$\begin{cases} \widehat{\boldsymbol{\theta}}_{(1)} = \widehat{\widehat{\boldsymbol{\theta}}}_{(1)} - \boldsymbol{A}\Phi_2^T(\boldsymbol{Y} - \Phi_1\widehat{\widehat{\boldsymbol{\theta}}}_{(1)}) & (3.80) \\ \widehat{\boldsymbol{\theta}}_{(2)} = \boldsymbol{B}\Phi_2^T(\boldsymbol{Y} - \Phi_1\widehat{\widehat{\boldsymbol{\theta}}}_{(1)}) & (3.81) \end{cases}$$

em que:

$$\boldsymbol{A} = \left(\Phi_1^T\Phi_1\right)^{-1}\Phi_1^T\Phi_2\boldsymbol{B} \tag{3.82}$$

$$\boldsymbol{B} = \left[\Phi_2^T\Phi_2 - \Phi_2^T\Phi_1\left(\Phi_1^T\Phi_1\right)^{-1}\Phi_1^T\Phi_2\right]^{-1} \tag{3.83}$$

$$\widehat{\widehat{\boldsymbol{\theta}}}_{(1)} = \left(\Phi_1^T\Phi_1\right)^{-1}\Phi_1^T\boldsymbol{Y} \tag{3.84}$$

sendo $\widehat{\widehat{\boldsymbol{\theta}}}_{(1)}$ a estimativa dos mínimos quadrados para o novo sistema com q-parâmetros.

As equações (3.80) e (3.81) mostram como se pode calcular as novas q-parâmetros estimativas ($\widehat{\boldsymbol{\theta}}_{(1)}$ e $\widehat{\boldsymbol{\theta}}_{(2)}$), a partir do conhecimento disponível da estimativa $\widehat{\boldsymbol{\theta}}_{(1)}$, baseada nos p-parâmetros. O termo ($\boldsymbol{Y} - \Phi_1\widehat{\widehat{\boldsymbol{\theta}}}_{(1)}$) pode ser interpretado como sendo o vetor residual do modelo p-parâmetros. Nota-se que a inversão da matriz em $\boldsymbol{B}$ envolve somente uma matriz de ordem (q-p). Para permitir que o algoritmo correspondente às equações (3.80) e (3.81) calcule os parâmetros do próximo modelo de ordem superior, é necessário calcular a inversa da matriz $\left(\Phi_1^T\Phi_1\right)^{-1}$, como indicado nas Equações (3.82), (3 83) e (3.84). Assim, para calcular $\left(\Phi_1^T\Phi_1\right)^{-1}$ será aplicada a propriedade da inversa da matriz particionada, conforme apresentada a seguir.

Seja $\boldsymbol{R}$ uma matriz nxn, não singular, particionada como:

$$\boldsymbol{R} = \begin{bmatrix} \boldsymbol{E} & \boldsymbol{F} \\ \boldsymbol{G} & \boldsymbol{H} \end{bmatrix} \tag{3.85}$$

em que: $\boldsymbol{E}$ é n_1xn_1, $\boldsymbol{F}$ é n_1xn_2, $\boldsymbol{G}$ é n_2xn_1 e $\boldsymbol{H}$ é n_2xn_2. Suponha que $\boldsymbol{E}$ e $\boldsymbol{D} = \boldsymbol{H} - \boldsymbol{G}\boldsymbol{E}^{-1}\boldsymbol{F}$ sejam não singulares. Então, tem-se:

$$\boldsymbol{R}^{-1} = \begin{bmatrix} \boldsymbol{E}^{-1}(\boldsymbol{I} - \boldsymbol{F}\boldsymbol{D}^{-1}\boldsymbol{G}\boldsymbol{E}^{-1}) & -\boldsymbol{E}^{-1}\boldsymbol{F}\boldsymbol{D}^{-1} \\ -\boldsymbol{D}^{-1}\boldsymbol{G}\boldsymbol{E}^{-1} & \boldsymbol{D}^{-1} \end{bmatrix} \tag{3.86}$$

Pode-se então mostrar que:

$$\left(\Phi_1^T\Phi_1\right)^{-1} = \begin{bmatrix} \Phi_1^T\Phi_1 & \Phi_1^T\Phi_2 \\ \Phi_2^T\Phi_1 & \Phi_2^T\Phi_2 \end{bmatrix}^{-1}$$

$$= \begin{bmatrix} \boldsymbol{C} - \boldsymbol{A}\Phi_2^T\Phi_1\boldsymbol{C} & -\boldsymbol{A} \\ -\boldsymbol{A}^T & \boldsymbol{B} \end{bmatrix} \tag{3.87}$$

em que: $\boldsymbol{A}$ é dada por (3.82), $\boldsymbol{B}$ é dada por (3.83) e $\boldsymbol{C} = \left(\Phi_1^T \Phi_1\right)^{-1}$. As Equações (3.80), (3.81) e (3.87) constituem o algoritmo recursivo completo.

3.7 Controle Linear com Parâmetros Ajustáveis

Uma importante área de controle de sistemas dinâmicos é aquela que trata do projeto de controladores lineares com parâmetros ajustáveis, e que tem no controlador Proporcional-Integral-Derivativo (PID) o mais usado, atualmente, em operação na maioria das instalações em todo o mundo. Pela sua simplicidade e praticidade, é um controlador bastante aceito pelos engenheiros e operadores de processos na indústria.

Existem diversos livros que tratam detalhadamente da teoria de controle linear, por exemplo, Ogata (2011) e Nise (2017), e mais tantos outros sobre os aspectos práticos de sintonia manual e automática dos parâmetros ajustáveis do controlador PID, dentre os quais se destaca a obra de Åström e Hagglund (2005).

3.8 Estudo de caso: Separador Trifásico de Água-Óleo-Gás (SAOG)

A figura a seguir mostra os gráficos correspondentes às vazões de saída de gás, em m^3/h,

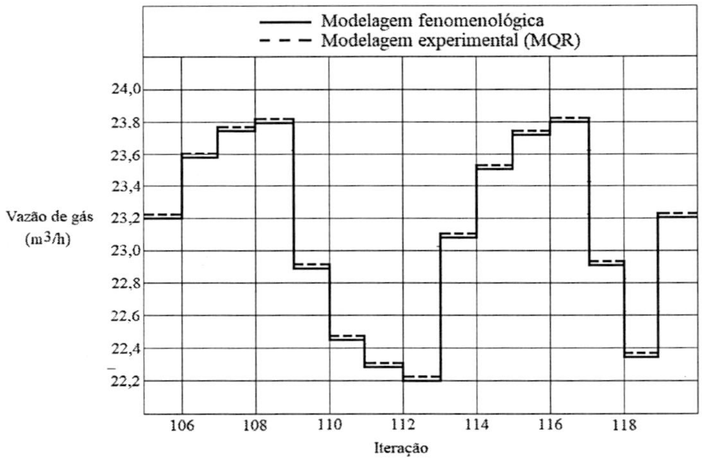

Figura 3.9: Vazão de saída de gás do SAOG.

em que a linha cheia representa o modelo matemático obtido usando o método de modelagem fenomenológica (Espaço de Estados contínuo; vide a modelagem do vaso separador trifásico no final do Capítulo 2), e a linha tracejada representa o modelo experimental obtido, a partir dos dados da modelagem fenomenológica, aplicando-se o método dos mínimos quadrados recursivos (MQR).

Observa-se que existe uma diferença muito pequena entre os resultados das simulações usando o modelo fenomenológico (Espaço de Estados contínuo) e o modelo experimental baseado no MQR, certamente devido ao modelo fenomenológico ser isento de ruídos.

3.9 Conclusões

A área de modelagem experimental, ou identificação de sistemas, exerce uma grande atração, devido à sua praticidade em obter modelos matemáticos de sistemas industriais.

Com este objetivo, foram apresentados modelos lineares contínuos de 1ª e 2ª ordem, baseados na função de transferência (FT), assim como modelos lineares discretos, baseados nos métodos dos mínimos quadrados (MMQ), nas suas versões *offline* ou em batelada, quando os dados se encontram disponíveis em algum arquivo, e *online*, ou em tempo real, quando os dados são obtidos diretamente da planta em funcionamento.

Os modelos lineares discretos, baseados no MMQ, são os mais usados, por utilizarem dados de medição dos pares entrada-saída da planta, normalmente disponíveis na maioria das instalações em operação, e também não exigir o conhecimento prévio dos conceitos da Física que regem o seu funcionamento.

Com esta motivação, este capítulo dedica uma parte expressiva de seu conteúdo ao estudo e análise de aspectos importantes relativos à construção de modelos lineares, como, por exemplo, a existência de polarização (desvio) na estimação dos parâmetros dos modelos ARX, que pode ser estendido a outras estruturas polinomiais, tanto para o caso de contaminação com um ruído interno (erro na equação), quanto para o caso de ruído externo (erro na saída).

Caso a variável a ser modelada não seja ruidosa (sistema ideal), ou esteja contaminada por um ruído relativamente de baixa intensidade, isto é, que tenha uma relação sinal/ruído alta, a estimação de parâmetros, através do MMQ, poderia ser realizada usando uma quantidade de regressores (medidas de entrada-saída) igual à quantidade de parâmetros do modelo escolhido. Entretanto, no caso de se tratar de uma variável de saída com a relação sinal/ruído pequena, faz-se necessário uma grande quantidade de regressores, comparativamente a quantidade de parâmetros do modelo escolhido para representar o comportamento dinâmico da variável em estudo.

Finalizando este capítulo, são apresentados dois métodos (MQE e MQG) que viabilizam o emprego do método dos mínimos quadrados recursivamente, tornando possível a estimação dos parâmetros em tempo real, ou seja, a sua versão *online*.

CAPÍTULO 4 MODELAGEM EXPERIMENTAL DE SISTEMAS NÃO LINEARES

4.1 Introdução

Os sistemas do mundo real são não lineares, em menor ou maior grau. Existem sistemas cujo grau de não linearidade é baixo, o que permite obter uma boa resposta usando um modelo linear. Entretanto, existem outros que a aproximação linear não produz os resultados desejados, na medida em que se afastam do ponto de operação usado na sua linearização, exigindo assim a utilização de modelos não lineares.

O grande problema é que, na atualidade, não se dispõe de uma teoria não linear completa e abrangente que possa ser empregada de um modo geral, como se tem hoje a teoria de sistemas lineares. Alternativamente, o que está disponível são ferramentas específicas, cujos modelos se aplicam a determinadas classes de um conjunto bem definido de sistemas físicos reais.

Desta forma, a literatura especializada apresenta alguns modelos que podem ser aplicados na modelagem experimental ou identificação de sistemas não lineares. Contudo, neste capítulo, apenas serão apresentados os mais usados, dando preferência para aqueles que se baseiam no método dos mínimos quadrados.

Dentro desta linha de raciocínio, têm-se os modelos polinomiais discretos não lineares, como, por exemplo, o modelo NARMAX (*Nonlinear AutoRegressive Moving Average with eXogeneous inputs*), que é derivado diretamente do modelo linear ARMAX.

A expressão matemática do modelo polinomial NARMAX é dada por:

$$y(k) = f\left[y(k-1), \dots, y(k-n_y), u(k-d), \dots, u(k-d-n_u), \dots, \varepsilon(k), \varepsilon(k-1), \dots, \varepsilon(k-n_e)\right] \tag{4.1}$$

em que: f é uma função não linear, n_y, n_u e n_ε são os máximos atrasos nas respectivas variáveis, d é o atraso de transporte do sistema, sendo ε o resíduo (ou erro) de identificação ou estimação dado por $\varepsilon(k+d) = y(k+d) - \hat{y}(k+d)$.

A questão crucial aqui é escolher qual o formato da função não linear f. Para o caso de representações polinomiais sem atraso de transporte, a mais usada é:

$$y(k) = \sum_i a_i \prod_{p=1}^{n_y} y(k-p) \prod_{q=1}^{n_u} u(k-q) \prod_{r=1}^{n_\varepsilon} \varepsilon(k-r) \tag{4.2}$$

em que: a_i representa o coeficiente dos termos não lineares da expansão de $y(k)$. No caso em que o termo não linear tem a forma do produto uy, tem-se a forma conhecida como bilinear. Observa-se que, quando os coeficientes a_i são independentes de u e y, o modelo é linear nos parâmetros, o que traz a vantagem de ser possível aplicar os métodos de identificação baseados nos mínimos quadrados; caso contrário, outros métodos de identificação não lineares devem ser usados.

4.2 Mínimos Quadrados Ortogonais (MQO)

Os métodos baseados nos mínimos quadrados ortogonais exploram a ortogonalidade entre vetores representados por $(\Phi^T\Phi)^{-1}\Phi^T$ e *Y*, para, desta maneira, facilitar a tarefa de resolver a equação de estimação dos parâmetros, baseada nos mínimos quadrados tradicional, qual seja:

$$\hat{\theta} = (\Phi^T\Phi)^{-1}\Phi^T Y \tag{4.3}$$

Na sequência, será proposta uma solução para evitar o problema de instabilidade numérica, no caso em que a dimensão da matriz de regressores tornar-se elevada, devido à grande quantidade de dados necessários para se obter uma boa estimação dos parâmetros, necessários quando se trata de um sistema fortemente não linear.

Antes de apresentarmos os métodos baseados na ortogonalidade aqui mencionada, vale lembrar que a matriz de regressores Φ é obtida da seguinte forma:

$$\Phi = \begin{bmatrix} y^1(k-1)\dots y^1(k-q) & u^1(k)\dots u^1(k-p) \\ & \vdots & \\ y^M(k-1)\dots y^M(k-q) & u^M(k)\dots u^M(k-p) \end{bmatrix}, \tag{4.4}$$

em que: *M* é a quantidade de linhas e *p*+*q*+1 é a quantidade de colunas. Veja que *M* é igual à quantidade de experimentos realizados, que deram origem aos dados de entrada-saída usados na estimação dos parâmetros do modelo do sistema.

O vetor de saída *Y*, por sua vez, é dado por:

$$Y = [y^1, \dots, y^M]^T \tag{4.5}$$

4.2.1 Método Clássico de Gran-Schmidt (GS)

O Método Clássico de Gran-Schmidt (GS) utiliza a decomposição da matriz de regressores Φ em um produto de matrizes, tal que $\Phi = QA$, em que *A* é uma matriz triangular superior e *Q* é uma matriz com colunas ortogonais, o que irá garantir que $Q^TQ = D$, ou seja, que *D* seja uma matriz diagonal.

Escolhendo *A* e *Q* da forma acima descrita, e substituindo na equação dos mínimos quadrados, tem-se:

$$(\Phi^T\Phi)\hat{\theta} = \Phi^T Y \tag{4.6}$$

$$(A^TQ^TQA)\hat{\theta} = A^TQ^TY \tag{4.7}$$

$$(DA)\hat{\theta} = Q^TY \tag{4.8}$$

$$A\hat{\theta} = D^{-1}Q^TY \tag{4.9}$$

Pelo fato da matriz *A* ser triangular superior, o cálculo dos parâmetros estimados torna-se bastante facilitado, reduzindo assim o esforço computacional na solução dos mínimos quadrados.

Agora, a questão que surge é como calcular as matrizes *A* e *Q*?

Para resolver esta questão, vamos supor inicialmente que a matriz triangular superior *A* seja dada por:

$$A = \begin{bmatrix} 1 & a_{1,2} & a_{1,3} & \cdots & a_{1,n\theta} \\ 0 & 1 & a_{2,3} & \cdots & a_{2,n\theta} \\ \vdots & \vdots & \vdots & \ddots & \vdots \\ 0 & 0 & 0 & \cdots & a_{n\theta-1,n\theta} \\ 0 & 0 & 0 & \cdots & 1 \end{bmatrix} \tag{4.10}$$

Os elementos $a_{j,i}$ da matriz A e os $\boldsymbol{q}_i$ vetores ortogonais entre si são calculados através das equações a seguir:

$$\boldsymbol{q}_i = \phi_1 \tag{4.11}$$

$$a_{j,i} = \frac{\langle \boldsymbol{q}_j, \phi_i \rangle}{\langle \boldsymbol{q}_i, \boldsymbol{q}_j \rangle}, \text{ para } 1 \leq j < i \tag{4.12}$$

$$\boldsymbol{q}_i = \phi_i - \sum_{j=1}^{i-1} a_{j,i}\, \boldsymbol{q}_j \tag{4.13}$$

sendo que as duas últimas equações devem ser resolvidas para $i = 2, ..., n_\theta$ e, na (4.12) que é usada para o cálculo de $a_{j,i}$, o símbolo $\langle , \rangle$ significa produto interno (AGUIRRE, 2007).

4.2.2 Método Modificado de Gran-Schmidt (MGS)

O Método Clássico de Gran-Schmidt (GS) pode apresentar problema de instabilidade numérica, quando é utilizado com uma grande quantidade de dados. Para evitar que isto ocorra, recomenda-se usar o Método Modificado de Gran-Scmidt (MGS), cuja diferença reside na maneira iterativa de se calcular os vetores ortogonais da matriz Q e os elementos da matriz triangular superior A, que, ao invés de se utilizar as Equações (4.11), (4.12) e (4.13) mostradas no subitem anterior, passa a ser da seguinte forma:

$$\boldsymbol{q}_i = \phi_i^{i-1} \tag{4.14}$$

$$a_{i,j} = \frac{\langle \boldsymbol{q}_i, \phi_j^{i-1} \rangle}{\langle \boldsymbol{q}_i, \boldsymbol{q}_i \rangle}, \text{ para } j = i+1, ..., n_\theta \tag{4.15}$$

$$\phi_j^i = \phi_j^{i-1} - a_{i,j}\boldsymbol{q}_i, \text{ para } j = i+1, ..., n_\theta \tag{4.16}$$

sendo que essas três últimas equações são resolvidas para $i = 1, 2, ..., n_\theta - 1$.

4.3 Rede Neural Artificial (RNA)

Uma Rede Neural Artificial - RNA tem o propósito de simular o comportamento do sistema nervoso biológico através de programas de computador (*software*) ou de circuitos elétrico (*hardware*), com a finalidade de tirar proveito deste poderoso sistema de inteligência do qual é dotado o ser humano vivo (RUMELHART *et al.*, 1986). A RNA é composta de vários elementos conectados entre si de alguma forma, possibilitando a sua operação em paralelo. Estes elementos são baseados no sistema nervoso do ser humano e são denominados de neurônios. Cada neurônio, quando ativado por um sinal de entrada, apresenta uma resposta que obedece a função matemática f escolhida para modelar o seu comportamento, conforme mostrado na figura a seguir:

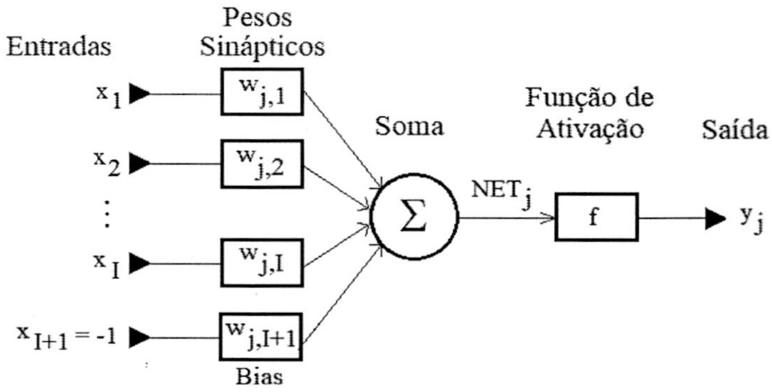

Figura 4.1 - Representação do neurônio artificial de ordem j.

Define-se sinal de ativação *NET* de um neurônio de ordem j (Figura 4.1), como sendo:

$$NET_j = \sum_{i=1}^{I+1} w_{j,i} x_i \tag{4.17}$$

em que: a saída é calculada por $y_j = f(NET_j)$, sendo $w_{j,i}$ o peso sináptico correspondente à *i*-ésima entrada x_i, de i = 1, 2,..., I, *I*+1, com destino ao *j*-ésimo neurônio, para *j* = 1, 2,..., *J*. Observa-se que a convenção adotada é de que o índice *i* representa o neurônio de origem e *j* o neurônio de destino, e que a entrada para o peso extra $w_{j,I+1}$ (denominado de *bias*, que significa desvio) possui o valor fixo igual a -1.

É interessante ressaltar que *bias* (desvio) e *threshold* (limiar de operação), exclusivamente neste caso em que a entrada extra vale -1, são numericamente iguais, porém, são conceitualmente diferentes, sendo *bias* o peso extra acrescentado à entrada do neurônio, com o objetivo de facilitar o seu cálculo computacional ao ser incluído no vetor de pesos sinápticos. Por outro lado, *threshold* é o limiar de operação, aqui designado por θ, o qual constitui uma parcela do argumento de entrada da função de ativação do neurônio, que passa a ser calculada por $NET_j = \sum_{i=1}^{I} w_{j,i} x_i - \theta$.

Prova: Expandindo $NET_j = \sum_{i=1}^{I} w_{j,i} x_i - \theta$, virá:

$$NET_j = w_{j,1}x_1 + w_{j,2}x_2 + \cdots + w_{j,I}x_I - \theta \tag{4.18}$$

Substituindo θ por um peso extra $w_{j,I+1}x_{I+1}$, em que x_{I+1} corresponde a uma entrada extra, tem-se:

$$NET_j = w_{j,1}x_1 + w_{j,2}x_2 + \cdots + w_{j,I}x_I + w_{j,I+1}x_{I+1} \tag{4.19}$$

Comparando (4.18) com (4.19), conclui-se claramente que as expressões somente apresentarão o mesmo resultado numérico se $x_{I+1} = -1$.

Esta interpretação está em consonância com o artigo publicado por McCulloch e Pitts (1943), onde afirmam: "... threshold, ..., is determined by the neuron, not by the excitation". Claro, aqui a variável *x* representa a excitação ou entrada do neurônio.

Por outro lado, a entrada do *bias*, que é o peso sináptico extra correspondente ao desvio, necessariamente não precisa valer -1. Caso seja atribuído outro valor, apenas o *bias* não será numericamente igual ao valor do *threshold*, mas isso não alterará o funcionamento do neurônio, pelo fato de que normalmente fica a cargo do processo de aprendizagem produzir as compensações matemáticas internas, de maneira a manter consistente o valor do sinal de saída propagado através do axônio.

Dentre as RNAs, as mais usadas para identificação de sistemas são a Rede Neural Multicamadas – RNM (*Multilayer Perceptron* - MLP) e a Rede de Funções de Base Radial – FBR (*Radial Basis Functions* - RBF).

4.3.1 Rede Neural Multicamadas (RNM)

As RNAs podem ser utilizadas para fazer a identificação de sistemas, principalmente as redes do tipo Rede Neural Multicamadas - RNM, que são eficientes em aprender as relações não lineares dos sistemas reais, a partir de um conjunto de dados de entrada-saída, sendo, por isso, consideradas aproximadores universais de funções matemáticas. Este tipo de arquitetura possui os seus neurônios organizados em várias camadas justapostas, cujas características principais são:

- não possui realimentação entre as camadas;
- os sinais se propagam das entradas para as saídas (*feedforward*).

Uma RNM típica de 3 camadas, sendo uma de entrada, uma intermediária e uma de saída, é mostrada na figura a seguir (observe que a camada de entrada não possui neurônio, portanto, não realiza processamento):

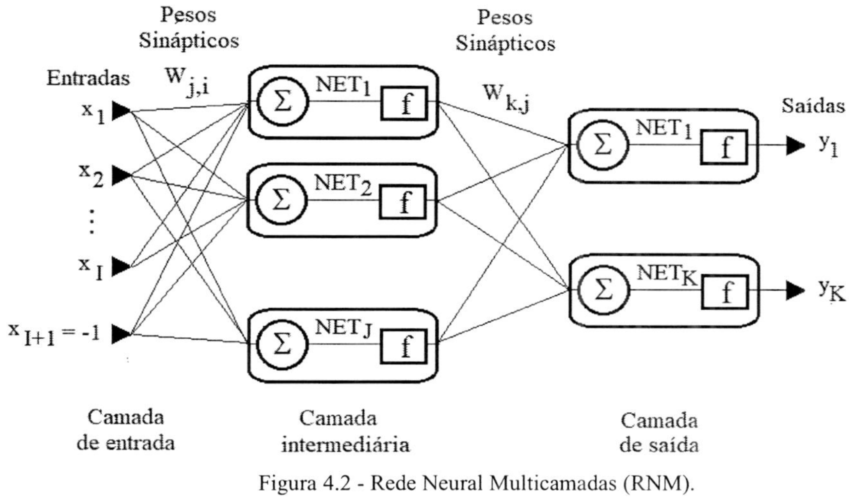

Figura 4.2 - Rede Neural Multicamadas (RNM).

em que os vetores X e Y são a entrada e a saída, respectivamente, e W representa a matriz dos pesos sinápticos.

Na RNM, os neurônios estão dispostos em camadas que se justapõem umas às outras, formando uma configuração em cascata, podendo existir mais de uma camada intermediária. A primeira camada é a camada de entrada (*input layer*), as camadas intermediárias são as camadas escondidas (*hidden layers*) e a última camada é a camada de saída (*output layer*). É imediato constatar que a rede funciona no sentido direto da entrada para a saída (*feedforward*) e a camada de entrada não possui neurônios, constituindo-se apenas na entrada da rede neural.

Durante a identificação, a qual se dá através de um processo de aprendizagem (ou treinamento), os parâmetros físicos do sistema real são codificados internamente pelos pesos sinápticos da rede neural, não havendo uma correspondência entre esses pesos e os parâmetros físicos do sistema. Mais interessante ainda é constatar que, a cada treinamento, o conjunto dos pesos sinápticos, dependendo dos valores iniciais atribuídos a eles, converge para valores diferentes, nos casos de um mesmo mapeamento entrada-saída;

devido a este comportamento, fica comprovado que as redes neurais se comportam verdadeiramente como uma caixa-preta.

É uma técnica de modelagem matemática muito usada, pois as redes neurais permitem modificar as estruturas dos modelos lineares para obter os correspondentes modelos não lineares, simplesmente adaptando a arquitetura interna de uma RNM. Esta técnica possui algumas vantagens que a torna atrativa, conforme abaixo enumeradas (NØRGAARD, 2000):

- é uma extensão natural dos modelos de estruturas lineares;
- a arquitetura interna pode ser expandida gradualmente na medida em que for necessária flexibilidade para modelar relações não lineares mais complexas;
- as decisões estruturais requeridas do usuário são reduzidas a um nível razoável de compreensão suficiente ao seu manuseio;
- é apropriada para o projeto de sistemas de controle de sistemas industriais.

No caso linear discreto, o modelo do sistema real (ou planta) é dado por:

$$y(k+d) = \varphi^T(k,d,n)\hat{\theta} + \varepsilon(k+d) \tag{4.20}$$

em que: y é a saída da planta, φ é o vetor regressor de entrada do modelo linear, $\hat{\theta}$ é o vetor de parâmetros estimados da planta a ser identificada e ε é o erro de estimação dado por $\varepsilon(k+d) = y(k+d) - \hat{y}(k+d)$, n é a ordem da planta ($n = n_y$) e d é o atraso de transporte dado por $d = n_y - n_u$. Substituindo a expressão do erro na Equação (4.20), deduz-se que a saída estimada é dada por:

$$\hat{y}(k+d) = \varphi^T(k,d,n)\hat{\theta} \tag{4.21}$$

Estendendo o modelo linear mostrado na Equação (4.20) para o caso não linear usando RNM, a relação entre o sistema físico (ou planta) e o seu modelo de redes neurais passa a ser descrita, de uma forma geral, por:

$$y(k+d) = g(\varphi(k,d,n),W) + \varepsilon(k+d) \tag{4.22}$$

em que: y é a saída da planta, g é a função não linear escolhida para modelar o comportamento dinâmico da planta, φ é o vetor regressor de entrada do modelo neural, W é uma matriz contendo os parâmetros ajustáveis da rede neural (pesos sinápticos) e ε é o erro de estimação. Similarmente ao caso linear, deduz-se que a saída estimada pelo RNM, é dada por:

$$\hat{y}(k+d) = g(\varphi(k,d,n),W) \tag{4.23}$$

em que os pesos sinápticos W são os parâmetros a serem estimados, cujo cálculo, na maior parte das aplicações em identificação e controle de processos, é feito usando o algoritmo da propagação retroativa do erro ("error backpropagation") (HAYKIN, 1999), (GABRIEL FILHO, 2004).

A identificação de sistemas reais usando uma RNA, de acordo com os modelos de estruturas mostrados em Nϕrgaard (2000), pode ser feita utilizando-se de um dos modelos mostrados na sequência.

4.3.1.1 Rede Neural com Resposta Finita ao Impulso (*Neural Network with Finite Impulse Response* - NNFIR)

O modelo linear denominado Resposta Finita ao Impulso (*Finite Impulse Response* - FIR) é dado pela Equação (4.20), na qual o vetor de regressores e o vetor de parâmetros a serem estimados são definidos da seguinte forma:

$$\varphi^T(k,d,n) = [u(k), u(k-1), \ldots, u(k-n)] \tag{4.24}$$

$$\hat{\theta} = \left[\hat{b}_0, \hat{b}_1, \ldots, \hat{b}_n\right]^T \tag{4.25}$$

em que: u é a entrada da planta e $\hat{b}_i$ representa os componentes do vetor de parâmetros estimados da planta, para $i = 0, 1, \ldots, n$, sendo $n+1$ a quantidade de termos da entrada. Este modelo é indicado para representar sistemas reais cuja resposta ao impulso decresça rapidamente; neste caso, é intuitivo perceber que, quanto mais rápida for a resposta ao impulso, menor será a quantidade de termos necessária para que o modelo NNFIR possa aprender a relação entrada-saída do sistema real.

A expressão matemática do modelo não linear estendido, denominado Rede Neural com Resposta Finita ao Impulso (*Neural Networks Finite Impulse Response* - NNFIR) é dada pela Equação (4.23), cujo vetor dos regressores φ é dado por:

$$\varphi^T(k,d,n) = [u(k), u(k-1), \ldots, u(k-n), -1] \tag{4.26}$$

ao qual foi acrescida uma entrada extra com valor fixo igual a -1, correspondente à entrada do *bias*, onde os parâmetros a serem estimados são os pesos sinápticos W da rede neural. Conforme já foi explicado anteriormente, este artifício matemático de acrescentar uma entrada extra com o valor -1, além de reduzir a estrutura de dados do programa de implementação computacional, também atribui ao programa a tarefa de ajustar automaticamente o *bias*, como se este fosse apenas mais um peso sináptico, sem a interferência humana no seu cálculo.

O esquema correspondente ao modelo NNFIR, no qual o bloco RNA representa, por exemplo, uma Rede Neural Multicamadas - RNM, é mostrado a seguir:

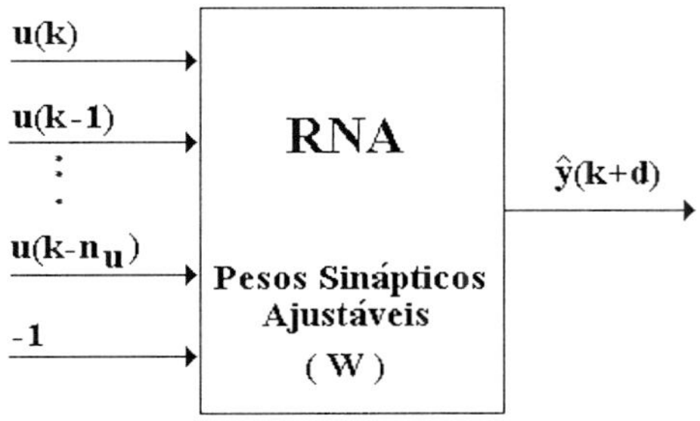

Figura 4.3 - Modelo de estrutura NNFIR.

em que u e y correspondem à entrada e à saída, respectivamente.

Por não haver realimentação da saída do modelo para a sua entrada, este modelo é estável no sentido BIBO (*Bounded Input, Bounded Output*), considerando que o vetor regressor e os pesos sinápticos tenham valores finitos, ou seja, desde que as normas euclidianas $||\varphi||$ e $||W||$ sejam finitas em qualquer instante k. Esta é uma característica importante para a análise de estabilidade de sistemas não lineares, devido a estes últimos terem um comportamento dinâmico mais complexo do que os sistemas lineares.

4.3.1.2 Rede Neural Autorregressiva com Entradas Exógenas (*Neural Network AutoRegressive with eXogeneous inputs* - NNARX)

O modelo linear denominado Autorregressivo com Entradas Exógenas (*AutoRegressive with eXogeneous inputs* - ARX) é dado pela Equação (4.20), na qual o vetor de regressores e o vetor de parâmetros a serem estimados são definidos da seguinte forma:

$$\varphi^T(k,d,n) = [y(k+d-1),\dots,y(k+d-n),u(k),u(k-1),\dots,u(k+d-n] \qquad (4.27)$$

$$\hat{\theta} = \left[-\hat{a}_1,\dots,-\hat{a}_n,\hat{b}_0,\hat{b}_1,\dots,\hat{b}_n\right]^T \qquad (4.28)$$

em que: u e y correspondem à entrada e à saída da planta, respectivamente, e $\hat{a}_i$ e $\hat{b}_j$ são os componentes do vetor de parâmetros estimados da planta, para $i, j = 1, \dots, n$.

A expressão matemática do modelo não linear estendido, denominado Rede Neural Autorregressiva com Entradas Exógenas (*Neural Networks AutoRegressive with eXogeneous inputs* - NNARX), é dada pela Equação (4.23), na qual o vetor dos regressores φ é dado por:

$$\varphi^T(k,d,n) = [y(k+d-1),\dots,y(k+d-n),u(k),u(k-1),\dots,u(k+d-n),-1] \qquad (4.29)$$

em que a entrada extra com valor fixo -1 corresponde à entrada do *bias* da rede neural, sendo que os parâmetros a serem estimados são os pesos sinápticos W da rede neural.

O esquema correspondente ao modelo NNARX, cujo bloco RNA representa, por exemplo, uma Rede Neural Multicamadas - RNM, é mostrado a seguir:

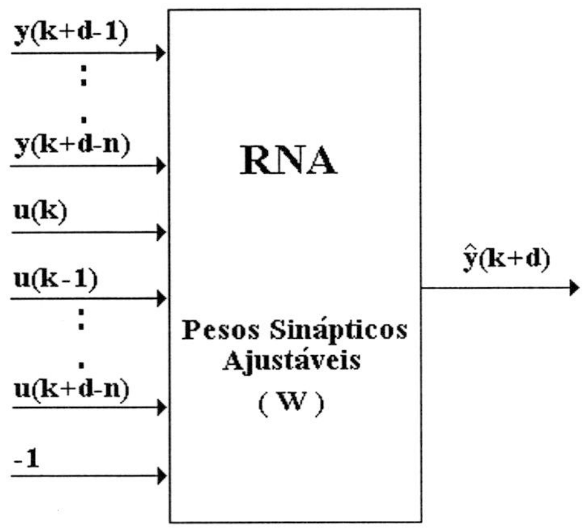

Figura 4.4 - Modelo de estrutura NNARX.

De forma análoga ao modelo NNFIR apresentado anteriormente, o fato de também não haver realimentação da saída do modelo para a sua entrada torna este modelo estável no sentido BIBO (*Bounded Input, Bounded Output*), desde que satisfeita a condição de que o vetor de regressores e os pesos sinápticos tenham valores finitos, ou seja, desde que as normas euclidianas $||\varphi||$ e $||W||$ sejam finitas para todos os instantes discretos k.

A inexistência de problemas relativos à estabilidade faz deste modelo de estrutura a escolha preferida, quando o sistema a ser modelado é determinístico ou o nível de ruído não é significativo (NØRGAARD, 2000).

4.3.1.3 Rede Neural Autorregressiva Média Móvel com Entradas Exógenas (*Neural Network AutoRegressive Moving Average with eXogeneous inputs* - NNARMAX)

O modelo linear, denominado Autorregressivo Média Móvel com Entradas Exógenas (*AutoRegressive Moving Average with eXogeneous inputs* - ARMAX), é dado pela Equação (4.20), na qual o vetor de regressores e o vetor de parâmetros a serem estimados são definidos por:

$$\varphi^T(k,d,n) = [y(k+d-1),\dots,y(k+d-n),u(k),u(k-1),\dots,u(k+d-n),\varepsilon(k+d-1),\dots,\varepsilon(k+d-n)\,] \quad (4.30)$$

$$\hat{\theta} = \left[-\hat{a}_1,\dots,-\hat{a}_n,\hat{b}_0,\hat{b}_1,\dots,\hat{b}_n,\hat{c}_1,\dots,\hat{c}_n\right]^T \quad (4.31)$$

em que: u e y correspondem à entrada e à saída da planta, respectivamente, ε é o erro de estimação calculado por $\varepsilon(k+d) = y(k+d) - \hat{y}(k+d)$ e $\hat{a}_i$, $\hat{b}_j$ e $\hat{c}_k$ são os componentes do vetor de parâmetros estimados da planta, para $i, j, k = 1, \dots, n$.

A característica principal do modelo de estrutura ARMAX é a realimentação dos erros de estimação, o que torna este modelo susceptível a problemas de estabilidade. Por esta razão, a análise de estabilidade no modelo ARMAX torna-se um problema mais difícil. Em algumas situações, é mais interessante considerar a estabilidade como uma propriedade local, o que significa afirmar que o modelo ARMAX somente terá a sua estabilidade garantida quando operar dentro de uma determinada região, podendo ficar instável fora da referida região de operação (NϕRGAARD, 2000).

A expressão matemática do modelo não linear estendido, denominado Rede Neural Autorregressiva Média Móvel com Entradas Exógenas (*Neural Networks AutoRegressive Moving Average with eXogeneous inputs* - NNARMAX), é dada pela Equação (4.23), em que o vetor regressor φ é dado por:

$$\varphi^T(k,d,n) = [y(k+d-1),\dots,y(k+d-n),u(k),u(k-1),\dots,u(k+d-n),\varepsilon(k+d-1),\dots,\varepsilon(k+d-n),-1] \quad (4.32)$$

em que: ε é o erro de estimação calculado por $\varepsilon(k+d) = y(k+d) - \hat{y}(k+d)$, sendo que a entrada extra com valor fixo -1 corresponde à entrada do *bias*, conforme já foi explicado anteriormente. Os parâmetros a serem estimados são os pesos sinápticos W da rede neural.

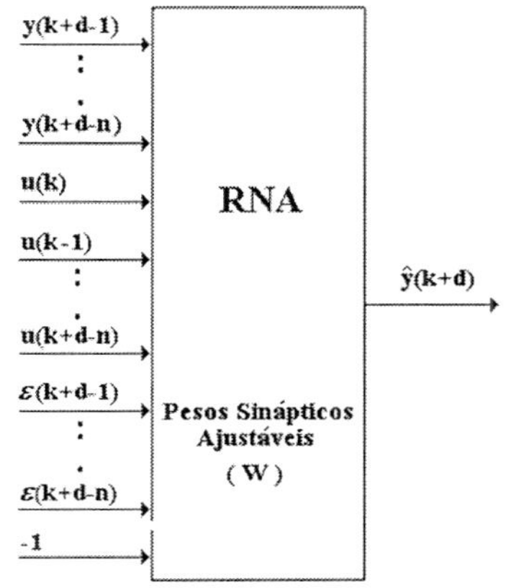

Figura 4.5 - Modelo de estrutura NNARMAX.

É possível observar que um dos componentes da entrada da rede neural é o regressor do erro de estimação, $\varepsilon = y - \hat{y}$, que possui embutido a realimentação da saída do modelo. Os modelos que possuem realimentação de suas próprias saídas são denominados de modelos recorrentes ou dinâmicos e podem apresentar problemas de estabilidade. Este modelo é recomendado quando o nível de ruído for muito significativo.

4.3.1.4 Rede Neural Erro na Saída (*Neural Network Output Error* – NNOE)

O modelo linear denominado Erro na Saída (*Output Error* - OE) é também um modelo recorrente, cuja expressão matemática é dada pela Equação (4.20), na qual o vetor de regressores e o vetor de parâmetros são definidos por:

$$\varphi^T(k,d,n) = [\hat{y}(k+d-1),\ldots,\hat{y}(k+d-n),u(k),u(k-1),\ldots,u(k+d-n] \quad (4.33)$$

$$\hat{\theta} = \left[-\hat{a}_1,\ldots,-\hat{a}_n,\hat{b}_0,\hat{b}_1,\ldots,\hat{b}_n\right]^T \quad (4.34)$$

em que: u e $\hat{y}$ correspondem à entrada e à saída estimada da planta, respectivamente, e $\hat{a}_i$ e $\hat{b}_j$ são os componentes do vetor de parâmetros estimados da planta, para $i, j = 1, ..., n$. Trata-se também de um modelo que possui realimentação de suas saídas, estando, portanto, sujeito a problemas de estabilidade, da mesma forma que o modelo linear anterior ARMAX.

A expressão matemática do modelo não linear estendido, denominado Rede Neural Erro na Saída (*Neural Networks Output Error* - NNOE), é dada pela Equação (4.23), em que o vetor regressor φ é dado por:

$$\varphi^T(k,d,n) = [\hat{y}(k+d-1),\ldots,\hat{y}(k+d-n),u(k),u(k-1),\ldots,u(k+d-n),-1] \quad (4.35)$$

em que, novamente, a entrada extra com valor fixo -1 corresponde à entrada do *bias* (peso extra), conforme explicado anteriormente. Os parâmetros a serem estimados são os pesos sinápticos W da rede neural.

O esquema correspondente ao modelo NNOE, cujo bloco RNA representa, por exemplo, uma Rede Neural Multicamadas - RNM, é mostrado a seguir.

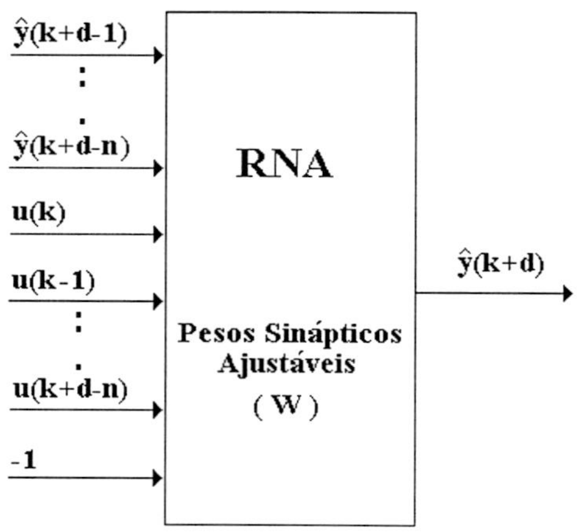

Figura 4.6 - Modelo de estrutura NNOE.

Vê-se claramente no esquema da NNOE, que existem componentes de entrada da rede neural que são saídas passadas que foram estimadas pelo modelo, o que caracteriza uma realimentação do modelo. Os modelos que possuem realimentação de suas próprias saídas são denominados de modelos recorrentes ou dinâmicos e podem apresentar problemas de estabilidade.

4.3.1.5 Algumas considerações importantes

Nesta parte do capítulo, foram apresentados alguns modelos de estruturas baseados nas Redes Neurais Artificiais – RNAs, que podem ser usados na identificação de plantas lineares e não lineares de dinâmica desconhecida, porém, é necessário que se conheça previamente a ordem n e o atraso de transporte d da planta, sabendo-se que $n = n_y$ e $d = n_y - n_u$.

A rigor, o que faz a estrutura comportar-se como um modelo linear ou não linear, é o tipo de função de ativação que será usada; todas as camadas da rede contendo função de ativação linear, consequentemente tem-se um modelo linear; basta uma das camadas com função de ativação não linear, que o modelo passa a ser não linear.

É importante registrar que, dentre os modelos apresentados, a Rede Neural Autorregressiva com Entradas Exógenas (*Neural Network AutoRegressive with EXogeneous Inputs* - NNARX) é a mais usada, devido a inexistência de problemas relativos à estabilidade do modelo acarretados pela realimentação da saída, o que faz deste modelo o mais preferido, principalmente quando o sistema a ser modelado é determinístico e o nível de ruído não é relativamente significativo.

Finalizando, ressalta-se que as estruturas neurais linear e não linear, referentes ao modelo Box-Jenkins, embora tenha sido apresentado em capítulo anterior, não foi relacionado aqui devido ser um modelo de difícil implementação, pelo fato de possuir multiplicações envolvendo seus regressores, e levando em conta também que, eventual necessidade deste tipo de modelo, pode ser satisfeita por outros modelos mencionados neste capítulo, com estruturais neurais mais simples.

4.3.2 Rede de Função de Base Radial (RFBR)

As Redes de Função de Base Radial (RFBRs) são redes neurais de três camadas, que possuem na camada intermediária uma função de ativação do tipo Função de Base Radial - FBR (*Radial Basis Function* – RBF). Esta função é caracterizada pelo seu comportamento monotônico com relação à distância a um ponto central, isto é, o seu valor sempre cresce (ou sempre decresce) na medida em que um ponto sobre a função se afasta do seu centro.

Em uma FBR, os parâmetros mais importantes a serem definidos são o seu centro e a taxa de variação relativamente ao centro. Assim, as RFBRs são redes neurais de três camadas – entrada, uma camada intermediária (ou escondida) e saída, em que a camada intermediária contém uma FBR e a camada de saída contém uma função linear. Esta última, tem apenas o papel de promover um escalamento da saída da rede.

As RFBRs servem para fazer o mapeamento da entrada para a saída do tipo:

$$\boldsymbol{y} = f(\boldsymbol{x}) = w_0 + \textstyle\sum_1^N w_i g(\|\boldsymbol{x} - \boldsymbol{c}_i\|) \tag{4.36}$$

em que: g é a FBR escolhida com centros em $\boldsymbol{c}_i$, $\boldsymbol{x}$ é um vetor que contém os pontos de entrada, w_i são os pesos a serem definidos através do treinamento e o símbolo $\|.\|$ é a norma euclidiana.

Caso da FBR escolhida seja uma função gaussiana, a sua expressão matemática é dada por:

$$g(\|\boldsymbol{x} - \boldsymbol{c}_i\| = exp\left(\frac{\|\boldsymbol{x}-\boldsymbol{c}_i\|^2}{\sigma_i^2}\right) \tag{4.37}$$

em que a constante σ define a forma mais ou menos achatada da função gaussiana (ou curva normal), sendo $\|\boldsymbol{x} - \boldsymbol{c}_i\|^2 = (y - c_i)^T(y - c_i)$. Outras funções também podem ser usadas, tais como: linear, cúbica, multiquadrática etc. (AGUIRRE, 2007).

4.4 Estudo de caso: Controle de Processos usando um Identificador Neural

A ideia deste estudo de caso é apresentar um esquema de controle que usa um identificador neural para modelar experimentalmente um processo industrial ou planta. Este esquema é denominado de Esquema de Controle Híbrido Indireto (GABRIEL FILHO, 2004), devido apenas o identificador possuir uma estrutura neural.

O sistema de controle híbrido consiste basicamente de um identificador neural e de um controlador convencional (lei de controle), que são utilizados para calcular recursivamente uma sequência de sinais de controle, $u(k)$, a ser aplicada na planta em tempo real (*online*), fazendo assim com que a saída corrente convirja para a saída de referência *y_Ref*, que é a saída desejada do sistema em operação, conforme esquema a seguir:

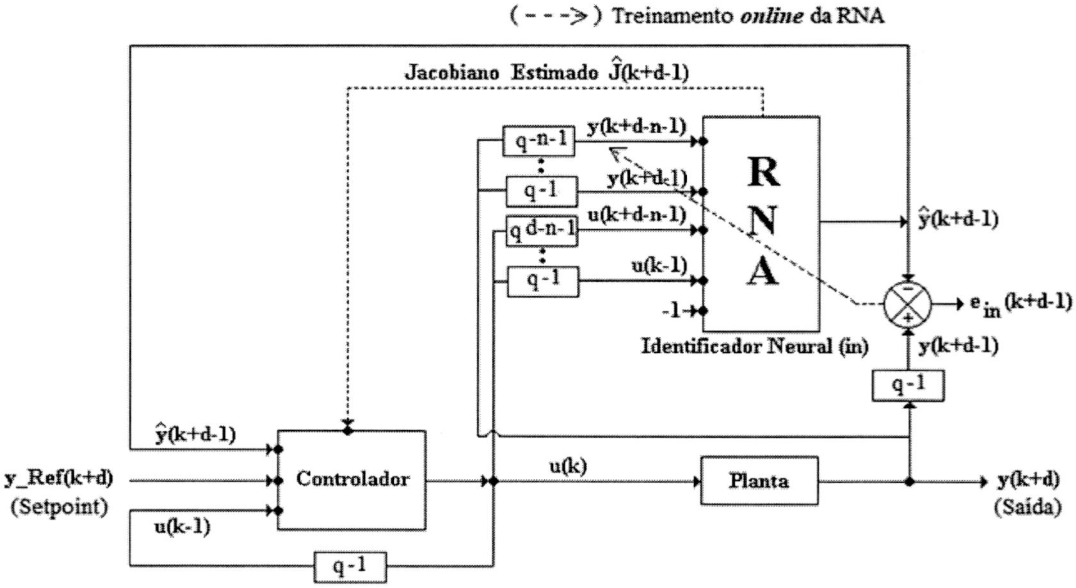

Figura 4.7 - Esquema de Controle Híbrido Indireto.

em que: q^{-1} é o operador de atraso unitário, *y_Ref* é o sinal de referência ou *setpoint*, u e y são os sinais de entrada e de saída da planta, respectivamente, $\hat{y}$ é o valor estimado da saída pelo identificador neural (RNA), d é o atraso de transporte da entrada em relação à saída, e $e_{in} = y - \hat{y}$ é o erro de estimação cometido pelo identificador neural em tempo real. Neste estudo de caso, o modelo adotado para implementar o identificador neural foi a Rede Neural Autorregressiva com Entradas Exógenas (NNARX), devido a sua garantia de estabilidade, assegurada por não existir realimentação da saída estimada, como também a ausência proposital de ruído.

A equação matemática da lei de controle é a seguinte:

$$u(k) = u(k-1) + \frac{y\_Ref(k+d) - \hat{y}(k+d-1)}{\hat{J}(k+d-1)} \tag{4.38}$$

em que o cálculo do Jacobiano estimado, $\hat{J}$, definido como sendo a relação entre a variação da saída estimada e a variação da entrada da planta, é dado por:

$$\hat{J}(k+d-1) = \frac{\Delta\hat{y}(k+d-1)}{\Delta u(k-1)} = \frac{\hat{y}(k+d-1) - \hat{y}(k+d-2)}{u(k-1) - u(k-2)} \tag{4.39}$$

Este esquema será aplicado para controlar o nível *y* de um reservatório de seção transversal variável (SLOTINE e LI, 1991). A vazão de entrada q_e é a variável a ser manipulada (MV), de maneira a manter o nível constante em um valor *y_Ref*, sendo que a válvula de saída é mantida com uma abertura fixa durante toda a etapa de controle.

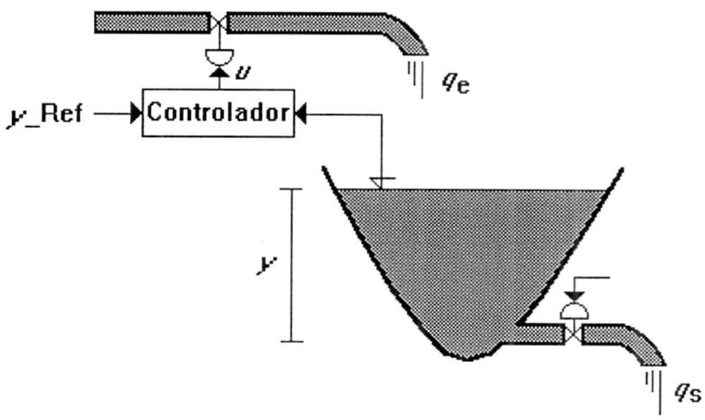

Figura 4.8 - Controle do nível de um reservatório com seção variável.

A dinâmica do reservatório é modelada pela seguinte equação diferencial de 1ª ordem:

$$\frac{dy(t)}{dt} = \frac{q_e(t)}{A(y(t))} - \frac{A_S\sqrt{2gy(t)}}{A(y(t))} \tag{4.40}$$

em que: $y(t)$ é o nível a ser controlado, $q_e(t)$ e $q_s(t)$ são as vazões de entrada e de saída do reservatório, respectivamente, $A(y(t))$ é a área da seção transversal do reservatório em função do nível, A_S é a área da seção transversal do tubo de saída do reservatório e g é a aceleração da gravidade. Será considerado $A(y(t)) = A_0 + y(t)^2$, em que A_0 é a área da seção transversal nivelada com a geratriz superior do orifício de saída do reservatório. Para efeito de cálculo, serão atribuídos os seguintes valores: $A_0 = 1\ m^2$, $A_s = 0{,}1A_0$ e T_S = 1s, sendo T_S o período de amostragem (*sampling time*). O método usado para a simulação computacional, com a finalidade de gerar os dados da planta em tempo real, foi o Método de Runge-Kutta de 4ª ordem.

Desta forma, o objetivo é, partindo-se de um nível inicial, atingir e manter o nível de referência desejado, durante um determinado intervalo de tempo definido, que são:

- Nível inicial = 1m;
- Níveis desejados = 2m (0s ≤ t ≤ 200s),
  = 3m (200s < t ≤ 400s),
  = 2m (400s < t ≤ 600s),
  = 3m (600s < t ≤ 800s).

Um atuador mantém o sinal de controle limitado, de tal forma que a vazão de entrada fique restrita ao intervalo $0 \leq q_e(t) \leq 1m^3/s$.

A simulação computacional do sistema de Controle Híbrido Indireto foi realizada usando um identificador neural (RNA), treinado pelo método de propagação retroativa do erro (*error backpropagation*), com as seguintes características:

- Número de camadas = 3 (entrada, escondida e saída);
- Número de nós por camada = 2, 5 e 1;
- Função de ativação sigmoide bipolar (tangente hiperbólica) para a camada escondida, e linear para a camada de saída;
- Tolerância para convergência da RNA (ε_{in}) = 10^{-3}.

Os resultados obtidos do gráfico a seguir:

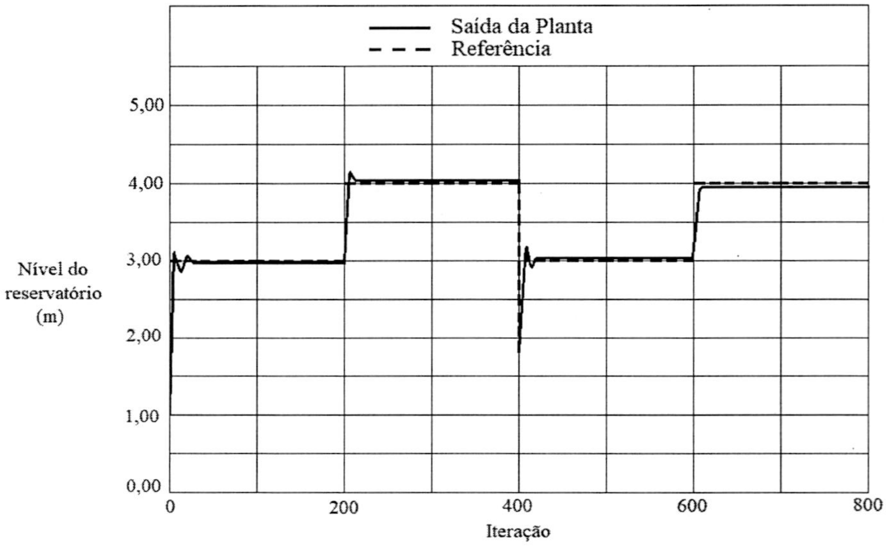

Figura 4.9 – Controle de nível de um reservatório.

O erro de controle em regime permanente pode ser avaliado da seguinte forma:

$$Erro\ de\ controle \leq \left|\sqrt{2\varepsilon_{in}}\right| \qquad (4.41)$$

em que: ε_{in} é a tolerância especificada para convergência do treinamento do identificador neural. Substituindo ε_{in}=10^{-3} e calculando, virá:

$$Erro\ de\ controle \leq \left|\sqrt{2.10^{-3}}\right| \leq 0{,}045\text{m (aprox. 1,3\%)}$$

O esquema de controle híbrido indireto, onde somente o identificador é uma rede neural artificial, é indicado para o controle de sistemas de menor complexidade (ordem baixa), devido ao Jacobiano estimado ser a única informação usada no projeto do controlador convencional. Para o controle de plantas de maior complexidade (ordem elevada), recomenda-se usar um esquema de controle totalmente neural, no qual o controlador e o identificador são ambos neurais (GABRIEL FILHO, 2004).

Uma observação interessante é que o sistema de controle neural, embora seja recomendado para realizar controle não linear, pode ser usado para implementar um controlador linear, bastando para isso usar somente a função de ativação linear em todas as camadas de processamento da rede neural (RNA). Evidentemente, o uso como um controlador linear seria um exagero, visto que existem disponíveis controladores mais simples e mais prático, por exemplo, o controlador Proporcional-Integral-Derivativo (PID).

4.5 Conclusões

É especialmente complexo tratar alguns sistemas da natureza, pelo fato de apresentarem comportamentos fortemente não lineares, que, de uma maneira grosseira, traduzem determinados aspectos comportamentais difíceis de prever, diferentemente dos sistemas lineares, que são regidos pelo Princípio da Superposição, constituído pelas Regras da Aditividade e da Homogeneidade, as quais servem para atestar o caráter de previsibilidade dos sistemas lineares.

Ainda não se dispõe de uma teoria completa para sistemas não lineares. O que existe na atualidade, são algumas ferramentas de identificação de uso específico, voltadas para modelar poucos sistemas não lineares existentes no mundo real, sendo que algumas dessas ferramentas experimentais foram apresentadas neste capítulo.

Dentro das ferramentas classificadas como tradicional, foram apresentadas extensões não linear do Método dos Mínimos Quadrados (MMQ), que exploram a ortogonalidade entre vetores, com a finalidade de separar a parcela não linear e a parcela linear, ou seja, a função original totalmente não linear foi decomposta em uma parte não linear e outra parte linear, proporcionando o surgimento de novas técnicas de identificação como: o Método dos Mínimos Quadrados Ortogonais (MMO), o Método clássico (GS) e o Método Modificado de Gran-Schmidt (MGS).

Por outro lado, uma das ferramentas de identificação que vem tendo uma boa aceitação nos últimos anos é a que utiliza a Inteligência Artificial (IA), destacando-se as Redes Neurais Artificiais (RNAs), em aplicações destinadas ao controle e automação de processos industriais, principalmente quando se trata de aplicações na área de controle avançado.

CAPÍTULO 5
SIMULAÇÃO DE SISTEMAS DINÂMICOS

5.1 Introdução

Uma simulação é uma ação ou efeito de simular; fingimento, disfarce ou dissimulação. Em nosso caso, estamos interessados na simulação computacional de sistemas, que consiste na utilização de certas técnicas matemáticas, empregadas em computadores, que permitem imitar o funcionamento de, praticamente qualquer tipo de operação ou processo do mundo real, ou seja, é o estudo do comportamento de sistemas reais através do exercício de modelos.

Simulação também pode ser definida como a obtenção da resposta temporal das variáveis de interesse de um modelo, quando se excita as suas variáveis de entrada com sinais específicos. Em se tratando de sistemas dinâmicos, descritos por equações diferenciais, há a necessidade do conhecimento, também, das condições iniciais, Garcia (2005). Para a obtenção desta solução, até a década de 1970, eram utilizados computadores analógicos, em que era construído um circuito eletrônico com modelo matemático análogo ao sistema real, sendo este circuito alimentado com sinais de tensão ou corrente de interesse, com resposta naturalmente semelhante à resposta do sistema real. A partir da década de 1980, com a popularização dos computadores digitais, a simulação passou a ser feita através de programas (*softwares*), e as equações diferenciais que modelam o sistema real são resolvidas através de métodos numéricos.

É importante ressaltar que, em geral, o modelo matemático que é utilizado para representar o sistema é uma aproximação, contemplando apenas as partes essenciais a serem representadas. Assim, os resultados advindos da simulação devem ser analisados criticamente, para que as expectativas de que, na prática, o comportamento do sistema real aproxime-se do simulado, não sejam frustradas.

Neste capítulo, serão apresentados alguns métodos numéricos para a solução de equações diferenciais, as quais fazem parte do modelo matemático de um sistema.

5.2 Métodos numéricos para a solução de equações diferenciais

Nesta seção, serão apresentados os principais métodos numéricos para a solução de equações diferenciais ordinárias. Os métodos apresentados são denominados de métodos numéricos de integração de passo simples, por utilizarem somente um valor para estimar a solução em cada instante de tempo.

Será discutida, inicialmente, a solução para equações diferenciais de 1ª ordem, sendo a seguir feita a extensão para o caso de equações diferenciais de ordem superior.

Considerando uma equação diferencial de 1ª ordem:

$$\dot{y}(t) = f(t, y(t), u(t)) \tag{5.1}$$

com condição inicial $y(0) = y_0$. A solução consiste em estimar o valor de $y(t)$ em cada instante de t, a partir da condição inicial e da entrada externa $u(t)$, conhecidas.

5.2.1 Método de *Euler*

É o método mais simples de integração numérica e é baseado na definição de derivada:

$$\frac{df(t)}{dt} = \lim_{h \to 0} \frac{f(t+h) - f(t)}{h} \tag{5.2}$$

em que h é o passo de integração. A Equação (5.2) pode ser escrita na forma aproximada como:

$$\frac{dy(t)}{dt} = \dot{y}(t) \cong \frac{y(t+h) - y(t)}{h} \tag{5.3}$$

Assim, a Equação (5.1) pode ser utilizada em conjunto com a Equação (5.3) para calcular a estimativa do valor de $y(t+h)$ a partir de $y(t)$

$$y(t+h) = f(t, y(t), u(t)).h + y(t) \tag{5.4}$$

Usando a Equação (5.4), passo a passo a partir do instante de tempo t_0, chegamos ao Algoritmo 1:

- **Algoritmo 1**:

Dados: y_0, h, o número de iterações *N* e conhecendo-se a equação diferencial, Equação (5.1):
Para *i*=0 a *N*-1, faça

$$y(i+1) = f(t_i, y(t_i), u(t_i)).h + y(i)$$
$$t_{i+1} = t_i + h$$

Fim

O erro cometido ao calcular-se y(t), pelo método de Euler, é diretamente proporcional ao passo de integração h utilizado. Assim, uma solução mais exata requer o uso de um passo de integração menor e, consequentemente, um número maior de cálculos será necessário.

5.2.2 Métodos de *Runge-Kutta*

A base matemática que pode ser utilizada para entender este método é a expansão da função *y(t)* em série de Taylor, em que se calcula o valor da função a um pequeno intervalo de tempo, de um valor conhecido da função, usando suas derivadas calculadas neste valor conhecido.

Desta forma, dada uma função *g(t)*, com derivadas contínuas em torno de um instante de tempo t_a, o valor de $g(t_a + h)$ é dado por:

$$g(t_a + h) = g(t_a) + h.\dot{g}(t_a) + \frac{1}{2!}h^2.\ddot{g}(t_a) + \frac{1}{3!}h^3\dddot{g}(t_a) + \ldots \tag{5.5}$$

O método de Euler pode ser interpretado como sendo a expansão em série de Taylor em torno de t_a, considerando somente a primeira derivada da função g(t) em t_a. O método de *Runge-Kutta* calcula os termos da expansão em série de Taylor, sem calcular as derivadas de ordem superior (maiores ou iguais a 2).

O método de *Runge-Kutta* de 2ª ordem, baseia-se no cálculo das derivadas no instante de tempo atual t_i e no instante seguinte $t_i + h$, tomando-se a média aritmética do valor da atualização, calculado a partir destas duas derivadas para calcular o valor de $y(t_i + h)$, conforme o Algoritmo 2:

- **Algoritmo 2**:

Dados: y_0, h, o número de iterações *N* e conhecendo-se a equação diferencial, equação (2.1):

Para *i*=0 a *N*-1, faça

$$d_1 = h.f(t_i, y_i, u_i)$$

$$d_2 = h.f(t_{i+1}, y_i + d_1, u_{i+1})$$
$$y(i+1) = y(i) + \frac{d_1 + d_2}{2}$$
$$t_{i+1} = t_i + h$$

Fim

O método de *Runge-Kutta* de 4ª ordem é o mais utilizado e calcula as derivadas no início (t_i), meio ($t_i + h/2$) e final ($t_i + h$) do intervalo de integração, fazendo uma média ponderada destas derivadas para calcular o valor atualizado da função.

A derivada em t_i, $\dot{y}_1$ é calculada e, através da aplicação do método de *Euler*, o valor da função é calculado em $t_i + h/2$, resultando no valor de y_2. A seguir a derivada em y_2 é calculada, resultando em $\dot{y}_2$. Agora, começando-se novamente em t_i, a função em $(t_i + h/2)$ é recalculada, usando-se a nova derivada em $\dot{y}_2$ para gerar y_3. A derivada $\dot{y}_3$ é avaliada em $(t_i + h/2)$ e, iniciando-se novamente em t_i, usando-se a derivada $\dot{y}_3$ para calcular y_4. A derivada $\dot{y}_4$ é avaliada em $t_i + h$. Finalmente, usando-se as derivadas de $\dot{y}_1$ a $\dot{y}_4$ calcula-se o valor de $y(t_i + h)$ através da Equação (5.6):

$$y(t_i + h) = y(t_i) + \frac{h}{6}(\dot{y}_1 + 2\dot{y}_2 + 2\dot{y}_3 + \dot{y}_4) \tag{5.6}$$

O Algoritmo 3 apresenta o método de *Runge-Kutta* de 4ª ordem.

- **Algoritmo 3**:

Dados: y_0, h, o número de iterações *N* e conhecendo-se a equação diferencial, Equação (2.1):

Para i=0 a N-1, faça:

$$d_1 = h.f(t_i, y_i, u_i)$$
$$d_2 = h.f(t_i + h/2, y_i + d_1/2, u(t_i + h/2))$$
$$d_3 = h.f(t_i + h/2, y_i + d_2/2, u(t_i + h/2))$$
$$d_4 = h.f(t_{i+1}, y_i + d_3, u(t_{i+1})$$
$$y(i+1) = y(i) + \frac{d_1 + 2d_2 + 2d_3 + d_4}{6}$$
$$t_{i+1} = t_i + h$$

Fim

5.2.2.1 Exemplo

A seguir, utiliza-se um exemplo simples. Uma equação diferencial linear de 1ª ordem, dada pela Equação (5.7) para comparar os resultados obtidos pelos 3 métodos apresentados (*Euler*, *Runge-Kutta* de 2ª e 4ª ordens):

$$\dot{y}(t) = y(t) + u(t) \tag{5.7}$$

Com condição inicial $y(0) = 0$ e uma entrada constante $u(t)=1$ para $t >= 0$. Considerando-se um passo de integração de 0,1, serão calculados os valores de y(t) nos instantes 0,1 e 0,2 s utilizando os 3 métodos, e os resultados serão comparados com o valor exato obtido através da solução analítica da equação diferencial (5.7), a qual é apresentada na Equação (5.8):

$$y(t) = 1 - e^{-t} \tag{5.8}$$

Os valores exatos de *y(t)* nos instantes 0,1 e 0,2 s são dados pelas Equações (5.9) e (5.10), respectivamente:

$$y(0{,}1) = 1 - e^{-0{,}1} = 0{,}095162582 \quad (5.9)$$
$$y(0{,}2) = 1 - e^{-0{,}2} = 0{,}1812692469 \quad (5.10)$$

1. Método de Euler

$$y(0{,}1) = y(0) + 0{,}1\dot{y}(0) = y(0) + 0{,}1(y(0) + u(0)) = 0{,}1 \quad (5.11)$$
$$y(0{,}2) = y(0{,}1) + 0{,}1\dot{y}(0{,}1) = y(0{,}1) + 0{,}1\big(-y(0{,}1) + u(0{,}1)\big) = 0{,}19 \quad (5.12)$$

2. Método de *Runge-Kutta* de 2ª ordem

- Cálculo de $y(0{,}1)$:

$$d_1 = 0{,}1\dot{y}(0) = 0{,}1$$
$$d_2 = 0{,}1\dot{y}(0{,}1) = 0{,}1 * 0{,}9 = 0{,}09$$
$$y(0{,}1) = y(0) + \frac{d_1+d_2}{2} = 0 + \frac{0{,}1+0{,}09}{2} = 0{,}095 \quad (5.13)$$

- Cálculo de $y(0{,}2)$:

$$d_1 = 0{,}1\dot{y}(0{,}1) = 0{,}1 * 0{,}9 = 0{,}09$$
$$d_2 = 0{,}1\dot{y}(0{,}2) = 0{,}1 * (-0{,}095 - 0{,}09 + 1) = 0{,}0815$$
$$y(0{,}2) = y(0{,}1) + \frac{d_1+d_2}{2} = 0{,}095 + \frac{0{,}09+0{,}0815}{2} = 0{,}18075 \quad (5.14)$$

3. Método de *Runge-Kutta* de 4ª ordem

- Cálculo de $y(0{,}1)$:

$$d_1 = 0{,}1\dot{y}(0) = 0{,}1 * (-y(0) + u(0)) = 0{,}1$$
$$d_2 = 0{,}1\dot{y}(0{,}15) = 0{,}1 * (-0{,}05 + 1) = 0{,}095$$
$$d_3 = 0{,}1 * (-0{,}0475 + 1) = 0{,}09525$$
$$d_4 = 0{,}1 * (-0{,}09525 + 1) = 0{,}090475$$
$$y(0{,}1) = y(0) + \frac{d_1+2d_2+2d_3+d_4}{6} = 0{,}0951625 \quad (5.15)$$

- Cálculo de $y(0{,}2)$:

$$d_1 = 0{,}1\dot{y}(0{,}1) = 0{,}1 * (-y(0{,}1) + u(0{,}1)) = 0{,}1 * (-0{,}0951625 + 1) = 0{,}09048375$$
$$d_2 = 0{,}1\dot{y}\left(0{,}1 + \frac{d_1}{2}\right) = 0{,}0859595625$$
$$d_3 = 0{,}1\dot{y}\left(0{,}1 + \frac{d_2}{2}\right) = 0{,}0861857719$$
$$d_4 = 0{,}1\dot{y}(0{,}1 + d_3) = 0{,}0818651728$$
$$y(0{,}2) = y(0{,}1) + \frac{d_1+2d_2+2d_3+d_4}{6} = 0{,}1812690986 \quad (5.16)$$

Através dos resultados exatos de y(t) nos instantes 0,1 e 0,2 s, Equações (5.9) e (5.10), e dos resultados aproximados, obtidos por integração numérica, Equações (5.11) a (5.16), verifica-se uma melhor exatidão dos resultados dos métodos de *Runge-Kutta,* em relação ao método de *Euler*. Neste exemplo, nos cálculos obtidos pelo método de *Runge-Kutta* de 4ª ordem, o erro foi da ordem de 10^{-6}, ou seja, na sexta casa decimal, enquanto o erro obtido pelo método de *Euler* foi bem maior, da ordem de 10^{-1}.

É importante ressaltar que este é apenas um exemplo ilustrativo, e que os erros podem ser reduzidos diminuindo-se o passo de integração, o que leva a um aumento do tempo de simulação computacional para um mesmo intervalo de tempo de solução da equação diferencial. A carga computacional é maior para o caso do método de *Runge-Kutta* de 4ª ordem, em relação ao método de Euler.

5.2.3 Aplicação dos métodos numéricos para sistemas de equações

Para resolver numericamente equações diferenciais de ordem maior que um, a ideia é decompor a equação de *n*-ésima ordem em um sistema de *n* equações de 1ª ordem.

Considere uma equação diferencial de n-ésima ordem, dada por:

$$\overset{(n)}{y}(t) = f(\dot{y}(t), \ddot{y}(t), \ldots, \overset{(n-1)}{y}(t), u(t)) \tag{5.17}$$

O primeiro passo é definir n variáveis auxiliares, conforme a Equação (5.18):

$$\begin{cases} x_1(t) = y(t) \\ x_2(t) = \dot{y}(t) \\ x_3(t) = \ddot{y}(t) \\ \vdots \\ x_n(t) = \overset{(n-1)}{y}(t) \end{cases} \tag{5.18}$$

Definindo-se o vetor *X(t):*

$$\boldsymbol{X}(t) = \begin{bmatrix} x_1(t) \\ x_2(t) \\ x_3(t) \\ \vdots \\ x_n(t) \end{bmatrix} \tag{5.19}$$

Usando as definições dadas pela Equação (5.18), pode-se escrever a Equação (5.17) na forma matricial, resultando na Equação (5.20):

$$\dot{\boldsymbol{X}}(t) = F(\boldsymbol{X}(t), u(t)) \tag{5.20}$$

em que F é uma função não linear.

A equação diferencial matricial (5.20) pode ser resolvida através de métodos de integração numérica, sendo que o primeiro elemento do vetor **X**(t), em cada instante de tempo $t_0 + nh$, é a variável de interesse $y(t_0 + nh)$.

5.2.3.1 Exemplo

Seja a seguinte equação diferencial não linear de 3ª ordem:

$$\dddot{y} = \ddot{y}.cos(\dot{y}) + ln(y).tan(u) \tag{5.21}$$

Definindo-se o vetor *X(t)*, conforme as Equações (5.18) e (5.19):

$$\boldsymbol{X}(t) = \begin{bmatrix} y(t) \\ \dot{y}(t) \\ \ddot{y}(t) \end{bmatrix} = \begin{bmatrix} x_1(t) \\ x_2(t) \\ x_3(t) \end{bmatrix} \tag{5.22}$$

Pode-se escrever a seguinte equação diferencial matricial:

$$\dot{\boldsymbol{X}}(t) = \begin{bmatrix} \dot{y}(t) \\ \ddot{y}(t) \\ \dddot{y}(t) \end{bmatrix} = \begin{bmatrix} \dot{x}_1(t) \\ \dot{x}_2(t) \\ \dot{x}_3(t) \end{bmatrix} = \begin{bmatrix} x_2(t) \\ x_3(t) \\ x_3(t).cos(x_2(t)) + ln(x_1(t)).tan(u(t)) \end{bmatrix} \tag{5.23}$$

Caso a equação diferencial de *n*-ésima ordem seja linear, a mesma pode ser transformada em um sistema de *n* equações diferenciais de 1ª ordem, as quais podem ser arranjadas matricialmente conforme a Equação (5.24):

$$\dot{\boldsymbol{X}}(t) = \boldsymbol{A}\boldsymbol{X}(t) + \boldsymbol{B}u(t) \tag{5.24}$$

Esta Equação (5.24) é chamada de equação de estado.

5.2.3.2 Exemplo

Seja a seguinte equação diferencial linear de 3ª ordem:

$$\dddot{y} = -2\ddot{y} - 3\dot{y} - y + u \tag{5.25}$$

Definindo-se o vetor *X(t)*, conforme as Equações (5.18) e (5.19):

$$\boldsymbol{X}(t) = \begin{bmatrix} y(t) \\ \dot{y}(t) \\ \ddot{y}(t) \end{bmatrix} = \begin{bmatrix} x_1(t) \\ x_2(t) \\ x_3(t) \end{bmatrix} \tag{5.26}$$

Pode-se escrever a seguinte equação:

$$\dot{\boldsymbol{X}}(t) = \begin{bmatrix} \dot{y}(t) \\ \ddot{y}(t) \\ \dddot{y}(t) \end{bmatrix} = \begin{bmatrix} \dot{x}_1(t) \\ \dot{x}_2(t) \\ \dot{x}_3(t) \end{bmatrix} = \begin{bmatrix} x_2(t) \\ x_3(t) \\ -2x_3(t) - 3x_2(t) - x_1(t) + u \end{bmatrix} \tag{5.27}$$

Na forma matricial, a Equação (5.27) pode ser escrita como:

$$\begin{bmatrix} \dot{x}_1(t) \\ \dot{x}_2(t) \\ \dot{x}_3(t) \end{bmatrix} = \begin{bmatrix} 0 & 1 & 0 \\ 0 & 0 & 1 \\ -1 & -3 & -2 \end{bmatrix} \begin{bmatrix} x_1(t) \\ x_2(t) \\ x_3(t) \end{bmatrix} + \begin{bmatrix} 0 \\ 0 \\ 1 \end{bmatrix} u(t) \quad (5.28)$$

Assim, pode-se aplicar o método de *Euler* para calcular o valor de *X*(*t*+*h*) a partir do valor de ***X(t),*** conforme a Equação (5.29):

$$\boldsymbol{X}(t+h) = \boldsymbol{X}(t) + h.(\boldsymbol{AX}(t) + \boldsymbol{B}u(t)) \quad (5.29)$$

5.3 Uso do MATLAB/SIMULINK para a simulação de sistemas dinâmicos

Para a resolução numérica de equações diferenciais, também chamada de simulação, uma das ferramentas mais utilizadas é o *Simulink/Matlab*®, bastante difundida nos meios acadêmico e científico.

No ambiente Matlab a simulação pode ser feita de duas maneiras diferentes: através de uma linguagem de alto nível no próprio *Matlab*, ou via *Simulink*, um aplicativo Matlab que trabalha com diagrama de blocos.

No Matlab pode-se escrever a equação diferencial diretamente, e calcular a sua solução usando funções disponíveis com as funções *ode23* e *ode45*, capazes de obter numericamente a solução de uma equação diferencial de primeira ordem, usando métodos de *Runge-Kutta* de 2ª, 3ª, 4ª e 5ª ordens.

Para o caso de simulação de sistemas dinâmicos pode ser usado o *Matlab*, que possui funções para este fim, como a função *lsim*, que permite a simulação de uma equação diferencial linear de 1ª ordem, para uma entrada conhecida, e condições iniciais dadas. Porém, para estes casos, é mais indicado o uso do *Simulink*, devido à sua forma de blocos facilitar o entendimento do modelo simulado, sendo mais clara e didática.

Para simular modelos empregando o *Simulink*, deve-se transformá-lo em uma forma adequada para a sua utilização, que aceita basicamente dois tipos de modelos de sistemas dinâmicos:

- através de funções de transferência, que são aplicáveis somente à sistemas lineares invariantes no tempo e com condições iniciais nulas;
- através de equações de estado, aplicáveis à sistemas lineares e não lineares, variantes ou invariantes no tempo, SISO (*Single Input*) ou MIMO (*Multiple Input, Multiple Output*), e com a presença de condições iniciais diferentes de zero.

A seguir são apresentados exemplos de como as equações diferenciais lineares, e não lineares, podem ser resolvidas usando o *Simulink.*

a) Solução da Equação (5.21) com condições iniciais (0,0,0)

A solução da Equação (5.21), que representa um sistema não linear de 3ª ordem, para condições iniciais nulas e entrada u, do tipo degrau, pode ser obtida através do *Simulink*, conforme mostra a Figura 5.1:

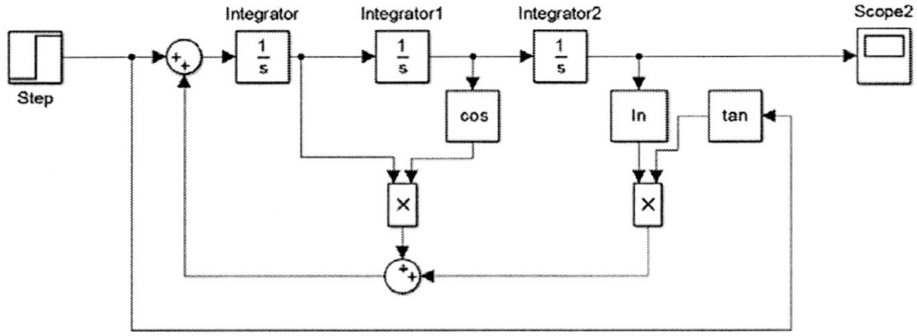

Figura 5.1- Diagrama *Simulink* para a solução da Equação (5.21).

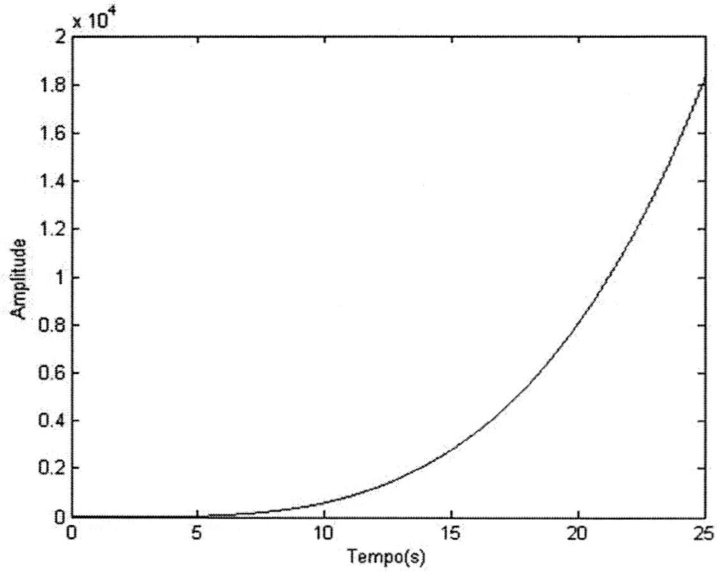

Figura 5.2- Solução da Equação (5.21).

A Figura 5.2 mostra a solução da Equação (5.21) para uma entrada degrau unitário e condições iniciais nulas. A simulação mostra que o sistema é instável no critério BIBO (Entrada Limitada, Saída Limitada), pois a saída para uma entrada limitada foi ilimitada.

b) Solução da Equação (5.25) com condições iniciais (0,1;0,1;0,1)

A solução da Equação (5.25), que representa um sistema linear de 3ª ordem, para condições iniciais nulas e entrada do tipo degrau, pode ser obtida através do *Simulink*, conforme mostra a Figura 5.3:

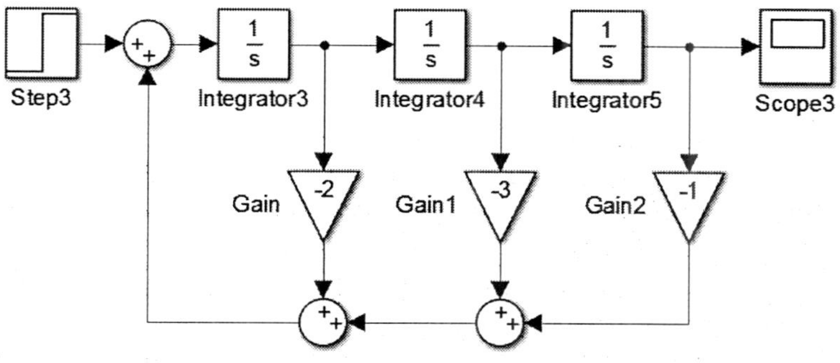

Figura 5.3- Diagrama *Simulink* para a solução da Equação (5.25).

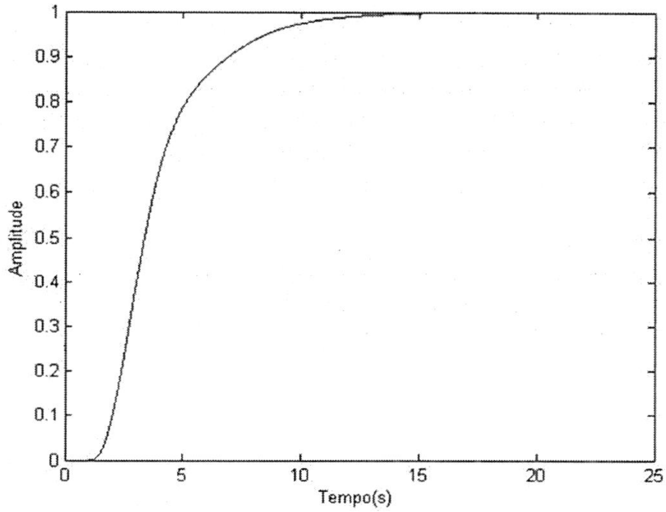

Figura 5.4- Solução da Equação (5.25).

A Figura 5.4 mostra a solução da Equação (5.25) para uma entrada degrau unitário e condições iniciais nulas. Pelo comportamento do sistema percebe-se que o sistema é estável. Para comprovar esse fato devemos calcular as raízes da equação característica da Equação (5.25), $s^3 + 2s^2 + 3s + 1 = 0$, que possuem parte real negativa, condição necessária e suficiente para um sistema linear e invariante no tempo, conforme tratado no Capítulo 1.

5.4 Exemplo de aplicação: simulação de um vaso separador

Para fins didáticos, foi simulado o vaso separador apresentado no Capítulo 2, representado pela Figura 2.14, e utilizando-se dos modelos representados nas Figuras 5.5, 5.6 e 5.7, implementadas na ferramenta *Matlab/Simulink*, para demonstrar o comportamento de tal vaso. Tendo como condições iniciais de nossa simulação os níveis dos tanques e as válvulas de saída do vaso separador inicialmente nulas. Como entradas foram usadas as vazões de água, óleo e gás, com valor inicial nulo e final em 541.000, 840.000 e 288.000, respectivamente. As soluções temporais dos níveis são apresentadas nas Figuras 5.8, 5.9 e 5.10:

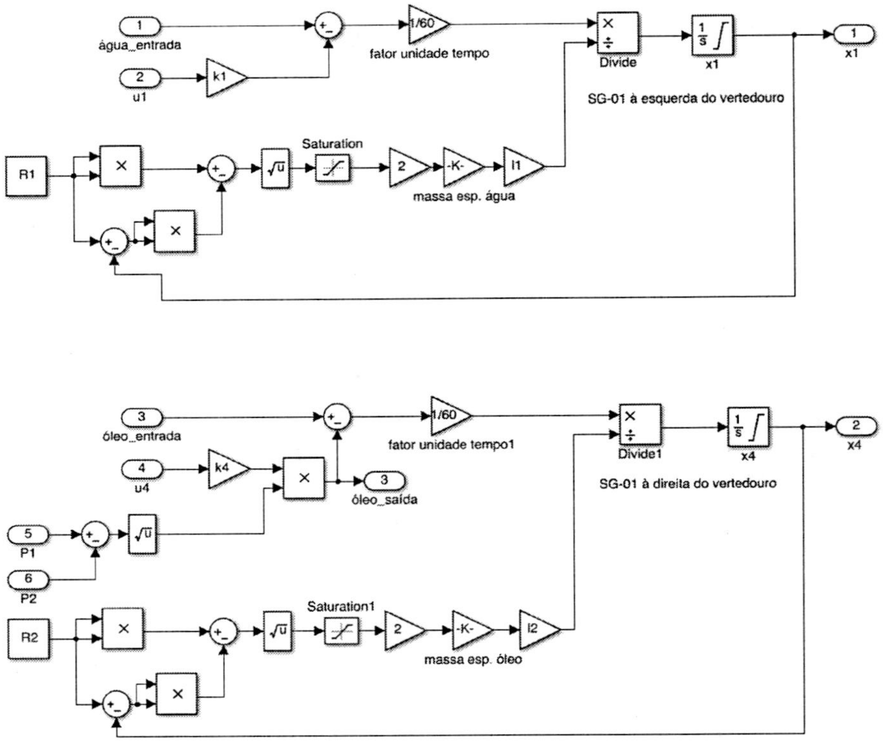

Figura 5.5: Separador de água SG-01.

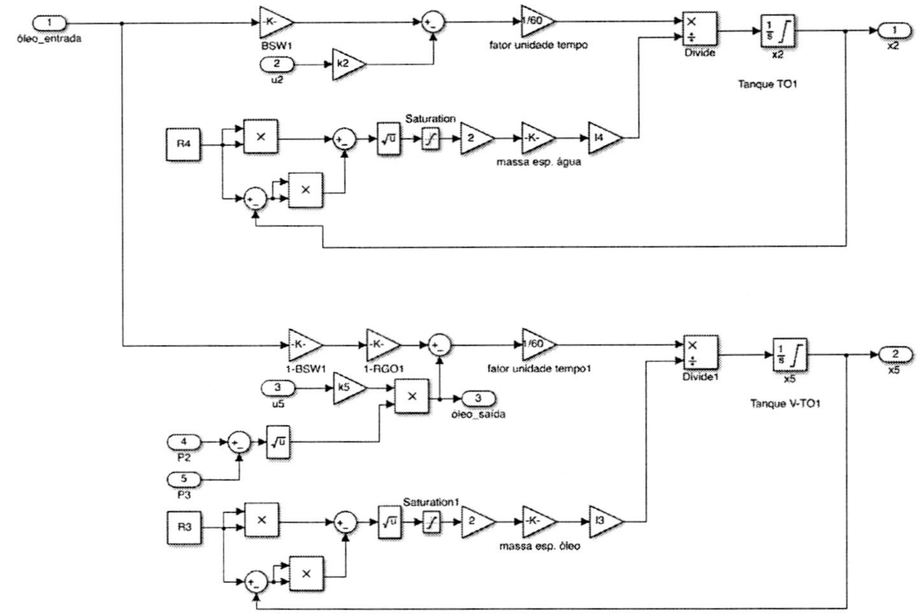

Figura 5.6: Tratador eletrostático TO1 e vaso separador de gás do TO1.

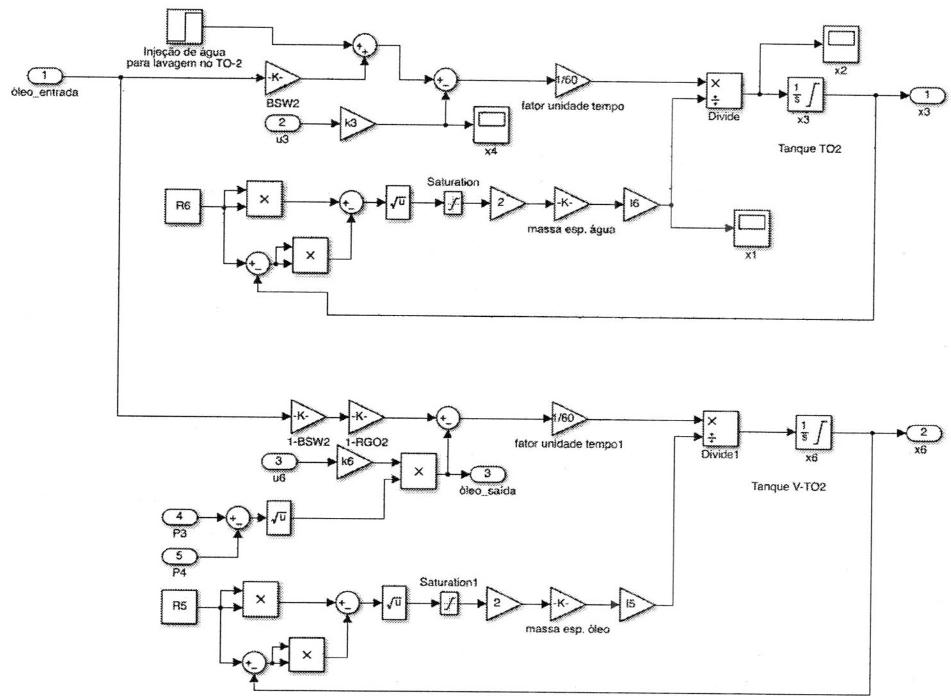

Figura 5.7: Tratador eletrostático TO2 e vaso separador de gás do TO2.

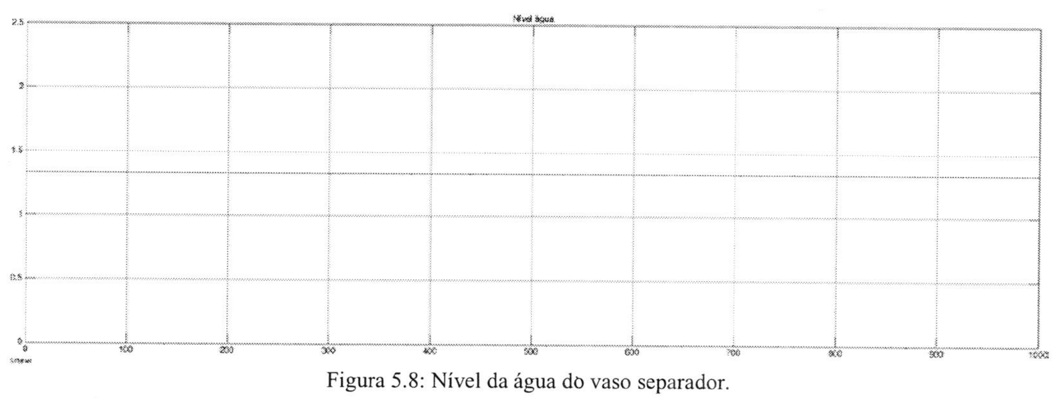

Figura 5.8: Nível da água do vaso separador.

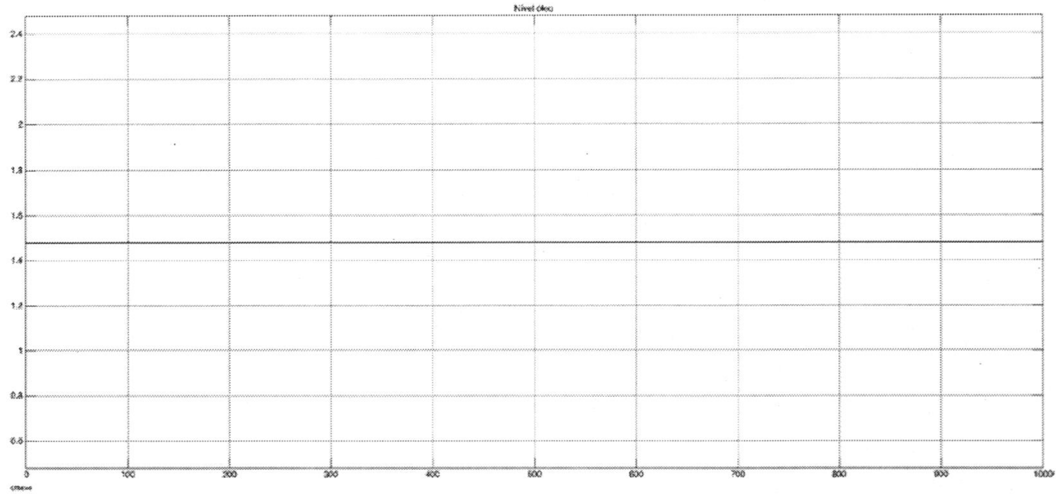

Figura 5.9: Nível do óleo do vaso separador.

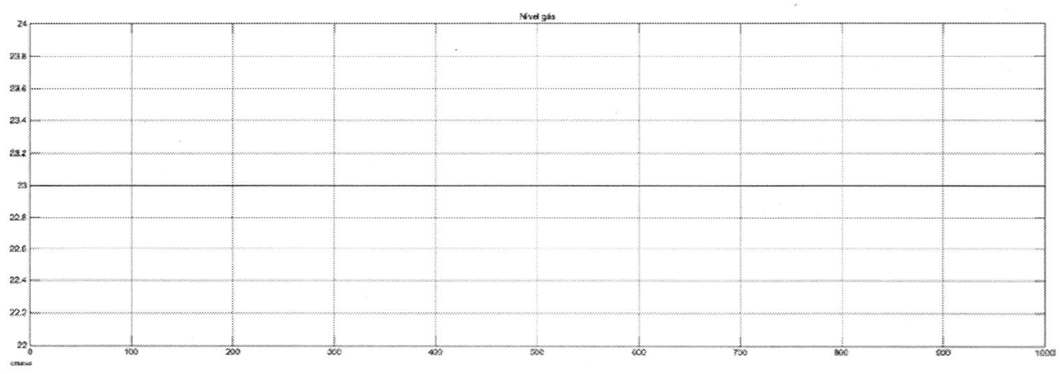

Figura 5.10: Nível do gás do vaso separador.

5.5 Conclusões

Este capítulo apresentou os principais métodos numéricos para a simulação computacional de sistemas dinâmicos, que nada mais é do que a solução numérica de uma equação diferencial de n-ésima ordem. Para tanto, existem vários métodos numéricos disponíveis, sendo a exatidão dependente do método e do passo de integração escolhidos. Os exemplos apresentados mostram como as simulações podem ser realizadas para a solução de equações diferenciais, tanto lineares, quanto não lineares. É importante destacar que a aderência das soluções numéricas dessas equações com a prática, ou seja, o quanto essas soluções aproximam-se do que ocorre em sistemas reais, depende não somente da exatidão dos métodos utilizados, mas também do processo de modelagem e das aproximações feitas na obtenção desses modelos.

A simulação de um sistema de processamento primário de petróleo de uma plataforma foi apresentada, baseada na modelagem realizada no Capítulo 2. A simulação desse sistema apresenta certo grau de complexidade e mau condicionamento numérico, que foram resolvidos com a escolha correta dos pontos de operação, dos métodos de simulação e dos passos de integração.

CAPÍTULO 6
CONTROLE ROBUSTO DE SISTEMAS LINEARES

6.1 Introdução – Sistemas Incertos

Muitas vezes, o modelo matemático de um sistema pode não representar precisamente sua dinâmica, por exemplo, através da simplificação de uma dinâmica complexa, ou mesmo devido à imprecisão no valor de alguns dos parâmetros físicos do sistema. Em diversas situações práticas, um sistema dinâmico pode sofrer alterações provocadas como, por exemplo, pela mudança de carga ou pela variação no tempo de alguns parâmetros do sistema (desgaste, consumo, alteração de inércia, etc.). Esta característica, incerta e/ou desconhecida do modelo, pode afetar o sistema de controle levando, possivelmente, a uma degradação do seu desempenho, ou até mesmo desestabilizando a planta. Genericamente, pode-se considerar que as incertezas do modelo se referem às diferenças ou erros entre o modelo matemático e o sistema real. Por exemplo, considera-se um parâmetro físico parcialmente conhecido por um parâmetro incerto dentro de um determinado conjunto admissível de valores. Em outras situações, pode-se modelar a dinâmica desconhecida como um ou mais operadores desconhecidos, mas limitados por uma variável de valor conhecido (Dullerud e Paganini, 2010) e (El-Ghaoui e Niculescu, 2000).

6.2 Descrição de Incertezas Paramétricas

Um sistema linear incerto pode ser descrito na forma de espaço de estados através da seguinte representação:

$$\begin{cases} \dot{x}(t) = A(\delta)x(t) + B(\delta)u(t) \\ y(t) = C(\delta)x(t) + D(\delta)u(t) \end{cases} \tag{6.1}$$

em que $x \in \Re^n$ é o vetor de estados, e $A(\delta)$, $B(\delta)$, $C(\delta)$ *e* $D(\delta)$ são funções matriciais do vetor de incertezas $\delta \in \Re^m$. A dependência das matrizes do sistema em função de δ pode assumir diversos graus de complexidade, dependendo de como os elementos dessas matrizes relacionam-se com as incertezas. Uma das formas mais utilizadas para representar a dependência das matrizes apresentadas em (6.1) é através de uma função afim em δ, isto é:

$$[A(\delta) \quad B(\delta) \quad C(\delta) \quad D(\delta)] = [A_0 \quad B_0 \quad C_0 \quad D_0] + \sum_{i=1}^{m} \delta_i\,[A_i \quad B_i \quad C_i \quad D_i] \tag{6.2}$$

em que A_i , B_i , C_i *e* D_i são matrizes constantes e conhecidas, para $i=0,1,...,m$, e δ_i é o i-ésimo elemento do vetor de incertezas δ.

Existem diversas formas de caracterização do conjunto admissível de incertezas de um sistema, sendo as mais utilizadas a representação por incerteza limitada em norma e a representação politópica (Leite et al, 2004) e (Trofino et al, 2005). A representação de um sistema com incertezas politópicas assume que os valores admissíveis da incerteza pertencem a um politopo. Um politopo pode ser definido como um conjunto fechado composto pela intersecção de q hiperplanos. Uma característica importante de um politopo é a convexidade, isto é, qualquer ponto no interior deste conjunto pode ser representado pela soma convexa de um número finito de pontos chamados de vértices do politopo. A Figura 6.1 apresenta uma representação gráfica de um politopo com *5* vértices formado pela intersecção de *5* hiperplanos:

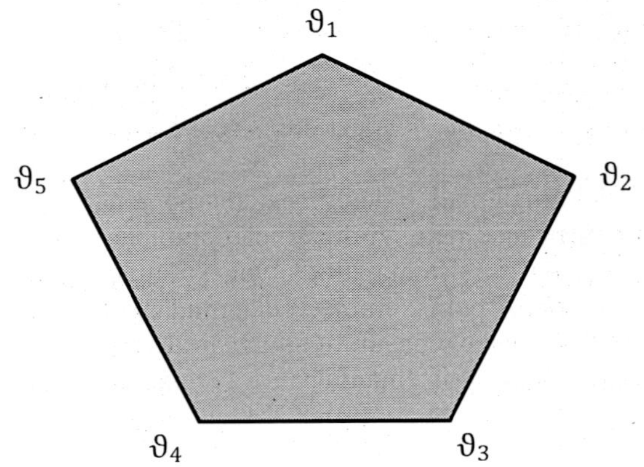

Figura 6.1: Conjunto politópico com vértices ϑ_i, para $i=1,....,5$.

Seja Δ o conjunto admissível do vetor de parâmetros incertos $\delta \in \Re^m$ representado na forma politópica. Então, Δ pode ser definido da seguinte forma:

$$\Delta = \{\delta \in \Re^m,\ \vartheta_i \in \Re^m, \alpha_i \in \Re \mid \delta = \textstyle\sum_{i=1}^{v} \alpha_i \vartheta_i\,,\ \sum_{i=1}^{v} \alpha_i = 1, \alpha_i \geq 0, i = 1, \dots, v\} \tag{6.3}$$

em que os vetores ϑ_i, para $i=1,....,v$, definem os v vértices do politopo Δ.

Outra maneira de caracterizar o conjunto admissível do vetor de incertezas é através de uma restrição em norma de uma matriz Θ contendo todas as incertezas. Por exemplo, considere uma matriz $M(\delta)$ incerta e afim em relação ao parâmetro δ, decomposta na seguinte forma:

$$M(\delta) = M_0 + M_\delta\,,\ M_\delta = \sum_{i=1}^{m} \delta_i M_i \tag{6.4}$$

Uma forma alternativa para representação da expressão (6.4) pode ser obtida rescrevendo a parte relacionada às incertezas na forma:

$$M_\delta = E\Theta H,\ \forall\Theta\colon \|\Theta\| \leq 1 \tag{6.5}$$

em que E e H são matrizes constantes que indicam como o vetor de incertezas δ afeta os elementos da matriz M_δ, sendo Θ uma matriz contendo todas as incertezas, satisfazendo a restrição $\|\Theta\| \leq 1$. Utilizando a representação (6.5), pode-se caracterizar o conjunto admissível de incertezas Δ através de um conjunto no espaço das matrizes conforme a seguinte definição:

$$\Delta = \{ M \in \Re^{nxn} : M(\delta) = M_0 + E\Theta H, \ \|\Theta\| \leq 1 \} \quad (6.6)$$

Uma característica importante da representação por limitação em norma é a possibilidade de rescrevermos um sistema linear incerto através de um sistema realimentado, composto por um sistema linear sem incerteza e uma realimentação envolvendo a matriz Θ, como definido a seguir:

$$\begin{cases} \dot{x}(t) = Ax(t) + B_u u(t) + Ep(t) \\ q(t) = C_q x(t) + D_q u(t) + E_p x(t) \\ y(t) = C_y x(t) + D_y u(t) + E_y p(t) \\ p(t) = \Theta q(t), \ \|\Theta\| \leq 1 \end{cases} \quad (6.7)$$

O sistema acima pode ser representado como ilustrado na Figura 6.2, cuja matriz de incertezas Θ aparece na realimentação.

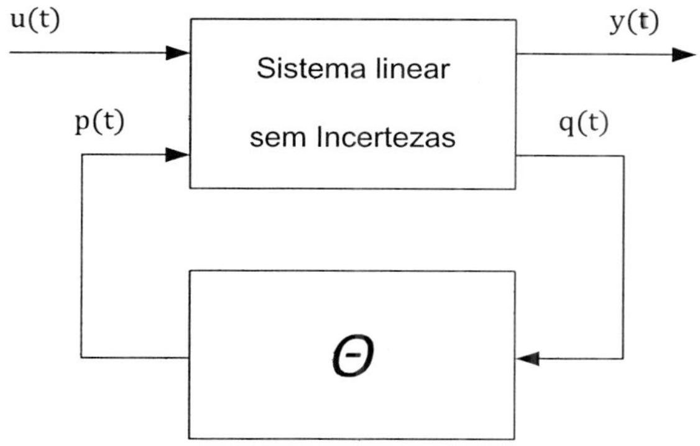

Figura 6.2: Diagrama de blocos de um sistema LTI (linear invariante no tempo) realimentado pela matriz de incertezas Θ.

A decomposição do sistema, conforme apresentado na Figura 6.2, é chamada de *LFT (*do termo em Inglês *Linear Fractional Transformation).* Nesta representação de sistemas incertos, a limitação em norma da matriz Θ é vista como uma restrição adicional ao problema de análise de estabilidade. A matriz Θ pode assumir uma determinada estrutura (por exemplo, Θ diagonal), ou não. Quando a estrutura da matriz Θ é livre, diz-se que a incerteza é não estruturada, caso contrário, diz-se que a incerteza é estruturada.

Exemplo 6.1:

De forma a exemplificar a representação de sistemas lineares incertos através das abordagens politópica e limitada em norma, será considerado o sistema de controle de nível de dois tanques acoplados como apresentado na Figura 6.3.

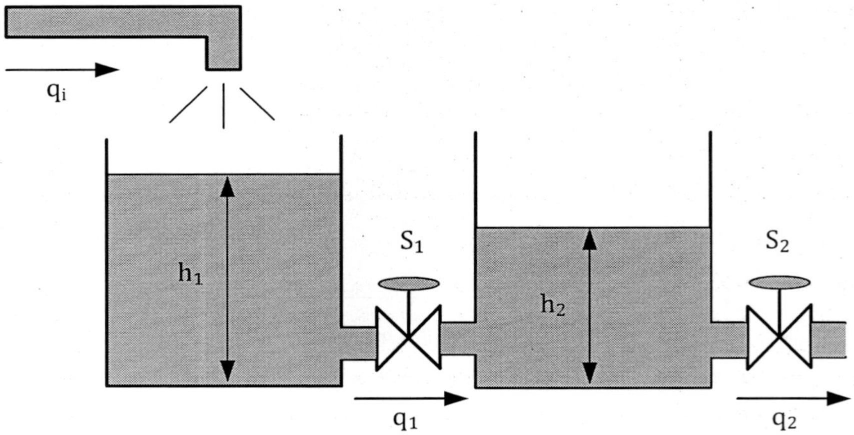

Figura 6.3: Representação de um processo de controle de nível com tanques acoplados.

Nesse processo, o objetivo é a regulação dos níveis das colunas de líquido em cada um dos tanques, h_1 e h_2 *[m]*. Admitindo que os tanques sejam cilíndricos com áreas da base constantes, A_1 e A_2 $[m^2]$, as vazões q_1 e q_2 $[m^3/s]$ podem ser representadas por relações não lineares das alturas das colunas de líquido em cada um dos tanques, apresentadas nas equações abaixo:

$$q_1 = sgn(h_1 - h_2)\, c_1\sqrt{g|h_1 - h_2|}$$
$$q_2 = c_2\sqrt{gh_2} \tag{6.8}$$

em que $sgn(h)$ representa a função sinal, c_1 e c_2 são constantes expressas em $[m^2]$ e g é a constante de aceleração gravitacional em $[m/s^2]$. Tais relações podem ser aproximadas de forma linear, se for considerado que as alturas das colunas de líquido sofrem pequenas variações no entorno de um ponto de operação $(\overline{H}_1, \overline{H}_2)$, ou se os fluxos q_1 e q_2 apresentarem um comportamento laminar. Satisfeitas estas condições, as equações em (6.8) podem ser rescritas na seguinte forma:

$$q_1 = \frac{h_1 - h_2}{R_1} \tag{6.9}$$

$$q_2 = \frac{h_2}{R_2} \tag{6.10}$$

sendo os parâmetros R_1 e R_2 expressos em $[s/m^2]$ e representando a razão entre a diferença das alturas das colunas de líquido e as vazões nas respectivas válvulas S_1 e S_2. Tal relação também pode ser interpretada como sendo a resistência das válvulas aos fluxos q_1 e q_2 (isto é, resistências fluidicas). No caso de um comportamento turbulento, R_1 e R_2 são funções do ponto de operação definido para regulação das alturas das colunas de líquido em cada um dos tanques.

Uma vez que a variação no volume de líquido em cada um dos tanques é igual à diferença entre as vazões de entrada e saída dos respectivos tanques, sendo q_i a vazão aplicada ao primeiro tanque, obtém-se as seguintes equações dinâmicas das alturas das colunas de líquido em cada um dos tanques, considerando a notação apresentada na Figura 6.3:

$$\frac{dV_1(t)}{dt} = A_1\frac{dh_1(t)}{dt} = q_i(t) - q_1(t) \tag{6.11}$$

$$\frac{dV_2(t)}{dt} = A_2\frac{dh_2(t)}{dt} = q_1(t) - q_2(t) \tag{6.12}$$

Considerando as relações apresentadas em (6.9) e (6.10), obtêm-se as seguintes equações diferenciais que representam o comportamento dinâmico das alturas das colunas de líquido em cada um dos tanques (precisamente, no caso turbulento, representam a dinâmica da variação das colunas de líquido no entorno do ponto de operação):

$$\frac{dh_1(t)}{dt} = -\frac{1}{A_1R_1}h_1(t) + \frac{1}{A_1R_1}h_2(t) + \frac{1}{A_1}q_i(t) \tag{6.13}$$

$$\frac{dh_2(t)}{dt} = \frac{1}{A_2R_1}h_1(\mathrm{t}) - \frac{(R_1 + R_2)}{A_2R_1R_2}h_2(\mathrm{t}) \tag{6.14}$$

Supondo um escoamento turbulento, os parâmetros R_1 e R_2, funções dos pontos de operação das colunas de líquido nos dois tanques, podem ser descritos como parâmetros incertos do modelo. Por exemplo, sejam δ_1 e δ_2 parâmetros incertos representando as variações de $1/R_1$ e $1/R_2$, respectivamente, e seja $y(t)$ a altura da coluna de líquido no primeiro tanque. Então, as matrizes $A(\delta)$, $B(\delta)$, $C(\delta)$ e $D(\delta)$ da representação no espaço de estados em (6.13) e (6.14) são definidas na seguinte forma:

$$A(\delta) = \begin{bmatrix} -\frac{\bar{\delta}_1}{A_1} & \frac{\bar{\delta}_1}{A_1} \\ \frac{\bar{\delta}_1}{A_2} & -\frac{\bar{\delta}_1 + \bar{\delta}_2}{A_2} \end{bmatrix} + \delta_1\begin{bmatrix} -\frac{1}{A_1} & \frac{1}{A_1} \\ \frac{1}{A_2} & -\frac{1}{A_2} \end{bmatrix} + \delta_2\begin{bmatrix} 0 & 0 \\ 0 & -\frac{1}{A_2} \end{bmatrix} \tag{6.15}$$

$$B = \begin{bmatrix} \frac{1}{A_1} \\ 0 \end{bmatrix}, C = [1 \quad 0],\ D = 0, \delta = \begin{bmatrix} \delta_1 \\ \delta_2 \end{bmatrix}, \delta_i = \frac{1}{R_i}, i = 1,2, \tag{6.16}$$

sendo $\bar{\delta}_1$ e $\bar{\delta}_2$ os valores de δ_1 e δ_2 no ponto de operação, respectivamente.

As matrizes apresentadas em (6.15) e (6.16) são adequadas para a representação de sistemas lineares incertos na forma politópica. Por exemplo, supondo que $|\delta_i| \leq 1$, $i = 1,2$, os vértices do politopo Δ, como definido em (6.3), são dados por:

$$\vartheta_1 = \begin{bmatrix} 1 \\ -1 \end{bmatrix}, \vartheta_2 = \begin{bmatrix} 1 \\ 1 \end{bmatrix}, \vartheta_3 = \begin{bmatrix} -1 \\ 1 \end{bmatrix}, \vartheta_4 = \begin{bmatrix} -1 \\ -1 \end{bmatrix}. \tag{6.17}$$

Esse sistema também pode ser representado empregando a formulação por limitação em norma, apresentada em (6.4) e (6.5). Por exemplo, seja $A(\delta) = A_0 + A_\delta$ com $A_\delta = E\Theta H$. Então, a matriz A_δ pode ser definida pelas seguintes matrizes:

$$E = \begin{bmatrix} \frac{1}{A_1} & 0 \\ -\frac{1}{A_2} & -\frac{1}{A_2} \end{bmatrix}, \Theta = \begin{bmatrix} \delta_1 & 0 \\ 0 & \delta_2 \end{bmatrix}, H = \begin{bmatrix} -1 & 1 \\ 0 & 1 \end{bmatrix}, \tag{6.18}$$

com $\|\Theta\| \leq 1$.

6.3 Estabilidade de Sistemas Dinâmicos Incertos

A avaliação da estabilidade de sistemas dinâmicos incertos é tema fundamental, tanto para análise, quanto para síntese de controladores aplicados a esta classe de sistemas, sejam eles de natureza não linear ou linear, variantes ou invariantes no tempo. A ferramenta fundamental para este tipo de análise se baseia no conceito de estabilidade de Lyapunov, como apresentado a seguir.

6.3.1 Estabilidade por Lyapunov

Basicamente, a teoria de Lyapunov compreende dois métodos: o indireto e o direto. O método indireto utiliza a aproximação linear do sistema em um determinado ponto de equilíbrio a fim de determinar a estabilidade local do sistema original em uma região próxima a este ponto de equilíbrio. Este método demonstra como utilizar as técnicas de análise para sistemas dinâmicos lineares para sistemas com dinâmica não linear (Slotine e Li, 1991).

O método direto de Lyapunov utiliza uma função escalar dos estados do sistema, chamada de função de Lyapunov, para analisar a estabilidade do sistema. Este método é uma poderosa ferramenta para análise de sistemas não lineares, e pode ser utilizado para determinar a estabilidade de sistemas forçados ou não forçados, lineares ou não lineares, variantes ou invariantes no tempo, e determinísticos ou estocásticos. Originalmente, o método direto de Lyapunov foi fundamentado na análise da energia no ponto de equilíbrio de um sistema através da seguinte ideia: dado um sistema não forçado, com uma certa energia interna inicial, se a energia $V(x)$ (isto é, a função de Lyapunov) deste sistema tender a zero para um tempo tendendo ao infinito, então o ponto de equilíbrio deste sistema é dito ser assintoticamente estável.

Para formalizar tal ideia, considera-se que a função de Lyapunov $V(x)$ é uma métrica da norma dos estados do sistema, isto é, $\|x(t)\|^2 \leq \varepsilon V(x)$, para todo $t \geq 0$, com $\varepsilon \in \Re^+$. Se a norma dos estados em relação ao ponto de equilíbrio tender a zero quando o tempo tender ao infinito, então, o ponto de equilíbrio do sistema é caracterizado como assintoticamente estável. Portanto, o problema de análise de estabilidade da origem, consiste na busca de uma função escalar (denominada de função candidata a Lyapunov) que seja decrescente para todo $t \geq 0$. Desta forma, busca-se uma função candidata a Lyapunov que seja definida positiva e estritamente decrescente (isto é, com taxa de variação negativa definida) para cada estado possível pertencente à região sob análise, exceto para o ponto de equilíbrio do sistema.

Quando um sistema linear é estável, ele é estável para qualquer condição inicial, portanto, a estabilidade de sistemas lineares tem uma característica global. No caso de sistemas não lineares, não se pode afirmar o mesmo, pois existem sistemas para os quais as trajetórias dos estados tendem ao ponto de equilíbrio, se a condição inicial estiver próxima a esse ponto. Desta forma, a análise de estabilidade de um sistema não linear depende do ponto de equilíbrio de interesse, que pode ser global ou local. Quando a caracterização de estabilidade é global ou local, denomina-se o ponto de equilíbrio também como sendo de natureza global ou local, respectivamente.

Se o ponto de equilíbrio for localmente estável, a região que atrai os estados do sistema para o ponto de equilíbrio sob análise é chamada de região de atração deste ponto de equilíbrio. Nestes casos, frequentemente, deseja-se obter uma estimativa desta região, sendo possível utilizar uma curva de nível da função de Lyapunov (denominada de domínio de Lyapunov), como definido abaixo:

$$R(c) = \{x|V(x) \leq c,\ c > 0\} \tag{6.19}$$

para estimar a região de atração, conforme ilustrado na Figura 6.4, sendo c um parâmetro tal que $\frac{dV(x)}{dt} = \dot{V}(x) < 0, \forall\, x \in R(c), x \neq 0$.

Apresenta-se na sequência, alguns conceitos referentes a definição de pontos de equilíbrio e estabilidade por Lyapunov, como proposto em (Khalil, 2002).

Definição 6.1 *(Ponto de equilíbrio) – Seja o seguinte sistema não linear invariante no tempo:*

$$\dot{x} = f(x), f: X \rightarrow \Re^n, X \subseteq \Re^n \tag{6.20}$$

O ponto $x_e \in X$ *é um ponto de equilíbrio do sistema se* $f(x_e) = 0$.

O ponto de equilíbrio é um ponto da função $f(x)$ no qual a derivada dos estados é nula. Se um sistema não forçado, tiver como estado inicial o próprio ponto de equilíbrio ($x(0) = x_e$), ele permanecerá neste estado indefinidamente.

Por conveniência, nos resultados apresentados a seguir, supõe-se, sem perda de generalidade, que o ponto de equilíbrio em análise é a origem do sistema (Khalil, 2002).

Definição 6.2 (Estabilidade) – *Considere o sistema definido em (6.20). O ponto de equilíbrio* $x_e = 0$ *é estável para qualquer* $\varepsilon > 0$ *se existir um escalar* $d(\varepsilon) > 0$ *tal que todas as soluções* $x(t)$ *com condições iniciais* $x(0)$ *satisfaçam:*

$$\|x(0)\| < d(\varepsilon) \Rightarrow \|x(t)\| < \varepsilon, \forall t \geq 0 \tag{6.21}$$

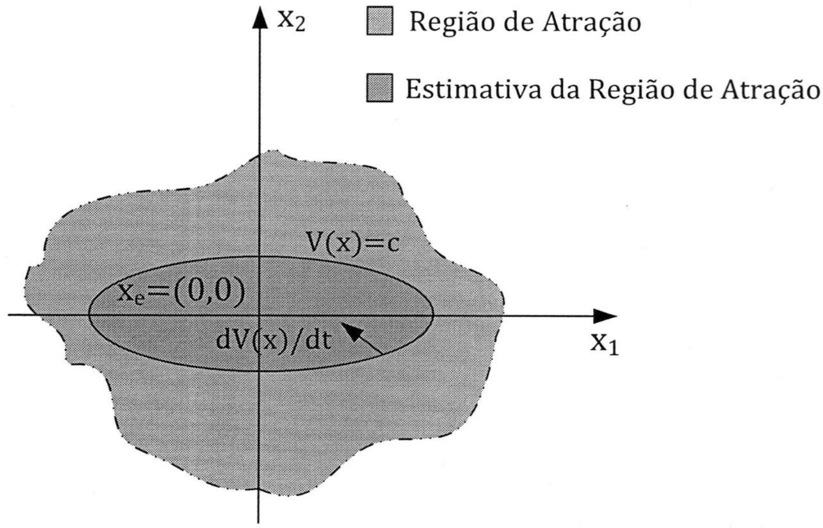

Figura 6.4: Domínio de Lyapunov utilizado para estimar a região de atração do ponto de equilíbrio $x_e = (0,0)$.

O conceito de estabilidade proposto na Definição 6.2, implica que a trajetória dos estados do sistema permanece contida dentro de uma bola $B(\varepsilon) = \{x \in \Re^n : (x - x_e)^T(x - x_e) = \varepsilon^2\}$, com raio ε e centrada no ponto de equilíbrio x_e, sempre que a condição inicial desta trajetória estiver contida dentro de uma bola $B(d) = \{x \in \Re^n : (x - x_e)^T(x - x_e) = d^2\}$ de raio d e centrada em x_e.

Definição 6.3 (Estabilidade Assintótica) – *A origem do sistema definido em (6.20) é assintoticamente estável se forem satisfeitas as condições estabelecidas na Definição 6.2, e se sua trajetória $x(t)$ tender a zero quando o tempo tender ao infinito. Um sistema é globalmente assintoticamente estável quando possuir um único ponto de equilíbrio x_e e os estados tenderem para este ponto para qualquer condição inicial $x(0) \in \Re^n$.*

Os conceitos apresentados nas *Definições 6.2 e 6.3* são ilustrados na Figura 6.5, na qual a curva em azul ilustra a trajetória dos estados na vizinhança de um ponto de equilíbrio x_e estável, e a curva em vermelho representa a trajetória dos estados para um sistema em que x_e é assintoticamente estável.

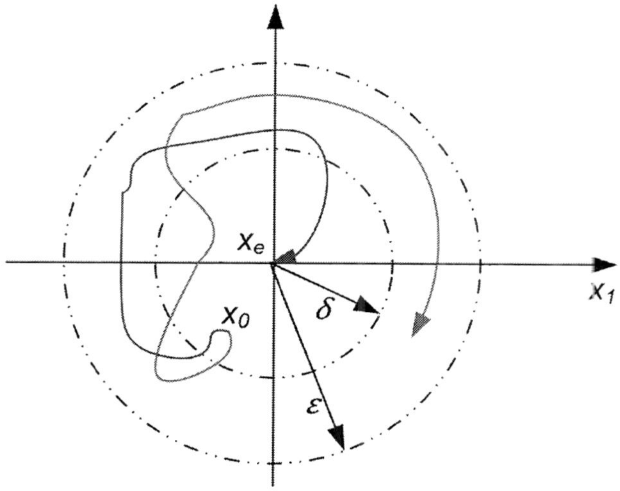

Figura 6.5: Trajetórias dos estados na vizinhança de um ponto de equilíbrio x_e estável (azul) e assintoticamente estável (vermelho).

Definição 6.4 (Estabilidade Exponencial) – *A origem do sistema definido em (6.20) é exponencialmente estável, com taxa de convergência (ou decaimento exponencial) $\alpha > 0$, se existirem constantes $\beta > \varepsilon$, com $\varepsilon > 0$, tal que:*

$$\|x(t)\| < \beta e^{-\alpha t}\, \|x(0)\|, \forall\, \|x(0)\| \le \varepsilon, t \ge 0 \tag{6.22}$$

Um resultado importante da teoria de estabilidade por Lyapunov estabelece que todo o sistema não linear, cuja aproximação linear no entorno do ponto de equilíbrio é assintoticamente estável nas vizinhanças desse ponto de equilíbrio, é localmente exponencialmente estável (Khalil, 2002), pois todo o sistema linear assintoticamente estável apresenta características de estabilidade exponencial.

Antes de caracterizar-se matematicamente o conceito de estabilidade por Lyapunov, considere as seguintes definições:

Definição 6.5 (Função Definida Positiva) – *Uma função contínua e diferenciável $V: \Re^n \to \Re$ é chamada definida positiva em uma região $X \subseteq \Re^n$ contendo a origem, se*

$$V(x) > 0, \forall x \in X, x \neq 0, V(0) = 0. \tag{6.23}$$

Definição 6.6 (Função Semi-definida Positiva) – *Uma função contínua e diferenciável $V: \Re^n \to \Re$ é chamada de semi-definida positiva em uma região $X \subseteq \Re^n$ contendo a origem, se*

$$V(x) \ge 0, \forall x \in X, V(0) = 0. \tag{6.24}$$

A seguir, apresenta-se o resultado principal da teoria de estabilidade por Lyapunov, conhecido como método direto de Lyapunov, na qual se verifica a estabilidade da origem de um sistema dinâmico através da função de Lyapunov, como proposto em (Khalil, 2002).

Teorema 6.1 (Estabilidade por Lyapunov) – *Considere o sistema definido em (6.20). Se existir uma função* $V: X \to \Re, X \subseteq \Re^n$, *definida positiva tal que sua derivada temporal, expressa por:*

$$\dot{V}(x) = \sum_{i=1}^{n} \frac{\partial V}{\partial x} \dot{x}_i = \sum_{i=1}^{n} \frac{\partial V}{\partial x} f_i(x) = \frac{\partial V(x)}{\partial x} f(x) \tag{6.25}$$

seja semi-definida negativa no domínio X, isto é: $\dot{V}(x) \leq 0, \forall x \in X$, *então, a origem do sistema é estável. Além disso, se* $\dot{V}(x) < 0, \forall x \in X$, *então a origem do sistema é assintoticamente estável.*

Um dos grandes atrativos em utilizar o método direto de Lyapunov é que ele pode ser aplicado em praticamente todos os sistemas dinâmicos com campo vetorial suave. A seguir, apresenta-se uma extensão desse método para sistemas variantes no tempo, considerando o conceito de estabilidade exponencial.

Teorema 6.2 (Estabilidade Exponencial por Lyapunov) – *Considere o seguinte sistema não linear variante no tempo:*

$$\dot{x} = f(t, x), f: \Re \; x \; X \to \Re^n, X \subseteq \Re^n \tag{6.26}$$

Se existir uma função $V: \Re \; x \; X \to \Re, \; X \subseteq \Re^n$, *e escalares positivos* $\varepsilon_1, \varepsilon_2$ *e* ε_3 *tais que:*

$$\left.\begin{array}{c} \varepsilon_1 \|x\|_2^2 \leq V(t, x) \leq \varepsilon_2 \|x\|_2^2 \\ \dot{V}(t, x) \leq -\varepsilon_3 \|x\|_2^2 \end{array}\right\} \forall x \in X, x \neq 0. \tag{6.27}$$

Então, a origem do sistema é localmente exponencialmente estável. Além disso, seja c *um escalar positivo tal que* $R(c)$, *como definida em (6.19), esteja contida em* X. *Então, a trajetória* $x(t)$ *satisfaz (6.22) para todo* $x(0) \in R(c)$.

6.3.2 Função de Lyapunov Quadrática

Uma das dificuldades na análise de estabilidade por Lyapunov é determinar uma função de Lyapunov adequada que permita concluir sobre a estabilidade do sistema sob análise. Por exemplo, seja $V(x)$ uma função definida positiva. Se a derivada temporal de $V(x)$ não possuir sinal definido, então nada se pode afirmar sobre a estabilidade do sistema dinâmico.

Uma forma de contornar esse problema é definindo uma estrutura para a função de Lyapunov, onde são permitidos alguns graus de liberdade, os quais podem ser determinados de maneira a garantir que a derivada temporal da função de Lyapunov seja negativa e, portanto, demonstrando a estabilidade do sistema dentro da região de interesse.

Uma das funções candidata a função de Lyapunov mais utilizadas na literatura é a função quadrática. Esta função apresenta uma boa relação entre esforço computacional na definição do sinal de $\dot{V}(x)$ e conservadorismo, principalmente quando aplicada a sistemas lineares incertos, variantes (ou invariantes) no tempo. Uma função de Lyapunov quadrática pode ser definida através da seguinte forma (Boyd et al, 1994):

$$V(x) = x^T P x = \textstyle\sum_{i=1}^{n} \sum_{j=1}^{n} p_{ij} x_i x_j \; , \; P = P^T, \tag{6.28}$$

em que $P \in \Re^{nxn}$ é uma matriz simétrica com elementos p_{ij}, e x_i e x_j são elementos do vetor de estado x. Uma das formas de determinar a estabilidade por Lyapunov é determinar, numericamente, uma matriz P simétrica e definida positiva tal que $\dot{V}(x) = 2x^T P\dot{x} < 0$. Uma matriz simétrica é chamada de definida positiva se todos os seus autovalores forem positivos (ou $P > 0$). A forma quadrática $V(x) = x^T Px$ é definida positiva para todo $x \in \Re^n, x \neq 0$ se e somente se $P > 0$ (Boyd et al, 1994).
Para exemplificar a ideia acima, considere o seguinte sistema *LTI* (linear invariante no tempo):

$$\dot{x}(t) = Ax(t), x \in \Re^n, x(0) = x_0 \tag{6.29}$$

Seja $V(x)$ uma função candidata a Lyapunov como definida em (6.28). Considerando (6.29), a derivada temporal de $V(x)$ pode ser escrita na seguinte forma:

$$\begin{aligned} \dot{V}(x) &= 2\dot{x}^T Px = \dot{x}^T Px + x^T P\dot{x} \\ &= (Ax)^T Px + x^T P(Ax) \\ &= x^T A^T Px + x^T PAx \\ &= x^T (A^T P + PA)x \end{aligned} \tag{6.30}$$

Note que $V(x)$ e $\dot{V}(x)$ são formas quadráticas. Logo, o sistema linear em (6.29) é assintoticamente estável se e somente se:

$$\begin{aligned} P = P^T > 0 &\Rightarrow V(x) > 0 \\ A^T P + PA < 0 &\Rightarrow \dot{V}(x) < 0 \end{aligned} \tag{6.31}$$

ou, em outras palavras, se existir uma matriz simétrica P definida positiva, tal que a matriz $-(A^T P + PA)$ seja definida positiva (ou de maneira equivalente se $A^T P + PA$ for definida negativa).
A desigualdade em (6.31) pode ser numericamente resolvida através de uma relação de igualdade, como apresentado em (6.32) e conhecida como equação de Lyapunov:

$$A^T P + PA = -Q \tag{6.32}$$

sendo $Q \in \Re^{n\,x\,n}$ uma dada matriz simétrica e definida positiva. Se existir uma solução P definida positiva para a equação (6.32), então o sistema (6.29) é assintoticamente estável. Entretanto, existem pacotes computacionais capazes de resolver diretamente desigualdades matriciais na forma apresentada a seguir:

$$\exists P = P^T > 0 \mid A^T P + PA < 0 \tag{6.33}$$

em que P é uma variável de busca e as desigualdades são restrições do problema. Na sequência, serão formalizadas equações de maneira semelhante àquela apresentada em (6.33), denominadas desigualdades matriciais lineares (ou LMIs do termo em inglês *Linear Matrix Inequalities*).

6.4 Formulação por Desigualdades Matriciais Lineares - *LMIs*

As condições de estabilidade por Lyapunov são de difícil solução analítica quando utilizadas na análise de estabilidade de sistemas incertos, variantes no tempo e não lineares. Portanto, em grande parte das aplicações, busca-se uma solução numérica para as condições de estabilidade de Lyapunov. Uma das formulações do problema mais empregadas na teoria de sistemas robustos (e que permite uma solução numérica) é conhecida por desigualdades matriciais lineares – LMIs. Nesta formulação, as variáveis de decisão são matrizes que aparecem de forma linear no problema de controle como, por exemplo, na condição de estabilidade apresentada em (6.33), sendo $P > 0$ a variável de decisão (que aparece de forma linear na desigualdade matricial). Esta formulação possui grande flexibilidade e pode ser aplicada em uma grande diversidade de problemas de controle. Entre as principais características desta formulação destacam-se:

1. O conjunto das soluções de uma LMI é convexo;
2. Várias restrições na forma LMI podem ser reescritas como uma única restrição LMI;
3. Existem vários pacotes computacionais eficientes dedicados à edição de problemas na forma LMI (denominados também de *Parsers como,* por exemplo, o Yalmip (Löfberg, 2004)) e resolução numérica de problemas nesta mesma forma (conhecidos também como *Solvers* como, por exemplo, SeDuMi (Sturm,1999) e SDPT3 (Toh et al, 1999)).

Uma consequência direta das propriedades acima se refere ao teste de estabilidade apresentado em (6.33) para a análise de estabilidade de sistemas incertos variantes no tempo, conforme representado na equação (6.1). Esta condição pode ser verificada diretamente através dos pacotes computacionais acima citados. Por exemplo, considere um sistema incerto na forma $\dot{x} = A(\delta)x$, em que $A(\delta)$ é uma matriz afim no parâmetro $\delta \in \Delta$, sendo Δ um politopo com vértices conhecidos. Observe que para testar a estabilidade deste sistema, busca-se como variável de decisão a matriz *P*, que aparece de forma linear na desigualdade matricial:

$$A(\delta)^T P + PA(\delta) < 0 \tag{6.34}$$

Como a condição acima é uma LMI, por convexidade, esta condição é satisfeita para todo $\delta \in \Delta$, se existir uma matriz $P = P^T > 0$ que satisfaz simultaneamente a LMI em (6.34) para todo $\delta = \vartheta_i$, $i=1,....,v$, sendo ϑ_i os vetores que definem os *v* vértices do politopo Δ. Em outras palavras:

$$\exists P = P^T > 0 : \; A(\vartheta_i)^T P + PA(\vartheta_i) < 0, \forall i = 1, \dots, v.$$

6.4.1 Definição Formal de uma LMI

Uma LMI é definida formalmente como uma desigualdade matricial do tipo $F(g)$, na qual $F(g): \Re^m \rightarrow \Re^{qxq}$ é uma matriz simétrica e afim nas variáveis de busca, que são representadas pelo vetor $g \in \Re^m$. Desta forma, uma *LMI* pode ser genericamente representada na seguinte forma:

$$F(g) := F_0 + \sum_{i=1}^{m} g_i F_i > 0 \text{ , onde } g = \begin{bmatrix} g_1 \\ \vdots \\ g_m \end{bmatrix} \tag{6.35}$$

sendo $F_0, F_1, \dots, F_m$ matrizes simétricas conhecidas com dimensões apropriadas.

De forma a exemplificar a representação de um problema na forma (6.35), considere o sistema linear apresentado em (6.29), cuja estabilidade será garantida desde que sejam satisfeitas as condições estabelecidas em (6.31), em que uma das desigualdades matriciais é $A^TP + PA < 0$. Admitindo

$$A = \begin{bmatrix} a_1 & a_2 \\ a_3 & a_4 \end{bmatrix} \text{ e } P = P^T = \begin{bmatrix} p_1 & p_2 \\ p_2 & p_3 \end{bmatrix} \tag{6.36}$$

tem-se a seguinte relação:

$$A^TP + PA = \begin{bmatrix} a_1p_1 + a_3p_2 & a_1p_2 + a_3p_3 \\ a_2p_1 + a_4p_2 & a_2p_2 + a_4p_3 \end{bmatrix} + \begin{bmatrix} a_1p_1 + a_3p_2 & a_2p_1 + a_4p_2 \\ a_1p_2 + a_3p_3 & a_2p_2 + a_4p_3 \end{bmatrix} \tag{6.37}$$

que também pode ser representada na forma (6.35) com as seguintes definições:

$$F_0 = \begin{bmatrix} 0 & 0 \\ 0 & 0 \end{bmatrix},\ F_1 = -\begin{bmatrix} 2a_1 & a_2 \\ a_2 & 0 \end{bmatrix}, F_2 = -\begin{bmatrix} 2a_3 & a_1 + a_4 \\ a_1 + a_4 & 2a_2 \end{bmatrix}, F_3 = -\begin{bmatrix} 0 & a_3 \\ a_3 & 2a_4 \end{bmatrix} \tag{6.38}$$

e $g^T = [p_1 \quad p_2 \quad p_3]$.

Nota-se, na representação (6.35), que as matrizes $F_0, F_1, \ldots, F_m$ são dadas e $g_1, \ldots, g_m$ são variáveis escalares a serem determinadas de forma a satisfazer a desigualdade. Quando existir uma solução g satisfazendo $F(g) > 0$, diz-se que a LMI é factível. No entanto, como observado na desigualdade $A^TP + PA < 0$, as variáveis de decisão são geralmente matrizes em uma *LMI* e dificilmente o problema de interesse se encontrará na forma genérica afim definida em (6.35), representação utilizada pela maioria dos pacotes computacionais dedicados a solução de LMIs (*Solvers*). Contudo, sempre é possível reescrever as variáveis de decisão matriciais em variáveis escalares, conforme exemplificado em (6.37) e (6.38). A translação entre as duas representações é feita por programas dedicados denominados *Parsers* (Löfberg, 2004), que traduzem o problema *LMI* para a formulação genérica, e também servem como uma interface para os *Solvers* SeDuMi (Sturm,1999) e SDPT3 (Toh et al, 1999).

A seguir, apresentam-se diversas ferramentas de álgebra matricial e que são bastante utilizadas na obtenção de formulações LMIs para diversos problemas na teoria de controle.

6.4.2 Complemento de Schur

Algumas desigualdades matriciais são não lineares nas variáveis de decisão. Em algumas situações, tais desigualdades podem ser reescritas na forma de LMIs empregando-se uma transformação algébrica denominada de complemento de Schur.

Sejam $N = N^T$, $M = M^T$ e R matrizes reais com dimensões adequadas. As relações apresentadas a seguir são equivalentes:

$$i. N > 0 \ e \ M - RN^{-1}R^T > 0 \tag{6.39}$$

$$ii. \begin{bmatrix} M & R \\ R^T & N \end{bmatrix} > 0 \tag{6.40}$$

Observa-se que em (6.39) a expressão $M - RN^{-1}R^T > 0$ apresenta o produto entre as matrizes R e N^{-1} que não é uma expressão linear. Tal desigualdade matricial pode ser transformada em uma LMI, como representada em (6.40).

A seguir, demonstra-se a equivalência entre as expressões (6.39) e (6.40). Primeiro, considere a seguinte igualdade matricial:

$$\begin{bmatrix} M & R \\ R^T & N \end{bmatrix} = \begin{bmatrix} I & RN^{-1} \\ 0 & I \end{bmatrix} \begin{bmatrix} M - RN^{-1}R^T & 0 \\ 0 & N \end{bmatrix} \begin{bmatrix} I & 0 \\ N^{-1}R^T & I \end{bmatrix} \tag{6.41}$$

Portanto, a desigualdade

$$\begin{bmatrix} M & R \\ R^T & N \end{bmatrix} > 0 \text{ é equivalente a relação } \begin{bmatrix} M - RN^{-1}R^T & 0 \\ 0 & N \end{bmatrix} > 0 \tag{6.42}$$

Em outras palavras, a condição em (6.40) é satisfeita se e somente se $N > 0$ e $M - RN^{-1}R^T > 0$, conforme estabelecido em (6.39). Neste caso, diz-se que (6.40) é o complemento de Schur da matriz $M - RN^{-1}R^T > 0$ em relação à N.

6.4.3 Lema de Finsler

O Lema de Finsler é um resultado bastante utilizado quando deseja-se transformar uma forma quadrática, sujeita a uma restrição de igualdade, em uma condição LMI, através da inclusão de novas variáveis de decisão (Oliveira, 2004). Por exemplo, considere o seguinte problema:

$$\exists P = P^T > 0 : \; y^T(A^T P + PA)y < 0, \forall y \text{ tal que } By = 0, \tag{6.43}$$

sendo $y \in \Re^n, A \in \Re^{n \times n}$ e $B \in \Re^{m \times n}$ com $m \leq n$. Pelo Lema de Finsler, a condição em (6.43) é satisfeita se e somente se existir uma matriz $L \in \Re^{n \times m}$ que satisfaça o seguinte problema LMI:

$$\exists\, P = P^T \in \Re^{n \times n}, L \in \Re^{n \times m} : \; A^T P + PA + LB + B^T L^T < 0. \tag{6.44}$$

Para a prova de suficiência da condição acima basta multiplicar a LMI em (6.44) à esquerda por y^T e à direita por y para se chegar a condição original (6.43) observando que $By = 0$. A prova de necessidade pode ser encontrada na referência (Oliveira e Skelton, 2004).

6.4.4 S-Procedure

O Procedimento-S (ou *S-Procedure* em Inglês) é um resultado da Álgebra Linear utilizado quando se deseja verificar se um determinado vetor satisfaz duas (ou mais) formas quadráticas. Para introduzir esse conceito, considere as seguintes $p + 1$ formas quadráticas:

$$\mathrm{F}_i(y) := y^T M_i y + 2N_i^T y + U_i \qquad i = 0,1, \ldots, p \tag{6.45}$$

sendo que $y \in \Re^n$, $M_i = M_i^T \in \Re^{n \times n}$, $N_i \in \Re^n$ e $U_i \in \Re$. A condição $\mathrm{F}_0(y) \geq 0$ para todo o vetor y tal que $\mathrm{F}_i(y) \geq 0$, para todo $i = 1. \ldots, p$, é satisfeita se existirem escalares positivos τ_i, $i = 1. \ldots, p$, tal que a seguinte LMI seja factível:

$$\begin{bmatrix} M_0 & N_0 \\ N_0^T & U_0 \end{bmatrix} - \sum_{i=1}^{p} \tau_i \begin{bmatrix} M_i & N_i \\ N_i^T & U_i \end{bmatrix} \geq 0 \tag{6.46}$$

Note que multiplicando a LMI acima à esquerda por $[y^T \quad 1]$ e à direita por $[y^T \quad 1]^T$, obtém-se:

$$\mathrm{F}_0(y) \geq \sum_{i=1}^{p} \tau_i \mathrm{F}_i(y) \geq 0 \tag{6.47}$$

Em outras palavras, a forma quadrática $\mathrm{F}_0(y) \geq 0$ é positiva se $\mathrm{F}_i(y) \geq 0$, para todo $i = 1, \dots p$, levando em consideração que $\tau_1, \dots, \tau_p$ são escalares positivos. Quando $p = 1$, pode-se mostrar que a LMI, resultante da aplicação da *S-Procedure*, é também uma condição necessária, desde que exista um vetor $y \in \Re^n$ tal que $\mathrm{F}_1(y) \geq 0$. Maiores detalhes podem ser obtidos na referência (Boyd e Vandenberghe, 2004).

6.4.5 Desigualdade Matricial com Restrição em Norma

Na análise de estabilidade de sistemas incertos descritos por restrição em norma, como apresentado na seção 6.2, aparece um termo como exibido na expressão (6.5). Neste caso, para se obter uma condição na forma LMI, utiliza-se o seguinte resultado:

$$E\Theta H + H^T \Theta^T E^T \leq \lambda^{-1} E E^T + \lambda H^T H, \tag{6.48}$$

sendo que $\|\Theta\| \leq 1$ e λ é um escalar positivo a ser determinado. O resultado acima é facilmente obtido, a partir da seguinte relação:

$$(\lambda^{-0.5} E^T - \lambda^{0.5} \Theta H)^T (\lambda^{-0.5} E^T - \lambda^{0.5} \Theta H) \geq 0 \tag{6.49}$$

Para ilustrar a aplicação do resultado acima, considere o problema de análise de estabilidade de um sistema incerto na forma $\dot{x} = A(\delta)x$, em que $A(\delta) = A + E\Theta H$ e $\|\Theta\| \leq 1$. Considerando uma função de Lyapunov quadrática na forma $V(x) = x(t)^T P x(t)$, a expressão da derivada temporal de $V(x)$ é dada por:

$$\dot{V}(x) = 2x(t)^T P \dot{x}(t) = 2x(t)^T P (A + E\Theta H) x(t) \tag{6.50}$$

A estabilidade do sistema incerto é garantida se existir uma matriz $P > 0$ tal que $\dot{V}(x) < 0$ para toda a matriz $\Theta \in \Re^{m \times m}$ tal que $\|\Theta\| \leq 1$. Com o objetivo de obter uma formulação LMI para esse problema, observa-se que:

$$\begin{aligned} \dot{V}(x) &= x(t)^T (A^T P + PA + H^T \Theta^T E^T P + PE\Theta H) x(t) \leq \\ &\leq x(t)^T (A^T P + PA + \lambda H^T H + \lambda^{-1} P E E^T P) x(t) \end{aligned} \tag{6.51}$$

Portanto, se $A^T P + PA + \lambda H^T H + \lambda^{-1} P E E^T P < 0$, então $\dot{V}(x) < 0$. Essa restrição não é uma LMI em P e λ devido ao produto $\lambda^{-1} P E E^T P$. Mas, aplicando o complemento de Schur, chega-se a seguinte formulação LMI, para verificar a estabilidade do sistema incerto:

$$\exists\, P > 0, \lambda > 0 : \begin{bmatrix} A^T P + PA + \lambda H^T H & PE \\ E^T P & -\lambda I_m \end{bmatrix} < 0. \tag{6.52}$$

6.5 Critérios de Desempenho

Um sistema linear e invariante no tempo assintoticamente estável para toda a faixa admissível de variação de seus parâmetros pode, por exemplo, apresentar desempenho pouco satisfatório em termos de resposta transitória, pois é sabido que, se os polos de malha fachada estiverem localizados próximos ao eixo imaginário do plano complexo, implicará em uma resposta transitória lenta, além de poderem apresentar um comportamento subamortecido. Será apresentada nesta seção, a formulação LMI adequada para projeto de controladores que levará em consideração, além da estabilidade assintótica para toda faixa de variação admissível de parâmetros, um comportamento transitório adequado para o sistema operando em malha-fechada, assim como um desempenho adequado em relação a rejeição de perturbações externas.

6.5.1 D-Estabilidade

O critério de *D-Estabilidade* garante, além da estabilidade assintótica, que os polos do sistema operando em malha fechada permaneçam em uma região D do semi-plano complexo negativo. A fim de formalizar este conceito será considerada a seguinte definição.

Definição 6.7 *- O sistema $\dot{x}(t) = Ax(t), x \in \Re^n$ é D-Estável se e somente se todos os n autovalores da matriz A pertencerem a uma sub-região D do plano complexo negativo C^-, isto é:*

$$\lambda_i(A) \in D \subset C^-, \forall\, i = 1, \cdots, n, \tag{6.53}$$

com $\lambda_i(A)$ representando o i-ésimo autovalor da matriz A.

A noção de *D-Estabilidade* acima definida garante, além da estabilidade assintótica, um bom comportamento transitório do sistema $\dot{x}(t) = Ax(t)$ quando a região D for bem escolhida, já que o comportamento transitório está diretamente relacionado ao posicionamento dos polos no plano complexo. Em (Chilali e Gahinet, 1996) e (Chilali e Gahinet, 1999), Chilali e Gahinet propuseram uma descrição das regiões no plano complexo em termos de conjuntos convexos (denominadas de regiões LMI) que, como demonstrado na sequência desta seção, permitirão escrever condições que garantem a *D-Estabilidade* utilizando uma formulação análoga às desigualdades de Lyapunov.

Definição 6.8 *- Um subconjunto D do semi-plano complexo negativo é denominado de uma região LMI se existirem matrizes $L = L^T \in \Re^{n_d x n_d}$ e $M \in \Re^{n_d x n_d}$ tais que:*

$$D = \{s \in C : L + sM + s^* M^T < 0\} \tag{6.54}$$

em que $s = \sigma + j\omega$ e $s^* = \sigma - j\omega$.

Ressalta-se que as regiões do plano complexo que apresentam maior significado, no sentido de proporcionarem um bom desempenho dinâmico, podem ser representadas como em (6.54). A seguir, apresentam-se as três descrições de regiões LMI representadas na Figura 6.6:

a) Região D_a (região do plano complexo com parte real menor do que $-\alpha$) – esta região é definida pela desigualdade $s + s^* < -2\alpha$, a qual pode ser representada na formulação *LMI* em (6.51), através da seguinte formulação:

$$L = 2\alpha \text{ e } M = 1 \tag{6.55}$$

b) Região D_b (setor cônico do semi-plano esquerdo do plano complexo com ângulo interno 2φ) – esta região é definida pela relação trigonométrica envolvendo uma variável no eixo real σ e no eixo complexo ω, i.e., $\sigma\, sen(\varphi) + \omega \cos(\varphi) < 0$, levando a seguinte formulação:

$$L = 0_2 \text{ e } M = \begin{bmatrix} sen(\varphi) & \cos(\varphi) \\ -\cos(\varphi) & sen(\varphi) \end{bmatrix} \tag{6.56}$$

c) Região D_c (disco no plano complexo centrado em $(-c, 0)$ e com raio r) – esta região é definida pela equação do círculo deslocado da origem através da relação $(\sigma + c)^2 + \omega^2 < r^2$ ou equivalentemente por $(s + c)r^{-1}(s^* + c) < r$, levando à seguinte formulação:

$$L = \begin{bmatrix} -r & c \\ c & -r \end{bmatrix} \text{ e } M = \begin{bmatrix} 0 & 1 \\ 0 & 0 \end{bmatrix} \tag{6.57}$$

Note que através da combinação destas regiões do plano complexo é possível obter diferentes regiões mais elaboradas de maneira a atender certos requisitos de desempenho como, por exemplo, uma região que tenha uma taxa de decaimento exponencial mínimo (Região D_a), com um fator de amortecimento mínimo (Região D_b). A intersecção destas regiões, juntamente com a Região D_c , definirá uma região no plano complexo em que também estará definida uma taxa de decaimento máximo para cada um dos termos que compõe a resposta natural do sistema de controle operando em malha-fechada. Tal região é apresentada na Figura 6.7:

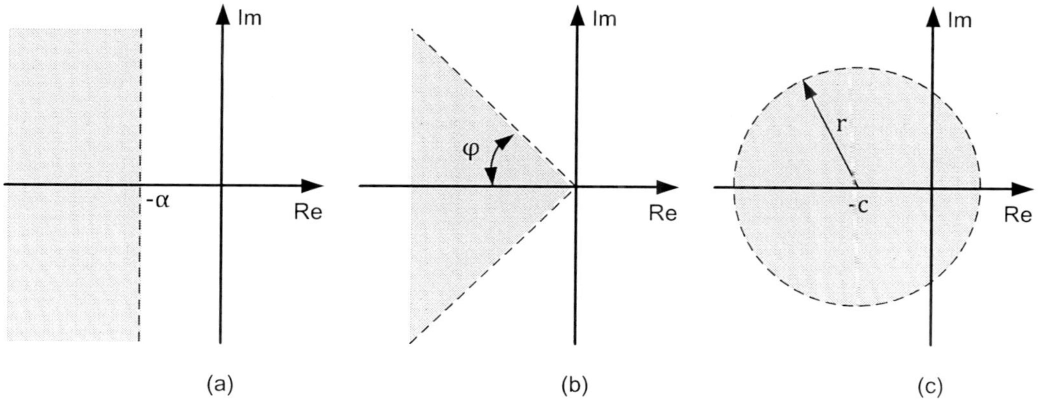

Figura 6.6: Regiões *LMI* - (a) semi-plano, (b) setor cônico, e (c) disco.

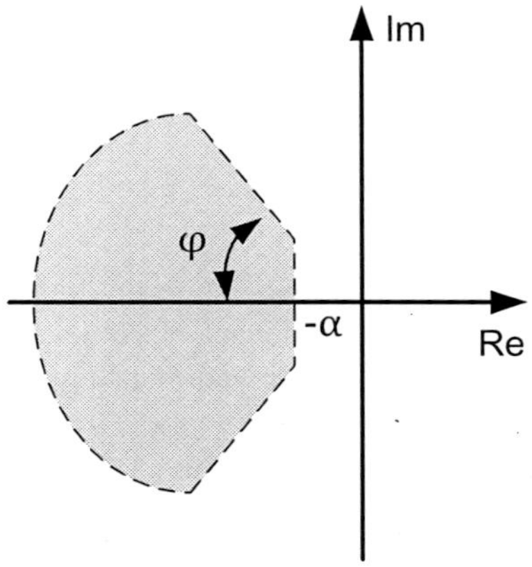

Figura 6.7: Região LMI definida pela intersecção das regiões (a), (b) e (c) definidas na Figura 6.6.

A formulação LMI que assegura a *D-Estabilidade* de um sistema, foi desenvolvida originalmente em (Chilali e Gahinet, 1999), e estabelecida conforme apresentado a seguir.

Teorema 6.3 (Formulação LMI para *D-Estabilidade*) – *O sistema* $\dot{x}(t) = Ax(t)$, *é D-Estável se e somente se existir uma matriz simétrica definida positiva P, tal que:*

$$L \otimes P + M \otimes (PA) + M^T \otimes (A^T P) < 0 \tag{6.58}$$

sendo a operação $\otimes$ *correspondente ao produto de Kronecker de duas matrizes.*

Ressalta-se que quando se deseja definir uma região *D* como a intersecção de várias regiões *LMI*, conforme a região apresentada na Figura 6.7, por exemplo, basta adicionar ao problema várias restrições na forma (6.58). Observa-se, contudo, que uma vez definida a Região LMI de interesse, se houver uma solução que satisfaça simultaneamente todas as desigualdades matriciais lineares estabelecidas no problema, diz-se que o problema proposto é factível.

Para exemplificar a síntese de uma lei de controle utilizando os resultados de *D-Estabilidade*, considere o sistema dinâmico descrito em (6.1), inicialmente sem as incertezas no modelo. Em outras palavras:

$$\begin{cases} \dot{x}(t) = Ax(t) + Bu(t) \\ y(t) = Cx(t) + Du(t) \end{cases}$$

O objetivo para o sistema acima é a determinação de uma lei de controle por realimentação de estados na forma $u(t) = Kx(t)$, de forma que todos os autovalores da matriz de dinâmica do sistema realimentado, definida como $\bar{A} = A + BK$, pertençam à região do plano complexo previamente estabelecida, com base nos resultados apresentados de (6.55) a (6.57). Este problema será resolvido considerando a forma dual do *Teorema 6.3*. Tal desenvolvimento deve ser realizado multiplicando cada um dos termos da desigualdade (6.55), à esquerda e à direita, por uma matriz bloco diagonal de dimensões adequadas, cujos blocos são compostos por $Q = Q^T = P^{-1} > 0$, resultando, após as respectivas operações de multiplicação, na seguinte expressão para o sistema realimentado:

$$L \otimes Q + M \otimes (\bar{A}Q) + M^T \otimes (Q\bar{A}^T) < 0$$

que pode ser rescrita na forma:

$$L \otimes Q + M \otimes ((A + BK)Q) + M^T \otimes (Q(K^T B^T + A^T)) < 0 \,.$$

Observa-se que a equação anterior não é uma LMI, pois apresenta o produto entre as variáveis de solução do problema dadas pelas matrizes K e Q. De forma a tornar a desigualdade anterior uma LMI define-se uma matriz W de dimensões adequadas como $W = KQ$. Sendo assim, a desigualdade apresentada anteriormente pode ser reescrita na forma:

$$L \otimes Q + M \otimes (AQ + BW) + M^T \otimes (W^T B^T + QA^T) < 0$$

que é uma LMI em relação as variáveis de decisão Q e W. Após se obter uma solução factível para a desigualdade acima, a matriz de ganhos da realimentação de estados é determinada pela expressão $K = WQ^{-1}$.

6.5.2 Norma H-Infinito - H_∞

Além do tradicional problema de seguimento de referência, um requisito importante de um sistema de controle operando em malha fechada é a intensidade com que este atenua (ou rejeita) distúrbios externos ou perturbações. Em particular, quanto maior a atenuação de distúrbios do sistema, melhor é o desempenho em relação à presença de sinais externos indesejáveis na saída do processo. Este requisito de desempenho pode ser quantificado através da definição da norma de um sistema em relação à entrada de perturbação, podendo-se utilizar a norma H_∞ na formulação deste problema. Neste caso, quanto menor for o valor da norma H_∞, melhor é o desempenho do sistema com relação à rejeição de distúrbios, dando origem a um problema de otimização, cujo objetivo é a minimização da norma H_∞ entre a entrada de distúrbio e a saída de interesse do processo. Na sequência desta seção, apresenta-se a definição da norma H_∞ de sistemas e uma maneira de determiná-la numericamente utilizando uma desigualdade de Lyapunov modificada. Com este objetivo, considere o seguinte sistema nominal (sistema sem incertezas):

$$\begin{cases} \dot{x}(t) = Ax(t) + B_w w(t)\,, \;\; x(0) = 0 \\ z(t) = C_z x(t) + D_{wz} w(t) \end{cases} \tag{6.59}$$

em que $x(t) \in \Re^n$ representa o vetor de estados do sistema, $w(t) \in \Re^{n_w}$ representa o vetor de entrada de perturbações, $z(t) \in \Re^{n_z}$ representa o vetor de saídas de interesse, e A, B_w, C_z, D_{wz} são matrizes constantes com dimensões apropriadas. Historicamente, a norma de sistemas foi definida com base na resposta em frequência do sistema. Observa-se que o sistema descrito em (6.59) pode ser representado no domínio frequência pela seguinte matriz de transferência:

$$G_{wz}(s) = C_z(sI_n - A)^{-1}B_w + D_{wz} \tag{6.60}$$

A norma H_∞ do sistema (6.56) no domínio da frequência é definida como o maior valor singular de $G_{wz}(j\omega)$ em todas as frequências. No caso de sistemas com uma entrada e uma saída, a norma H_∞ corresponde a maior magnitude de $G_{wz}(j\omega)$ da sua resposta em frequência.

No domínio tempo, a norma H_∞ é definida com base no maior ganho da relação entre as normas dos sinais de entrada e saída, conforme definido a seguir:

$$\|G_{wz}\|_\infty := \sup_{w\neq 0} \frac{\|z(t)\|_2}{\|w(t)\|_2} \tag{6.61}$$

em que G_{wz} representa o operador entrada saída do sistema em (6.59) no domínio tempo. O valor exato da norma H_∞, considerando a definição acima, é difícil de ser determinado numericamente. Ao invés disso, busca-se numericamente um limitante superior γ para $\|G_{wz}\|_\infty$, ou ainda:

$$\|G_{wz}\|_\infty < \gamma \tag{6.62}$$

O problema de encontrar o limite acima é conhecido como problema H_∞ sub-ótimo. Para encontrar o valor exato da norma (no caso de sistemas LTI) basta minimizar γ de forma iterativa. Este problema pode ser resolvido de diversas maneiras e, nesta seção, será apresentada a solução através da formulação LMI, realizada com base em uma função de Lyapunov modificada. Para entender como é determinada a norma H_∞ utilizando a formulação *LMI* considera-se a seguinte condição:

$$\|G_{wz}\|_\infty := \sup_{w\neq 0} \frac{\|z(t)\|_2}{\|w(t)\|_2} = \sup_{w\neq 0} \sqrt{\frac{\int_0^\infty z(t)^T z(t)dt}{\int_0^\infty w(t)^T w(t)dt}} < \gamma \tag{6.63}$$

que implica na seguinte desigualdade:

$$\int_0^\infty z(t)^T z(t)dt < \gamma^2 \int_0^\infty w(t)^T w(t)dt \tag{6.64}$$

Suponha que o sistema é exponencialmente estável, i.e. $x(\infty) = 0$, e que as condições iniciais são nulas, i.e. $x(0) = 0$. Seja uma função $V(x) = x(t)^T P x(t)$ quadrática, sendo P uma matriz simétrica definida positiva tal que:

$$\dot{V}(x) + z(t)^T z(t) - \gamma^2 w(t)^T w(t) < 0 \tag{6.65}$$

Integrando a condição acima entre 0 e ∞, obtém-se a seguinte relação:

$$\begin{aligned} V(\infty) - V(0) + \int_0^\infty z(t)^T z(t)dt - \gamma^2 \int_0^\infty w(t)^T w(t)dt = \\ = \int_0^\infty z(t)^T z(t)dt - \gamma^2 \int_0^\infty w(t)^T w(t)dt < 0 \end{aligned} \tag{6.66}$$

e, portanto, a relação em (6.65) implica na condição (6.66) se o sistema for estável.
O valor da norma H_∞ pode ser estimado através de um problema de otimização no qual se busca o menor valor de γ que satisfaz a relação definida em (6.65), conforme detalhado a seguir:

$$\min_{V(x),\gamma} \gamma:\ V(x) > 0,\ \dot{V}(x) + z(t)^T z(t) - \gamma^2 w(t)^T w(t) < 0 \tag{6.67}$$

Considerando um sistema *LTI*, como descrito em (6.59), uma função de Lyapunov quadrática $V(x) = x(t)^T P x(t)$, sendo P uma matriz simétrica e definida positiva, e a relação apresentada em (6.52), obtém-se a seguinte derivada temporal da função de Lyapunov:

$$\dot{V}(x) = 2x(t)^T P\dot{x}(t) = 2x(t)^T (PAx(t) + PB_w w(t)) \tag{6.68}$$

Considerando a desigualdade à direita no problema de otimização definido em (6.67), a equação em (6.68), e a definição de $z(t)$ em (6.59), chega-se a seguinte expressão:

$$\begin{gathered} x(t)^T(A^T P + PA + C_z^T C_z)x(t) + w(t)^T(B_w^T P + D_{wz}^T C_z)x(t) + \\ +x(t)^T(PB_w + C_z^T D_{wz})w(t) + w(t)^T(-\gamma^2 I_{nw} + D_{wz}^T D_{wz})w(t) < 0 \end{gathered} \tag{6.69}$$

que pode ser representada diretamente na seguinte forma LMI:

$$\begin{bmatrix} x(t) \\ w(t) \end{bmatrix}^T \begin{bmatrix} (A^T P + PA + C_z^T C_z) & (PB_w + C_z^T D_{wz}) \\ (B_w^T P + D_{wz} C_z) & (-\gamma^2 I_{nw} + D_{wz}^T D_{wz}) \end{bmatrix} \begin{bmatrix} x(t) \\ w(t) \end{bmatrix} < 0 \tag{6.70}$$

para todo $x(t), w(t) \neq 0$. Como por suposição $P = P^T > 0$, a desigualdade (6.70) somente se verificará se a relação abaixo for satisfeita:

$$\begin{bmatrix} (A^T P + PA + C_z^T C_z) & (PB_w + C_z^T D_{wz}) \\ (B_w^T P + D_{wz} C_z) & (-\gamma^2 I_{nw} + D_{wz}^T D_{wz}) \end{bmatrix} < 0 \tag{6.71}$$

O resultado acima é conhecido na literatura como *Bounded Real Lemma* (Boyd et al, 1994). Esse resultado pode ser utilizado para obter o valor exato da norma H_∞ no caso de sistemas LTI, com a precisão desejada, através do seguinte problema de otimização sujeito a restrições LMI:

$$\min_{P,\eta} \eta : \begin{cases} P = P^T > 0, \ \eta > 0 \\ \begin{bmatrix} (A^T P + PA + C_z^T C_z) & (PB_w + C_z^T D_{wz}) \\ (B_w^T P + D_{wz} C_z) & (-\eta I_{nw} + D_{wz}^T D_{wz}) \end{bmatrix} < 0 \end{cases} \tag{6.72}$$

em que P e η são as variáveis de decisão do problema de otimização. No problema acima foi utilizado uma mudança de variáveis $\eta = \gamma^2$ para tornar a função objetivo (no caso o valor da norma H_∞) linear em relação às variáveis de decisão. Portanto, a norma H_∞ do sistema (6.59) satisfaz $\|G_{wz}\|_\infty \leq \sqrt{\eta}$.

6.5.3 Controle Custo Garantido

O Regulador Linear Quadrático (ou LQR do termo em inglês *Linear Quadratic Regulator*) é uma estratégia clássica de controle ótimo, na qual se utiliza a seguinte função custo quadrática para caracterizar o desempenho dinâmico do sistema de controle:

$$J(x_0) = \int_0^\infty (x(t)^T Qx(t) + u(t)^T Ru(t))dt \tag{6.73}$$

em que x_0 é a condição inicial, $x(t)$ é o vetor de estados do sistema, $u(t)$ é o vetor de entradas do sistema, Q e $R > 0$ são matrizes simétricas de dimensões apropriadas que ponderam a energia dos estados do sistema e do sinal de controle. O controlador é projetado de maneira a determinar a lei de controle $u(t)$ que minimiza a função custo $J(x_0)$, supondo que x_0, Q e R são dados *a priori*. As matrizes de ponderação Q e R devem ser definidas cuidadosamente pelo projetista de controle. Dependendo de como essas matrizes são sintonizadas, o sistema de controle em malha fechada exibirá um determinado comportamento dinâmico. Por exemplo, selecionando uma matriz Q com valores grandes, a lei de controle ótima produzirá uma resposta com valores pequenos para as componentes do vetor de estados. Em contrapartida, se os elementos da matriz R forem grandes, então, a lei de controle produzirá um sinal de controle de baixa energia.

A solução do problema de controle ótimo para o caso de uma lei de controle por realimentação de estados, isto é:

$$\min_{u(t)} J(x_0) \text{ sujeito a } \begin{cases} \dot{x}(t) = Ax(t) + Bu(t) \\ u(t) = K\,x(t), x(0) = x_0 \end{cases}, \tag{6.74}$$

é obtida pela solução da equação de Riccati (Zhou, 1996).

Normalmente, não é possível determinar a solução ótima do problema acima quando as matrizes do sistema são incertas. Neste caso, busca-se uma lei de controle que minimiza um limitante superior para $J(x_0)$, considerando todo o espaço de incertezas admissíveis. Este problema de controle é conhecido na literatura, como problema de controle custo garantido.

A seguir, apresenta-se uma generalização do controlador LQR considerando uma formulação LMI supondo, por simplicidade, que o sistema não apresenta incertezas, pois a extensão para o caso incerto é direta. Com este objetivo, considere o seguinte sistema de controle:

$$\begin{cases} \dot{x}(t) = Ax(t) + Bu(t) \\ z(t) = Cx(t) + Du(t) \end{cases}, \quad x(0) = x_0 \tag{6.75}$$

em que $x(t) \in \Re^n$ representa o vetor de estados do sistema, $u(t) \in \Re^{n_u}$ representa o vetor de entradas de controle, e $z(t) \in \Re^{n_z}$ representa o vetor de saídas de interesse (i.e., a caracterização do desempenho do sistema). As matrizes A, B, C e D são constantes, conhecidas e com dimensões apropriadas. O desempenho dinâmico do sistema (6.75) é caracterizado pela seguinte função custo:

$$J(x_0) = \|z(t)\|_2^2 = \int_0^\infty z(t)^T z(t)dt \tag{6.76}$$

Note que a função custo acima é uma generalização daquela apresentada em (6.73), sendo que a função custo original é obtida escolhendo matrizes C e D tais que $C^T D = 0$. Nesse caso, $Q = C^T C$ e $R = D^T D$ (observe que a versão LMI do controle LQR permite que a matriz R seja singular).

Um limitante superior para a função custo definida em (6.73) pode ser obtido através da seguinte desigualdade de Lyapunov modificada:

$$V(x) > 0, \; \dot{V}(x) + \lambda^{-1} z(t)^T z(t) < 0 \tag{6.77}$$

sendo $V(x)$ uma função candidata a Lyapunov.
Integrando em relação ao tempo a desigualdade do lado direito de (6.77) entre 0 e $+\infty$, chega-se a seguinte expressão:

$$\int_0^\infty z(t)^T z(t)dt < \lambda V(x_0) \tag{6.78}$$

Portanto, $\lambda V(x_0)$ é um limitante superior para a função custo definida em (6.76).

Visando obter uma formulação LMI que minimize o limitante superior de $J(x_0)$ para um dado conjunto de condições iniciais $\mathcal{R}_0$, considere uma função de Lyapunov quadrática $V(x) = x^T P x$ e o seguinte conjunto no espaço de estados:

$$\mathcal{R}_0 = \{x \in \Re^n |\, x^T P_0 x \leq 1, P_0 > 0\} \tag{6.79}$$

O conjunto acima é um elipsoide cuja dimensão é definida pela matriz simétrica e definida positiva P_0. Note que impondo uma condição na forma $P_0 \geq P$, chega-se a expressão $\|z(t)\|_2^2 < \lambda$, para todo $x_0 \in \mathcal{R}_0$, visto que $V(x) \leq x^T P_0 x \leq 1$.

A partir do desenvolvimento acima, pode-se escrever um problema de otimização para determinar uma lei de controle na forma $u(t) = K\,x(t)$ que minimiza um limitante superior λ de $\|z(t)\|_2^2$ para todo $x_0 \in \mathcal{R}_0$ da seguinte maneira:

$$\min_{P,K,\lambda} \lambda : P_0 - P \geq 0, P > 0,\ \dot{V}(x) + \lambda^{-1} z(t)^T z(t) < 0 \tag{6.80}$$

sendo $\dot{V}(x)$ a derivada temporal de $V(x) = x^T P x$ dada pela seguinte expressão:

$$\dot{V}(x) = 2x(t)^T P\dot{x}(t) = 2x(t)^T P(A + BK)x$$

Portanto, a desigualdade ao lado direito de (6.80) pode ser reescrita da seguinte forma:

$$x(t)^T\big((A + BK)^T P + P(A + BK) + (C + DK)^T \lambda^{-1}(C + DK)\big)x(t) < 0$$

Aplicando acima a transformação de similaridade $\xi(t) = Px(t)$, obtém-se a seguinte desigualdade:

$$\xi(t)^T (X(A + BK)^T + (A + BK)X + X(C + DK)^T \lambda^{-1}(C + DK)X)\xi(t) < 0$$

em que $X = P^{-1}$. A desigualdade acima é satisfeita se e somente se:

$$XA + XK^T B^T + AX + BKX + (CX + DKX)^T \lambda^{-1}(CX + DKX) < 0$$

A expressão acima não é uma LMI em relação as variáveis de decisão K, X e λ Aplicando a transformação de similaridade $Y = KX$ e o complemento de Schur, chega-se a seguinte restrição LMI:

$$\begin{bmatrix} XA + A^T X + Y^T B^T + BY & XC^T + Y^T D^T \\ CX + DY & -\lambda I_{nz} \end{bmatrix} < 0 \tag{6.81}$$

Logo, o problema de otimização em (6.80) pode ser resolvido através do seguinte problema de otimização sujeito a restrições *LMI*:

$$\min_{X,Y,\lambda} \lambda : \begin{bmatrix} P_0 & I_n \\ I_n & X \end{bmatrix} > 0, \begin{bmatrix} XA + A^T X + Y^T B^T + BY & XC^T + Y^T D^T \\ CX + DY & -\lambda I_{nz} \end{bmatrix} < 0 \tag{6.82}$$

A partir da solução do problema acima, a lei de controle que minimiza a função custo em (6.80), para todo $x_0 \in \mathcal{R}_0$, é dada por $u(t) = YX^{-1}x(t)$. Note que a primeira LMI em (6.82) implica que $P_0 - X^{-1} = P_0 - P > 0$ e $P = X^{-1} > 0$ pelo complemento de Schur.

6.6 Sistemas Lineares a Parâmetros Variantes

Sistemas lineares a parâmetros variantes (ou LPV do termo em inglês *Linear Parameter Varying*) é uma classe de sistemas lineares variantes no tempo na qual a variação temporal das matrizes do sistema é modelada por uma função vetorial $\delta: \Re \longmapsto \Re^m$, cujos limites dos elementos de $\delta(t)$ são conhecidos (Amato, 2006). Normalmente, considera-se que o vetor $\delta(t)$ pertence a um hiper-retângulo, isto é, $\delta_i(t) \in [\alpha_i, \beta_i]$ para $i = 1, \dots, m$, sendo δ_i o i-ésimo elemento de $\delta(t)$ e α_i, β_i escalares conhecidos. Por exemplo, considere o seguinte sistema linear variante no tempo:

$$\begin{cases} \dot{x}(t) = A(t)x(t) + B(t)u(t) \\ y(t) = C(t)x(t) + D(t)u(t) \end{cases} \tag{6.83}$$

sendo $x(t) \in \Re^n$ o vetor de estados do sistema, $u(t) \in \Re^{n_u}$ o vetor de entrada, $y(t) \in \Re^{n_y}$ o vetor de saídas, e A, B, C, D funções matriciais do tempo com dimensões apropriadas.

Para possibilitar a análise do sistema acima, pode-se parametrizar a variação temporal através do seguinte sistema a parâmetros variantes:

$$\begin{cases} \dot{x}(t) = A(\delta(t))x(t) + B(\delta(t))u(t) \\ y(t) = C(\delta(t))x(t) + D(\delta(t))u(t) \end{cases} \tag{6.84}$$

sendo $\delta \in \Delta \subset \Re^m$ o vetor de parâmetros incertos mas limitados.
Normalmente, na representação acima, considera-se que as matrizes $A(\delta(t)), B(\delta(t)), C(\delta(t))$ e $D(\delta(t))$ sejam funções afins em relação a $\delta(t)$, isto é:

$$\begin{aligned} A(\delta(t)) &= A_0 + \sum_{i=1}^{m} \delta_i(t) A_i\,, \quad B(\delta(t)) = B_0 + \sum_{i=1}^{m} \delta_i(t) B_i\,, \\ C(\delta(t)) &= C_0 + \sum_{i=1}^{m} \delta_i(t) C_i\,, \quad D(\delta(t)) = D_0 + \sum_{i=1}^{m} \delta_i(t) D_i\,, \end{aligned} \tag{6.85}$$

sendo A_i, B_i, C_i e D_i, $i = 0,1, \dots, m$, matrizes constantes e conhecidas com dimensões apropriadas. Note na representação (6.84)-(6.85) que a variação temporal das matrizes do sistema é capturada pela função vetorial $\delta(t)$. Além disso, a estrutura (6.84)-(6.85) é bastante flexível, pois descreve adequadamente uma grande classe de sistemas variantes no tempo, além de possibilitar a utilização das técnicas de controle robusto para tratar sistemas variantes no tempo (Chen, 1984), e também sistemas não lineares (que é conhecida na literatura como representação *quasi*-LPV (Souza e Palhares, 2008), como será detalhado na Seção 6.8.

Utilizando uma função de Lyapunov quadrática, pode-se facilmente resolver os mais diversos problemas de controle, através dos resultados apresentados anteriormente neste capítulo. Para ilustrar essa afirmação, desenvolver-se-á, na sequência desta seção, uma formulação LMI para a determinação de uma lei de controle por realimentação de estados $u(t) = Kx(t)$ que minimiza a norma H_∞ do seguinte sistema:

$$\begin{cases} \dot{x}(t) = A(\delta(t))x(t) + B_u(\delta(t))u(t) + B_w(\delta(t))w(t) \\ z(t) = C_z(\delta(t))x(t) + D_{uz}(\delta(t))u(t) + D_{wz}(\delta(t))w(t) \end{cases} \tag{6.86}$$

sendo $w(t) \in \Re^{n_w}$ o vetor de entrada de perturbações, $z(t) \in \Re^{n_z}$ o vetor de saídas de interesse, e $A, B_u, B_w, C_z, D_{uz}, D_{wz}$ funções matriciais afins em relação a $\delta(t)$ e com dimensões apropriadas. Por conveniência, supõe-se que o vetor $\delta(t)$ pertence a um conjunto politópico Δ com vértices $\vartheta_1, \dots, \vartheta_{n_v}$ conhecidos, sendo $n_v = 2^m$.

A partir do resultado apresentado na seção 6.5.2, busca-se obter condições na forma *LMI* para o projeto da realimentação de estados, que minimiza um limitante superior γ da norma H_∞ do sistema em (6.86). Com este objetivo, considere as seguintes matrizes:

$$\bar{A}(\delta(t)) = A(\delta(t)) + B_u(\delta(t))K \,, \bar{C}_z(\delta(t)) = C_z(\delta(t)) + D_{uz}(\delta(t))K$$

Logo, pode-se representar o sistema em malha fechada (6.86) com $u(t) = Kx(t)$ da seguinte maneira:

$$\begin{cases} \dot{x}(t) = \bar{A}(\delta(t))x(t) + B_w(\delta(t))w(t) \\ z(t) = \bar{C}_z(\delta(t))x(t) + D_{wz}(\delta(t))w(t) \end{cases} \tag{6.87}$$

A partir da expressão acima, e considerando a expressão apresentada em (6.72), obtém-se a seguinte desigualdade matricial:

$$\begin{bmatrix} (\bar{A}^T(\delta(t))P + P\bar{A}(\delta(t)) + \bar{C}_z^T(\delta(t))\bar{C}_z(\delta(t))) & (PB_w(\delta(t)) + \bar{C}_z^T(\delta(t))D_{wz}(\delta(t))) \\ (B_w^T(\delta(t))P + D_{wz}^T(\delta(t))\bar{C}_z(\delta(t))) & (-\eta I_{n_w} + D_{wz}^T(\delta(t))D_{wz}(\delta(t))) \end{bmatrix} < 0$$

A desigualdade acima não é linear em relação: *(i)* às variáveis de decisão P e K, devido ao produto $P\bar{A}$, e *(ii)* ao vetor de parâmetros $\delta(t)$ devido aos produtos entre as matrizes $\bar{C}_z$ e D_{wz}, o que destrói as propriedades de convexidade. Para tornar linear a desigualdade acima, primeiramente, a reescrevemos da seguinte forma:

$$\begin{bmatrix} (\bar{A}^T P + P\bar{A}) & PB_w \\ B_w^T P & -\eta I_{n_w} \end{bmatrix} + \begin{bmatrix} \bar{C}_z^T \\ D_{wz}^T \end{bmatrix} [\bar{C}_z \quad D_{wz}] < 0\,,$$

e, aplicando o complemento de Schur, chega-se a seguinte desigualdade matricial afim em relação ao vetor de parâmetros $\delta(t)$:

$$\begin{bmatrix} \bar{A}^T P + P\bar{A} & PB_w & \bar{C}_z^T \\ B_w^T P & -\eta I_{n_w} & D_{wz}^T \\ \bar{C}_z & D_{wz} & -I_{n_z} \end{bmatrix} < 0, \tag{6.88}$$

em que, nas desigualdades acima, a dependência das matrizes $\bar{A}, B_w, \bar{C}_z$ e D_{zw} em relação ao vetor de parâmetros $\delta(t)$, não foi representada para simplificar a notação.

Em seguida, para linearizar o produto PB_uK (que aparece ao desenvolver o termo $P\bar{A}$), multiplica-se a matriz em (6.88) à esquerda e à direita por:

$$\begin{bmatrix} X & 0 & 0 \\ 0 & I_n & 0 \\ 0 & 0 & I_n \end{bmatrix}, X = P^{-1}$$

levando ao seguinte problema de otimização:

$$\min_{X,F,\eta,i=1,\dots,n_v} \eta : X = X^T > 0, \eta > 0, \tag{6.89}$$

$$\begin{bmatrix} (QA^T(\vartheta_i) + A(\vartheta_i)Q + F^T B_u^T(\vartheta_i) + B_u(\vartheta_i)F) & B_w(\vartheta_i) & (QC_z^T(\vartheta_i) + F^T D_{uz}^T(\vartheta_i)) \\ B_w^T(\vartheta_i) & -\eta I_{n_w} & D_{wz}^T(\vartheta_i) \\ (C_z(\vartheta_i)Q + D_{uz}(\vartheta_i)F) & D_{wz}(\vartheta_i) & -I_{n_z} \end{bmatrix} < 0$$

Resolvendo o problema de otimização acima, obtém-se como solução:

$$K = FX^{-1}, \qquad P = X^{-1}, \qquad \|G_{wz}\|_\infty \le \sqrt{\eta} \tag{6.90}$$

Observa-se que a desigualdade, na segunda linha do problema de otimização em (6.89), é linear em relação às variáveis de decisão X, F e η, assim como em relação ao vetor de parâmetros $\delta(t)$. Portanto, ela pode ser resolvida nos vértices do politopo Δ.

6.7 Exemplo de Aplicação: Controle Proporcional-Integral Robusto de Nível

Será apresentado na sequência, o procedimento para determinação de parâmetros de um controlador do tipo Proporcional-Integral, utilizando a abordagem de síntese de controladores robustos baseado no método das Desigualdades Matriciais Lineares – LMIs. O processo a ser empregado é uma planta de controle de nível composta por dois tanques acoplados por um orifício, conforme apresentado na Figura 6.8. Para alturas da coluna de líquido abaixo da altura do orifício - h_0, tem-se o tanque considerando a área de sua base igual a A_1, e para alturas da coluna de líquido superiores à altura do orifício, tem-se o tanque considerando a área de sua base igual $A_1 + A_2$. Para simplificar a análise, supõe-se que a condição inicial do segundo estágio (com área da base A_2) do tanque é h_0.

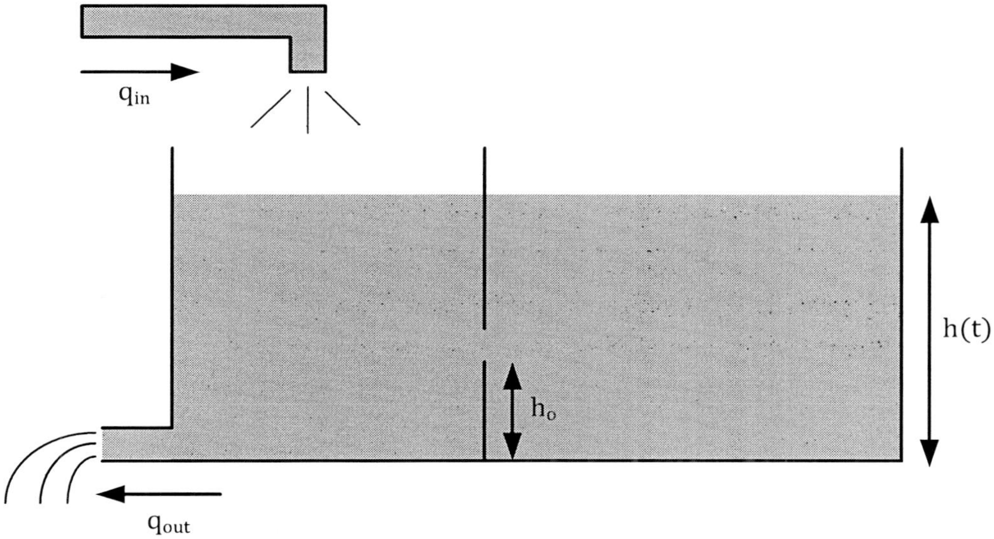

Figura 6.8: Planta de controle de nível com dois tanques acoplados.

O primeiro passo a ser apresentado nesta abordagem é a representação do modelo matemático do sistema, incluindo o controlador cujos parâmetros serão sintetizados. Tal modelo será obtido empregando variáveis de estados, tendo por base o diagrama de blocos apresentado na Figura 6.9:

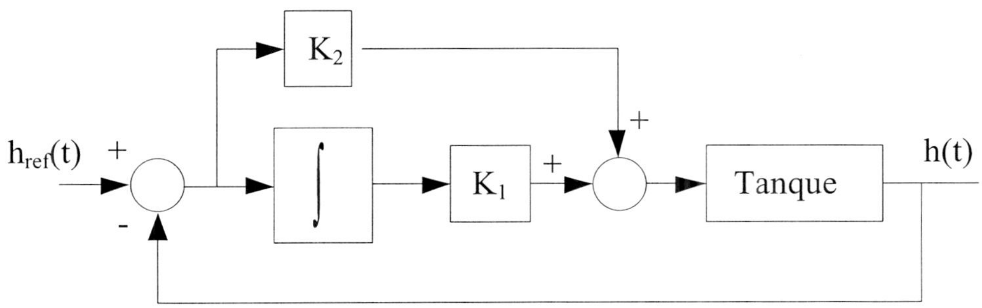

Figura 6.9: Sistema de controle de nível utilizado no modelo.

Uma vez que o sistema a ser controlado possui uma dinâmica de primeira ordem, a inclusão do controlador, do tipo Proporcional-Integral, acrescentará mais um estado ao modelo do sistema operando em malha-fechada. Desta forma, os estados escolhidos para representação do modelo dinâmico do sistema serão as variáveis de saída do integrador do controlador PI, definido como sendo o estado $x_1(t)$, e o sinal de erro $e(t) = h_{ref}(t) - h(t)$, definido como sendo o estado $x_2(t)$. O modelo matemático do sistema é apresentado a seguir:

$$\dot{x}_1(t) = x_2(t)$$
$$\dot{x}_2(t) = -\dot{h}(t) = \frac{q_{out}(t) - q_{in}(t)}{A}$$

no qual supõe-se que o sinal de referência é do tipo degrau, e A é um parâmetro que varia em função da altura da coluna de líquido a ser regulada no tanque. Também, em função da altura da coluna de líquido, são estabelecidas as relações para a vazão de saída, conforme as relações abaixo:

$$\begin{aligned} &Abaixo\ do\ orifício: q_{out}(t) = 1.0076h(t) + 54.0010 \\ &Acima\ do\ orifício: q_{out}(t) = 1.4485h(t) + 51.7862 \end{aligned} \tag{6.91}$$

em que foram desconsiderados os termos quadráticos em cada uma das expressões. Substituindo as equações anteriores na representação por variáveis de estado, chega-se às seguintes representações do comportamento dinâmico do sistema operando em malha-fechada, considerando a vazão de entrada:

$$q_{in}(t) = K_1x_1(t) + K_2x_2(t)$$

A seguir, é apresentada a equação dinâmica considerando $h(t)$ abaixo do orifício:

$$\begin{bmatrix} \dot{x}_1(t) \\ \dot{x}_2(t) \end{bmatrix} = \begin{bmatrix} 0 & 1 \\ 0 & -\dfrac{1.0076}{A_1} \end{bmatrix} \begin{bmatrix} x_1(t) \\ x_2(t) \end{bmatrix} + \begin{bmatrix} 0 \\ -\dfrac{1}{A_1} \end{bmatrix} q_{in}(t) + \begin{bmatrix} 0 & 0 \\ \dfrac{1.0076}{A_1} & \dfrac{54.0010}{A_1} \end{bmatrix} \begin{bmatrix} h_{ref} \\ 1 \end{bmatrix}$$

A equação dinâmica considerando $h(t)$ acima do orifício é dada por:

$$\begin{bmatrix} \dot{x}_1(t) \\ \dot{x}_2(t) \end{bmatrix} = \begin{bmatrix} 0 & 1 \\ 0 & -\dfrac{1.4485}{A_1 + A_2} \end{bmatrix} \begin{bmatrix} x_1(t) \\ x_2(t) \end{bmatrix} + \begin{bmatrix} 0 \\ -\dfrac{1}{A_1 + A_2} \end{bmatrix} q_{in}(t) + \begin{bmatrix} 0 & 0 \\ \dfrac{1.4485}{A_1 + A_2} & \dfrac{51.7862}{A_1 + A_2} \end{bmatrix} \begin{bmatrix} h_{ref} \\ 1 \end{bmatrix}$$

A determinação dos ganhos K_1 e K_2 será inicialmente realizada utilizando os conjuntos de LMIs para alocação dos pólos de malha-fechada em uma determinada região do Plano s, apresentada na Figura 6.7, sendo tal procedimento conhecido por *D*-Estabilidade. Os parâmetros utilizados nas LMIs apresentadas nas equações (6.55) a (6.57) foram definidos como $\alpha = 0.001, \varphi = 30^o, r = 0.01, c = 0.0$, dada as características de resposta temporal do sistema operando em malha-aberta, e as restrições naturais de saturação associadas à máxima vazão de entrada. O conjunto de LMIs utilizados para a solução deste problema, considerando os casos de operação ou regulação de nível, acima ou abaixo do orifício, é apresentado na sequência:

$$\begin{aligned} L_1 \otimes Q + M_1 \otimes \Gamma_{min} + M_1^T \otimes \Gamma_{min}^T < 0 \\ L_2 \otimes Q + M_2 \otimes \Gamma_{min} + M_2^T \otimes \Gamma_{min}^T < 0 \\ L_3 \otimes Q + M_3 \otimes \Gamma_{min} + M_3^T \otimes \Gamma_{min}^T < 0 \\ L_1 \otimes Q + M_1 \otimes \Gamma_{max} + M_1^T \otimes \Gamma_{max}^T < 0 \\ L_2 \otimes Q + M_2 \otimes \Gamma_{max} + M_2^T \otimes \Gamma_{max}^T < 0 \\ L_3 \otimes Q + M_3 \otimes \Gamma_{max} + M_3^T \otimes \Gamma_{max}^T < 0 \end{aligned}$$

em que:

$$L_1 = 2\alpha\,, M_1 = 1$$

$$L_2 = \begin{bmatrix} -r & c \\ c & -r \end{bmatrix}, M_2 = \begin{bmatrix} 0 & 1 \\ 0 & -0 \end{bmatrix}$$

$$L_3 = \begin{bmatrix} 0 & 0 \\ 0 & 0 \end{bmatrix}, M_3 = \begin{bmatrix} sen(\varphi) & \cos(\varphi) \\ -\cos(\varphi) & sen(\varphi) \end{bmatrix}$$

$$\Gamma_{min} = A_s(A_{min})Q + B_{q_{in}}(A_{min})W$$

$$\Gamma_{max} = A_s(A_{max})Q + B_{q_{in}}(A_{max})W$$

As matrizes A_s e $B_{q_{in}}$ são apresentadas nas equações dinâmicas do sistema, e referem-se as partes da equação dependente dos estados e do sinal de entrada $q_{in}(t)$, respectivamente. Como se pode observar, tais equações dependem das áreas dos tanques, sendo especificados por A_{min} e A_{max}.

Uma vez que o controlador considerado foi do tipo Proporcional-Integral, sem a utilização de um elemento para evitar a saturação do modo integral, é importante que o esforço de controle seja dimensionado de forma a cumprir os requisitos de desempenho evitando a saturação. Desta forma será utilizada uma restrição adicional do tipo Custo Garantido, como apresentado na subseção 6.5.3, de maneira a minimizar o esforço de controle. Com este objetivo, definem-se os seguintes parâmetros para o problema custo garantido:

$$C = [0 \quad 0], \qquad P_0 = \begin{bmatrix} 1 & 0 \\ 0 & 1 \end{bmatrix}$$

sendo a matriz de ponderação de controle D um parâmetro de sintonia da ação de controle.

Neste exemplo, de maneira a compatibilizar com as LMIs empregadas para o problema de D-Estabilidade, consideram-se as seguintes relações com as variáveis de decisão $X = Q$ e $Y = W$. Desta forma, deve-se acrescentar as seguintes LMIs ao problema:

$$\min_{Q,W,\lambda} \lambda : \begin{bmatrix} P_0 & I_n \\ I_n & Q \end{bmatrix} > 0,$$

$$\begin{bmatrix} QA_s^T(A_{min}) + A_s(A_{min})Q + W^T B_{q_{in}}^T(A_{min}) + B_{q_{in}}(A_{min})W & QC^T + W^T D^T \\ CQ + DW & -\lambda I_{nz} \end{bmatrix} < 0$$

$$\begin{bmatrix} QA_s^T(A_{max}) + A_s(A_{max})Q + W^T B_{q_{in}}^T(A_{max}) + B_{q_{in}}(A_{max})W & QC^T + W^T D^T \\ CQ + DW & -\lambda I_{nz} \end{bmatrix} < 0$$

Resolvidos, simultaneamente, os problemas de factibilidade (D-Estabilidade) e otimização (Custo Garantido) relacionados ao conjunto de LMIs apresentados anteriormente, recupera-se o vetor de ganhos através da relação $K = WQ^{-1} = [K_1 \quad K_2]$. Os resultados obtidos são apresentados nas figuras a seguir, com os ganhos K_1 e K_2 apresentados para cada um dos casos:

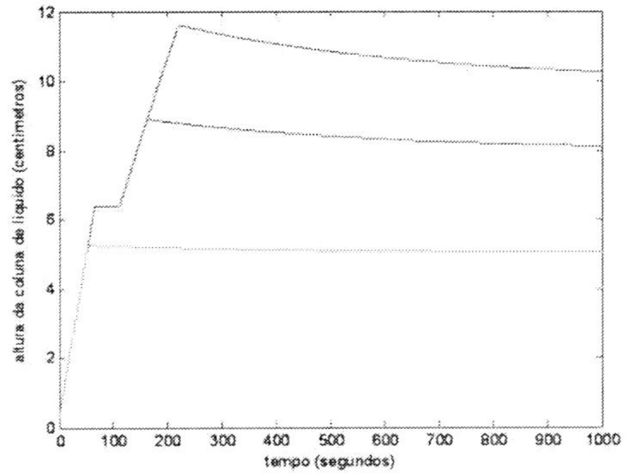

Figura 6.10: Controle de nível para $h_{ref} = 5$ cm, 8 cm e 10 cm, empregando os ganhos $K_1 = 0.0146$ e $K_2 = 6.1694$, com os polos de malha-fechada localizados em -0.00256 e -0.00974 para o vértice A_{min}, e -0.00328 e -0.00459 para o vértice A_{max}, com a ponderação de controle $D = 0$, com os dois tanques inicialmente vazios.

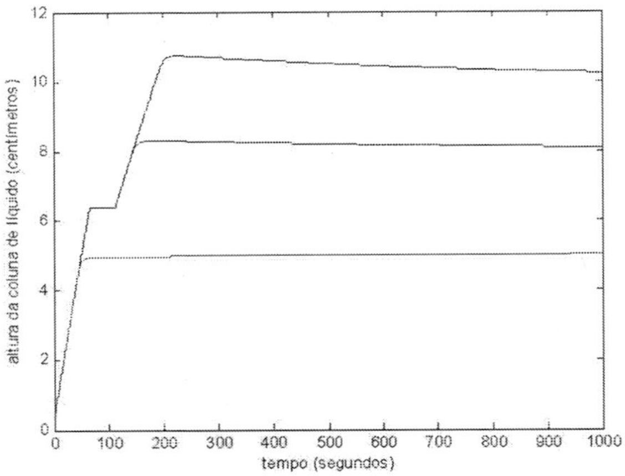

Figura 6.11: Controle de nível para $h_{ref} = 5$ cm, 8 cm e 10 cm, empregando os ganhos $K_1 = 0.0016$ e $K_2 = 1.0548$, com os polos de malha-fechada localizados em -0.00113 e -0.00240 para o vértice A_{min}, e -0.00111 e -0.00146 para o vértice A_{max}, com a ponderação de controle $D = 0.1$, com os dois tanques inicialmente vazios.

Apresenta-se na sequência o código comentado em Matlab utilizado na solução do problema, considerando $D = 0.1$, o aplicativo (*parser*) YALMIP para programação das LMIs, e o aplicativo de resolução (*solver*) SeDuMi.

```
clear all
warning('off','YALMIP:strict')

% SCRIPTs anexos
clc

%==============================================================
% Sistema: Processo Hidráulico com Área Variável com Controle PI
%==============================================================

% Parâmetros do Sistema
A1 = 583;          % área do tanque 1 em cm2
A2 = 384.25;       % área do tanque 2 em cm2

% Matrizes para área menor dos tanques A=A1
Amin = [0 1;0 -1.0076/A1];
Bmin = [0;-1/A1];

% Matrizes para área maior dos tanques A=A1+A2
Amax = [0 1;0 -1.4485/(A1+A2)];
Bmax = [0;-1/(A1+A2)];

% Parâmetro: D-Estabilidade - Semi Plano Esquerdo
alfa = 0.001;      % Módulo mínimo estabelecido para a parte real dos pólos
teta = 30.0;       % Ângulo do cone entre o as abcissas e um dos vértices
r = 0.01;          % Raio da Circunferência
c = 0.0;           % Centro da Circunferência

% Primeira Região - Parte Real dos Autovalores Menor que -alfa
L1=2*alfa;
```

```
M1=1;

% Segunda Região - Disco no Plano Complexo com Raio r e Centrado em (-c,0)
L2=[-r c;c -r];
M2=[0 1;0 0];

% Terceira Região - Setor Cônico no Semi-Plano Esquerdo corr Ângulo Interno igual
a 2*alfa
L3=[0 0;0 0];
M3=[sind(teta) cosd(teta);-cosd(teta) sind(teta)];

% Define as Variáveis do Problema
Q=sdpvar(2,2);
W=sdpvar(1,2);
lambda=sdpvar(1,1);

% Matrizes de Ponderacao Custo Garantido
C=[0 0];
D=[0.1];

% Matrizes Constantes
P0=eye(2);
I2=eye(2);

% Gera as LMIs para as Três Regiões Definidas Anteriormente
F=set(Q>0)+...
  set(kron(L1,Q)+kron(M1,(Amin*Q+Bmin*W))+kron(M1',(Amin*Q+3min*W)')<0)+...
  set(kron(L1,Q)+kron(M1,(Amax*Q+Bmax*W))+kron(M1',(Amax*Q+3max*W)')<0)+...
  set(kron(L2,Q)+kron(M2,(Amin*Q+Bmin*W))+kron(M2',(Amin*Q+3min*W)')<0)+...
  set(kron(L2,Q)+kron(M2,(Amax*Q+Bmax*W))+kron(M2',(Amax*Q+3max*W)')<0)+...
  set(kron(L3,Q)+kron(M3,(Amin*Q+Bmin*W))+kron(M3',(Amin*Q+3min*W)')<0)+...
  set(kron(L3,Q)+kron(M3,(Amax*Q+Bmax*W))+kron(M3',(Amax*Q+3max*W)')<0)+...
  set([P0     I2;I2     Q]>0)     +     set(([(Q*Amin'+Amin*Q+W'*Bmin'+Bmin*W)...
(C*Q+D*W)';(C*Q+D*W) -lambda])<0);
  set([P0     I2;I2     Q]>0)     +     set(([(Q*Amax'+Amax*Q+W'*Bmax'+Bmax*W)...
(C*Q+D*W)';(C*Q+D*W) -lambda])<0);

% Definição do solver e resolução das LMIs
options = sdpsettings('solver','sedumi');
solvesdp(F,lambda,options);

% Reconstrução das variáveis de decisão
Wfinal=double(W);
Qfinal=double(Q);

% Ganhos do Controlador PI
K=Wfinal*inv(Qfinal);
```

6.7.1 Modelo LPV

Em (6.91), a relação entre o nível e a vazão de saída foi aproximada por uma relação linear. Esta aproximação é válida para pequenas variações no nível do tanque. Supondo que a variação de nível no tanque seja significativa, a relação real entre vazão de saída e nível é dada pelas seguintes expressões:

$$\begin{array}{r} Abaixo\ do\ orif\acute{\imath}cio\text{: } q_{out}(t) = 54{,}0010 + 1{,}0076h(t) - 0{,}0081h(t)^2 \\ Acima\ do\ orif\acute{\imath}cio\text{: } q_{out}(t) = 51{,}7862 + 1{,}4485h(t) - 0{,}0093h(t)^2 \end{array} \qquad (6.92)$$

Portanto, a dinâmica real do sistema (incluindo a dinâmica do controlador PI) é não linear. Pode-se obter uma aproximação linear mais próxima à realidade (admitindo que a variação de nível é significativa) utilizando um modelo linear a parâmetros variantes, como apresentado na seção 6.6. Neste caso, define-se um parâmetro variante no tempo $\delta(t) = h(t)$ e se reescrevem as equações em (6.88) da seguinte maneira:

$$\begin{array}{r} Abaixo\ do\ orif\acute{\imath}cio\text{: } q_{out}(t) = 54{,}0010 + (1{,}0076 - 0{,}0081\delta(t))\, h(t) \\ Acima\ do\ orif\acute{\imath}cio\text{: } q_{out}(t) = 51{,}7862 + (1{,}4485 - 0{,}0093\delta(t))h(t) \end{array} \qquad (6.93)$$

A partir da relação acima, obtém-se as seguintes representações no espaço de estados para o sistema operando abaixo do orifício e acima do orifício, respectivamente:

$$\begin{bmatrix} \dot{x}_1(t) \\ \dot{x}_2(t) \end{bmatrix} = \begin{bmatrix} 0 & 1 \\ 0 & -\dfrac{(1{,}0076 - 0{,}0081\delta(t))}{A_1} \end{bmatrix} \begin{bmatrix} x_1(t) \\ x_2(t) \end{bmatrix} + \begin{bmatrix} 0 \\ -\dfrac{1}{A_1} \end{bmatrix} q_{in}(t) + \begin{bmatrix} 0 & 0 \\ \dfrac{f_1(\delta(t))}{A_1} & \dfrac{54.0010}{A_1} \end{bmatrix} \begin{bmatrix} h_{ref} \\ 1 \end{bmatrix} \qquad (6.94)$$

$$\begin{bmatrix} \dot{x}_1(t) \\ \dot{x}_2(t) \end{bmatrix} = \begin{bmatrix} 0 & 1 \\ 0 & -\dfrac{(1{,}4485 - 0{,}0093\delta(t))}{A_1 + A_2} \end{bmatrix} \begin{bmatrix} x_1(t) \\ x_2(t) \end{bmatrix} + \begin{bmatrix} 0 \\ -\dfrac{1}{A_1 + A_2} \end{bmatrix} q_{in}(t) + \begin{bmatrix} 0 & 0 \\ \dfrac{f_2(\delta(t))}{A_1 + A_2} & \dfrac{51.7862}{A_1 + A_2} \end{bmatrix} \begin{bmatrix} h_{ref} \\ 1 \end{bmatrix} \qquad (6.95)$$

A dinâmica acima pode ser vista como um sistema comutado, sendo o sinal de comutação definido pela relação $x_2(t) < h_0$ para a dinâmica definida em (6.94) e $x_2(t) \geq h_0$ para a dinâmica em (6.95). Nota-se que cada submodelo é definido por um sistema LPV. Desta forma, se existir uma função de Lyapunov comum aos dois subsistemas comprovando a estabilidade robusta (isto é, de cada subsistema para todo valor admissível de $\delta(t)$), então o sistema comutado será assintoticamente estável, independente do sinal de comutação (Liberzon, 2003). Salienta-se, nesse caso, que estaremos demonstrando apenas a estabilidade da aproximação LPV do sistema original, pois a dinâmica real do sistema é não linear.

A seguir, apresenta-se o projeto do controlador utilizando a técnica custo garantido supondo os seguintes parâmetros:

$$A_{min}(\delta) = \begin{bmatrix} 0 & 1 \\ 0 & -\dfrac{(1{,}0076 - 0{,}0081\delta(t))}{A_1} \end{bmatrix}, A_{max}(\delta) = \begin{bmatrix} 0 & 1 \\ 0 & -\dfrac{(1{,}4485 - 0{,}0093\delta(t))}{A_1 + A_2} \end{bmatrix},$$

$$B_{min} = \begin{bmatrix} 0 \\ -\dfrac{1}{A_1} \end{bmatrix}, B_{max} = \begin{bmatrix} 0 \\ -\dfrac{1}{A_1 + A_2} \end{bmatrix}, C = \begin{bmatrix} 1 & 1 \\ 0 & 0 \end{bmatrix}, D = \begin{bmatrix} 0 \\ 1 \end{bmatrix}\ P_0 = \begin{bmatrix} 1 & 0 \\ 0 & 1 \end{bmatrix}.$$

O projeto do controlador custo garantido é implementado conforme o código a seguir, compatível com o *parser Yalmip* e *solver* SDP-T3, considerando:

$$C = \begin{bmatrix} 1 & 1 \\ 0 & 0 \end{bmatrix}, D = \begin{bmatrix} 0 \\ 1 \end{bmatrix}, P_0 = \begin{bmatrix} 1 & 0 \\ 0 & 1 \end{bmatrix}.$$

```
% Projeto LPV - Sistema de Controle de Nível
clear all

% Definição do sistema
nx = 2;          % número de estados
nu = 1;          % número de entradas
nz = 2;          % número de variáveis de desempenho

% Parâmetros do Sistema
A1 = 583;         % área do tanque 1 em cm2
A2 = 384.25;      % área do tanque 2 em cm2

% Definição dos valores admissíveis do parâmetro variante
delta = [1 15];

% Matrizes para área menor dos tanques A=A1
Amin{1} = [0 1;0 -(1.0076-0.0081*delta(1))/A1];
Amin{2} = [0 1;0 -(1.0076-0.0081*delta(2))/A1];
Bmin = [0; -1/A1];

% Matrizes para área maior dos tanques A=A1+A2
Amax{1} = [0 1;0 -(1.4485-0.0093*delta(1))/(A1+A2)];
Amax{2} = [0 1;0 -(1.4485-0.0093*delta(2))/(A1+A2)];
Bmax = [0;-1/(A1+A2)];

%% Matrizes de Ponderação Custo Garantido
C = [1 1; 0 0];
D = [0; 1];

% Domínio de condições iniciais
P0 = eye(nx,nx);

%% Variáveis de decisão
Q = sdpvar(nx,nx);
W = sdpvar(nu,nx,'full');
l = sdpvar(1,1);

% Definição do Solver
options = sdpsettings('solver','sdpt3');

% Definição das LMIs
LMIs = set([P0 eye(nx,nx); eye(nx,nx) Q] > 0) + set(l > 0);
```

```
for i=1:2
     L11 = Amin{i}*Q+Bmin*W;
     L21 = C*Q+D*W;
     L22 = -l*eye(nz,nz);
     M11 = Amax{i}*Q+Bmax*W;
     M21 = C*Q+D*W;
     M22 = - l*eye(nz,nz);
     LMIs = LMIs + set([(L11+L11') L21'; L21 L22] < 0) + ...
            set([(M11+M11') M21'; M21 M22] < 0);
end
diag = solvesdp(LMIs,l,options);
check_LMI = checkset(LMIs)'
if check_LMI > 0
   Q = double(Q);
   W = double(W);
   lambda = double(l);
   K = W*inv(Q);
else disp('non feasible')
end
```

O código apresentado anteriormente soluciona o problema de otimização custo garantido, levando ao seguinte resultado:

$$Q = 10^3 \begin{bmatrix} 2.0268 & -0.0475 \\ -0.0475 & 0.0021 \end{bmatrix}, K = \begin{bmatrix} 1.0006 & 42.7198 \end{bmatrix}$$

O sistema de controle não linear utilizando o ganho acima é simulado através da plataforma Matlab/Simulink com comutação de modelo para $h_0 = 6{,}5$ cm. Observa-se na Figura 6.12 que o sistema apresenta uma boa resposta dinâmica, considerando a variação de área e a não linearidade na vazão de saída:

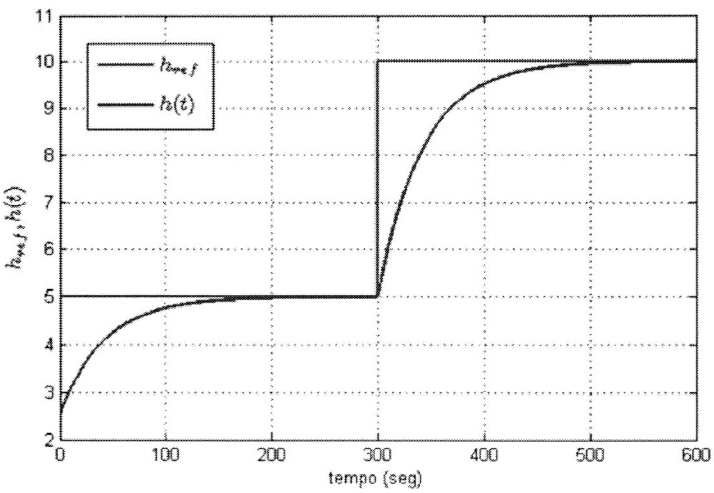

Figura 6.12: Resposta do sistema não linear em malha fechada considerando um controlador projetado pela técnica de custo garantido e um modelo LPV aproximado, admitindo, pela Figura 6.8, o tanque da esquerda inicialmente vazio e o tanque da direita com uma coluna de água com altura h_0.

6.8 Extensão para Sistemas Não Lineares

A modelagem LPV, apresentada na Seção 6.6, para tratar sistemas lineares variantes no tempo, pode ser estendida para descrever sistemas não lineares, o que possibilita a aplicação das consagradas técnicas de controle robusto em sistemas não lineares. Neste caso, cada não linearidade escalar $f_i(x)$ do sistema será modelada como um parâmetro variante no tempo $\delta_i(t) = \delta_i(x)$. Por exemplo, considere o seguinte sistema escalar:

$$\dot{x}(t) = -x(t) + x(t)^3, x \in X. \tag{6.96}$$

Definido $\delta(x) = x^2$, obtém-se a seguinte representação para o sistema acima:

$$\dot{x}(t) = -\big(1 - \delta(x)\big)x(t), \delta(x) \in \Delta(X).$$

sendo $\Delta(X) = \{\delta \in \Re : \delta = x^2, x \in X\}$.

A técnica de modelagem acima é conhecida na literatura como representação *quasi*-LPV (Huang e Jadbabaie, 1999) tendo sido aplicada, com sucesso, em vários processos não lineares como, por exemplo, robótica (Inoue e Siqueira, 2009), geradores eólicos (Bianchi et al, 2005), motores diesel (Jung e Glover, 2005), aviação (Ganguli e Balas, 2002), entre outras aplicações.

Buscando formalizar a representação *quasi*-LPV de sistemas não lineares, considere o seguinte sistema:

$$\dot{x}(t) = f(x,u), f(0,0) = 0 \tag{6.97}$$

sendo $x \in X \subset \Re^n$ o vetor de estados, $u \in U \subset \Re^{n_u}$ o sinal de controle, e $f: X \times U \rightarrow \Re^n$ uma função não linear em relação a x e linear em relação a u, satisfazendo as condições para existência e unicidade de soluções para todo $(x,u) \in X \times U$.

Associada ao sistema (6.97), considere a seguinte representação *quasi*-LPV:

$$\dot{x}(t) = A\big(\delta(x)\big)x(t) + B\big(\delta(x)\big)u(t), \tag{6.98}$$

em que $\delta(x) \in \Delta \subset \Re^m$ é um vetor de parâmetros incertos e limitados, contendo todas as não linearidades de $f(x,u)$ em (6.97), Δ é um conjunto delimitando os valores admissíveis de $\delta(x)$, para todo $x \in X$, e

$$[A(\delta(x)) \quad B(\delta(x))] = [A_0 \quad B_0] + \sum_{i=1}^{m} \delta_i(x)[A_i \quad B_i]$$

sendo A_i e B_i, $i = 0,1,\ldots,m$, matrizes constantes e conhecidas com dimensões apropriadas.

A seguir, apresenta-se uma formulação LMI para determinar uma lei de controle $u(t) = Kx(t)$, tal que a origem do sistema de controle em malha fechada seja localmente exponencialmente estável, enquanto maximizando uma estimativa $\mathcal{R}$ da região de atração da origem do sistema. Com este objetivo, assume-se, com relação aos sistemas definidos nas equações (6.97) e (6.98), que:

A1. O domínio X é uma região politópica contendo a origem e descrita na forma de intersecção de hiper-planos:

$$X = \{x \in \Re^n : |a_j^T x| \leq 1, j = 1, \dots, n_f\} \tag{6.99}$$

em que $a_j \in \Re^n, j = 1, \dots, n_f$, são vetores que definem as n_f faces do politopo X;

A2. O conjunto Δ de valores admissíveis do vetor de parâmetros $\delta = \delta(x)$ é uma região pólitopica no espaço de parâmetros, com vértices $\vartheta_1, \dots, \vartheta_{n_v}$, e contendo a região $\{\delta \in \Re^m: \delta = \delta(x), x \in X\}$.

Para obter uma estimativa da região de atração da origem do sistema em malha fechada, considera-se uma função de Lyapunov quadrática $V(x) = x^T P x, P = P^T > 0$, e a seguinte versão normalizada do conjunto $R(c)$ definido na Equação (6.19):

$$R = \{x \in \Re^n: x^T P x \leq 1\} \tag{6.100}$$

Pelo Teorema 6.2, o sistema (6.98) com $u(t) = Kx(t)$ é localmente assintoticamente estável, se as seguintes condições forem satisfeitas:

(a) $\dot{V}(x) = 2x^T P(A(\delta) + B(\delta)K)x < 0, \forall \delta \in \Delta$; e
(b) $R \subset X$.

Seja $\xi = Px$, $Q = P^{-1}$ e $Y = KQ$. Portanto, a condição no item (a) proposta acima pode ser reescrita da seguinte forma:

$$2\xi^T (A(\delta)Q + B(\delta)Y)\xi < 0, \forall \delta \in \Delta \tag{6.101}$$

Uma condição suficiente para determinar se a condição acima é satisfeita para todo $\delta \in \Delta$ é:

$$QA(\vartheta_i)^T + A(\vartheta_i)Q + Y^T B(\vartheta_i)^T + B(\vartheta_i)Y < 0, i = 1, \dots, n_v,$$

visto que a desigualdade (6.101) é afim em relação ao parâmetro δ.

Como o conjunto R é um elipsoide e o conjunto X é um politopo, a condição de inclusão $R \subset X$ é um problema clássico LMI. Desta forma, considerando as definições de X na expressão (6.99) e de R em (6.100), a condição $R \subset X$ é satisfeita, se e somente se:

$$1 - a_j^T Q a_j \geq 0, j = 1, \dots, n_f$$

Considerando os resultados acima, o seguinte problema de otimização determina um ganho $K = YQ^{-1}$ que maximiza o volume da região R, com $P = Q^{-1}$:

$$\max_{Q,Y} logdet(Q): \begin{cases} Q > 0, 1 - a_j^T Q a_j \geq 0, j = 1, \dots, n_f \\ QA(\vartheta_i)^T + A(\vartheta_i)Q + Y^T B(\vartheta_i)^T + B(\vartheta_i)Y < 0, i = 1, \dots, n_v \end{cases} \tag{6.102}$$

6.8.1 Exemplo Ilustrativo

Considere o seguinte sistema não linear:

$$\dot{x}(t) = \begin{bmatrix} x_2(t) \\ x_1(t) + (1 - x_1(t)^2)x_2(t) + u(t) \end{bmatrix}, x(t) = \begin{bmatrix} x_1(t) \\ x_2(t) \end{bmatrix} \tag{6.103}$$

A origem do sistema (6.103) não é estável e se deseja projetar uma realimentação de estados $u(t) = Kx(t)$, que garanta localmente a estabilidade assintótica da origem do sistema em malha fechada e que maximize o volume da região de estabilidade R. Com esta finalidade, supõe-se que:

(a) O domínio no espaço de estados é definido pelo seguinte quadrado:

$$X(\alpha) = \{x \in \Re^2 : |x_i| \leq \alpha, i = 1,2\} \tag{6.104}$$

em que α é um escalar positivo definindo o tamanho de X.

(b) O parâmetro variante no tempo é definido como $\delta = x_1^2$. Portanto, o conjunto de valores admissíveis desse parâmetro é dado por:

$$\Delta(\alpha) = \{\delta \in \Re : 0 \leq \delta \leq \alpha^2\} \tag{6.105}$$

A partir das suposições acima, a representação *quasi*-LPV do sistema (6.103) é dada por:

$$\dot{x}(t) = \begin{bmatrix} 0 & 1 \\ 1 & 1 - \delta \end{bmatrix} x(t) + \begin{bmatrix} 0 \\ 1 \end{bmatrix} u(t) \tag{6.106}$$

Resolvendo o problema de otimização (6.102), para $\alpha = 5$, considerando a representação (6.106), leva aos seguintes resultados:

$$K = -[2.0012 \quad 3.6745], P = \begin{bmatrix} 0.04 & 0.00 \\ 0.00 & 0.04 \end{bmatrix}$$

A fig. 6.13 apresenta a região de estabilidade $\mathcal{R}$ do sistema de controle em malha-fechada, isto é, o sistema definido em (6.106) com $u(t) = -2.0012\, x_1(t) - 3.6745\, x_2(t)$, e uma trajetória estável iniciando no ponto $x(0) = [-3 \quad 4]^T$.

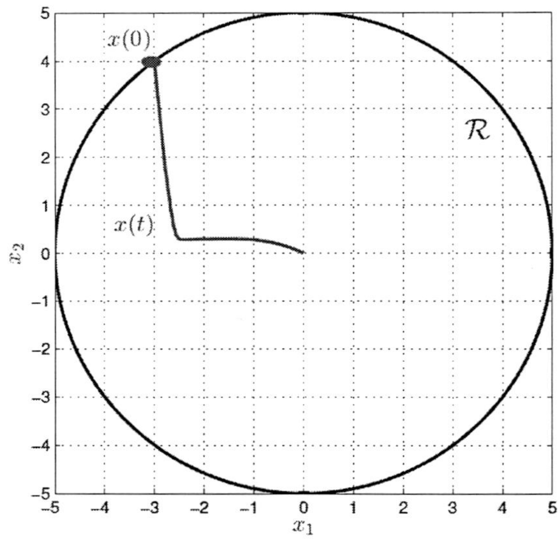

Figura 6.13: Região de estabilidade $\mathcal{R}$ e uma trajetória estável do sistema em malha-fechada iniciando na borda da região de estabilidade.

O projeto da realimentação de estados foi implementado utilizando um código compatível com o *parser* Yalmip [8] e *solver* SDP-T3 [10] e descrito a seguir.

```
% Representacao quasi-LPV de sistemas nao lineares
% Projeto de uma realimentacao de estados  na forma
% u = K x que maximiza uma estimativa da regiao de atracao
clear
% Dimensoes
nx = 2;                   % numero de estados
nu = 1;                   % numero de entradas
% Definicao do Politopo
a = 5;                    % parametro de definicao do tamanho do politopo
% Regiao \cal{X} no espaco de estados
a1 = (1/a)*[1 0]';
a2 = (1/a)*[0 1]';
% Regiao \Delta no espaco de parametros
D = [0 a^2];
m = 1;
% Matrizes do sistema
A0 = [0 1; 1 1];
A1 = [0 0; 0 -1];
B0 = [0; 1];
B1 = [0; 0];
for i=1:2^m
    A{i} = A0 + D(i)*A1;
    B{i} = B0 + D(i)*B1;
end
% Variaveis de decisao
X = sdpvar(nx,nx);
Y = sdpvar(nu,nx,'full');
% Definicao do solver LMI
options = sdpsettings('solver','sdpt3');
%
```

```
% Definicao das LMIs
LMIs = set(X>0) + set(1 - a1'*X*a1 >= 0) + set(1 - a2'*X*a2 >= 0);
for i=1:2^m
    M_aux = X*A{i}' + A{i}*X + B{i}*Y + Y'*B{i}';
LMIs = LMIs + set(M_aux < 0);
end
diag = solvesdp(LMIs,-logdet(X),options);
checkset(LMIs)
check_LMI = checkset(LMIs);
%pause
if check_LMI > 0
    X = double(X);
    P = inv(X)
    Y = double(Y);
    K = Y*P
    else disp('non feasible')
end
```

CAPÍTULO 7
CONTROLE PREDITIVO

7.1 Introdução

Controle Preditivo Baseado em Modelo (MPC, do inglês *Model Predictive Control*) é uma família de técnicas de controle que nos últimos anos tornou-se bastante conhecida e utilizada, tanto no meio acadêmico quanto na indústria. MPC refere-se a uma classe de algoritmos que fazem uso explícito de um modelo do processo para calcular o sinal de controle resolvendo, a cada instante de amostragem, um problema de controle ótimo de horizonte finito, que tem como objetivo otimizar o comportamento futuro da variável controlada de um sistema dinâmico.

Originalmente desenvolvida para atender as necessidades específicas de refinarias de petróleo, esta técnica rapidamente ganhou aceitabilidade no meio industrial e se espalhou nas mais diversas áreas, incluindo as indústrias química, automotiva, aeroespacial, metalúrgica e outras. Entre as razões desse sucesso, podem ser destacadas a simplicidade de sua formulação matemática, facilmente assimilável pelos engenheiros, e o sucesso em controlar plantas consideradas difíceis por apresentar, entre outras características: comportamento não linear acentuado, comportamento de fase não mínima, instabilidade em malha aberta, atraso de transporte e restrições nas variáveis manipuladas e controladas.

Qualquer algoritmo MPC baseia-se nos seguintes princípios:

- Uso de um modelo para predizer as saídas futuras do processo em um horizonte de tempo;
- Cálculo de uma sequência de controle que minimiza uma função objetivo;
- Estratégia de horizonte móvel: aplica-se o primeiro elemento da sequência de controle, move-se a referência de tempo um passo à frente, e repete-se o cálculo.

Dentre as vantagens do Controle Preditivo, em relação a controladores clássicos, podem ser destacadas:

- Conceitos intuitivos o tornam aceitável para engenheiros;
- É capaz de controlar grande variedade de processos: com tempo morto significativo, de fase não mínima, instáveis etc.;
- Não apresenta dificuldades adicionais para sistemas multivariáveis;
- Restrições nas variáveis manipuladas e controladas podem ser explicitamente incluídas;
- É muito conveniente em problemas para os quais as referências futuras são conhecidas;
- É uma metodologia aberta, que pode ser adaptada caso a caso.

As seguintes dificuldades podem, no entanto, ser listadas:

- O cálculo da ação de controle é mais complexo do que a de controladores clássicos, com o PID;
- O cálculo da ação de controle deve ser feito dentro de um intervalo de amostragem, o que o torna de difícil aplicação em sistemas com dinâmica rápida e com restrições;
- É necessário dispor de um modelo adequado do processo, o que em muitas aplicações é difícil;

- É mais difícil de garantir a estabilidade em malha fechada do modelo nominal, sobretudo em problemas com restrições.

Neste capítulo, os conceitos, formulações e algoritmos básicos de Controle Preditivo serão apresentados, bem como o detalhamento das técnicas mais usadas.

7.2 Conceito Básicos

7.2.1 O Horizonte Móvel

Neste capítulo, consideram-se modelos de tempo discreto de sistemas dinâmicos, supondo um processo de amostragem que utiliza um período constante *Ts*, com *k* sendo um inteiro representando o número de períodos de amostragem, ou seja, *t=k Ts*.

A ideia do horizonte móvel é ilustrada nas Figuras 7.1 e 7.2. Na Figura 7.1, as ações futuras de controle são calculadas com base na predição feita no instante k. A predição é feita com base em um modelo matemático do processo, que, supõe-se, é uma aproximação do comportamento real do sistema. Desta forma, a predição muitos passos à frente não será exata. Para evitar este problema, em vez de aplicar todas as ações futuras de controle no instante k, aplica-se apenas a primeira e observa-se como o processo reage. No instante $k+1$, então, recalculam-se as ações de controle com base na medição da resposta do sistema, e assim por diante. Este recálculo está ilustrado na Figura 7.2.

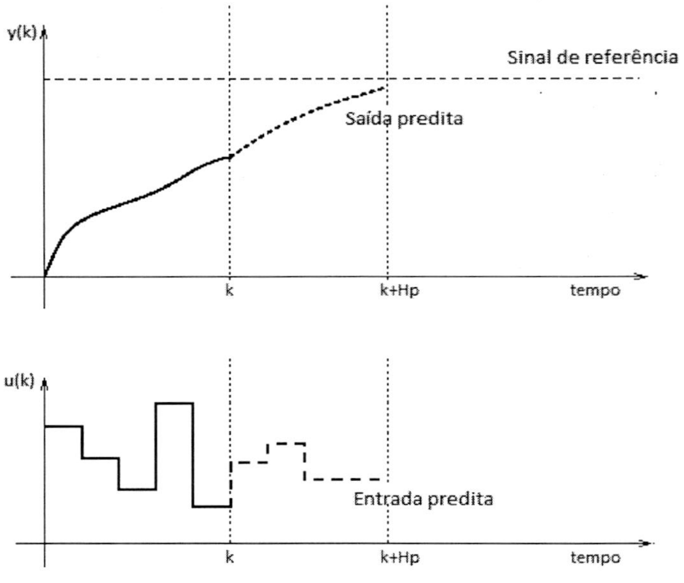

Figura 7.1: Princípio do horizonte móvel: cálculo da ação de controle e da saída predita no instante *k*.

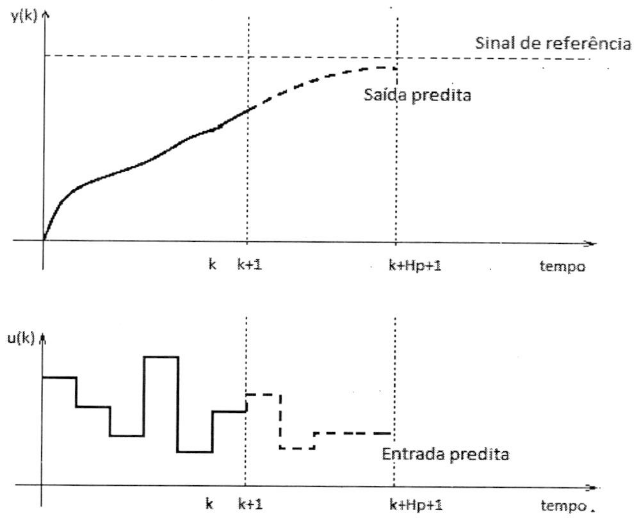

Figura 7.2: Princípio do horizonte móvel: aplicação da ação de controle *u(k)* calculada no instante *k* e recálculo da ação de controle e da saída preditas, em função da medição da saída y(k+1).

7.2.2 Controle Ótimo

Consideremos um processo representado por um modelo de estado de tempo discreto:

$$\begin{cases} x(k+1) = Ax(k) + Bu(k) \\ y(k) = Cx(k) \end{cases}$$

Deseja-se que a saída do sistema, $y(k)$, siga um sinal de referência $r(k)$. Com isso, pode-se definir o seguinte sinal de erro:

$$e(k) = r(k) - y(k)$$

A qualidade do controle exercido sobre o processo pode ser avaliada por um índice de desempenho, na forma de uma função objetivo ou função custo como, por exemplo, a seguinte função quadrática:

$$J_\infty = \sum_{k=0}^{\infty} e^T(k)Qe(k) + u^T(k)Ru(k)$$

na qual Q e R são *matrizes de ponderação* quadradas, simétricas *definidas positivas* (todos seus autovalores são positivos), sendo que em J_∞ são penalizados o erro $e(k)$ e o esforço de controle $u(k)$.

O problema de *Controle Ótimo* (LEWIS *et al*, 2013) consiste em determinar $u(k)$, $k = 0,1,2,\cdots$, que minimize J_∞.

Há técnicas matemáticas para resolver o problema acima. Algumas das vantagens do Controle Ótimo em relação aos métodos clássicos de controle por alocação de polos são:

- Relação direta com a resposta temporal por meio do índice de desempenho, em vez de indireta por meio dos polos da função de transferência;

- Formulação como problema de *Otimização* permite que restrições sejam explicitamente levadas em conta.

No caso linear, sem restrições, com a função custo quadrática, o problema acima é conhecido como problema do Regulador Linear-Quadrático (LQR). Sua solução tem a forma de uma realimentação de estados, $u(k) = -Kx(k)$.

No caso não linear, a solução analítica pode ser muito difícil de obter e, muitas vezes, não tem a forma de uma lei de controle explícita, resultando, neste caso, em uma forma de controle em malha aberta.

7.2.3 Ideia Básica do Controle Preditivo

Toda formulação de controle preditivo se baseia nas seguintes ideias:

Custo com horizonte finito:

$$J(k) = \sum_{i=0}^{H_p} \delta(i) \parallel e(k+i) \parallel + \sum_{i=0}^{H_u} \lambda(i) \parallel \Delta u(k+i-1).$$

Pondera a norma do erro de rastreamento $e(k)$ ao longo do horizonte de predição H_p e a norma do esforço de controle $\Delta u(k)$ ao longo do horizonte de controle H_u.

Predição:
$e(k)$ é conhecido. $e(k+i),\ i = 1, \cdots, H_p$ e $u(k+i),\ i = 0,1, \cdots, H_u$ são valores futuros preditos com base no modelo;

Ação de controle:
$u(k+i),\ i = 0,1, \cdots, H_u$ são determinados, via otimização, de modo a minimizar a função custo;

Realimentação:
Apenas a entrada $u(k)$ é aplicada ao sistema. No instante $k+1$, o estado é de novo medido, e o problema acima é resolvido novamente, de acordo com o Princípio do Horizonte Móvel.

O esquema básico do controle preditivo está representado na Figura 7.3. Com base no sinal de erro e na predição dos erros futuros, baseada no modelo, o otimizador calcula a sequência de ações de controle futuras, que minimizam o custo predito (função objetivo), e aplica apenas o primeiro elemento da sequência. No instante seguinte, este processo se repete. O otimizador pode incorporar restrições nas variáveis de processo e de controle.

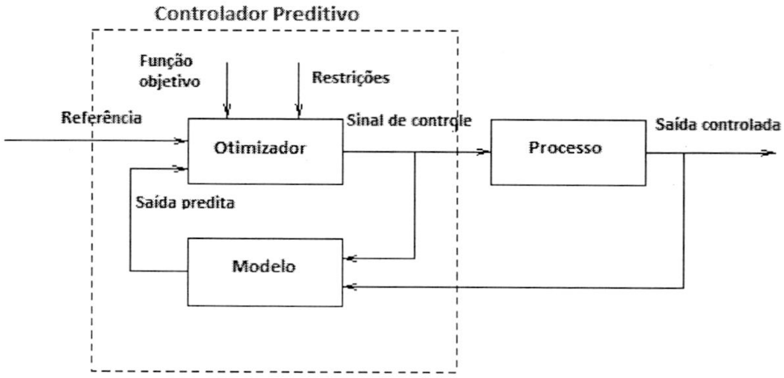

Figura 7.3: Esquema básico de Controle Preditivo.

7.2.4 Elementos Básicos do Controle Preditivo

Toda formulação de controle preditivo conta com os seguintes elementos:

- Modelo de predição;
- Função objetivo;
- Cálculo da ação de controle.

Os diversos algoritmos de controle preditivo se diferenciam em função da escolha desses elementos.

Além disso, o Controle Preditivo pode incorporar restrições nas variáveis de processo e de controle.

7.2.5 Modelos

Tal como em outras técnicas de controle, é fundamental escolher, de forma adequada, o modelo matemático a ser utilizado na representação do sistema a controlar.

Entre os diversos modelos usados para representar sistemas dinâmicos, destacam-se os modelos do tipo entrada-saída (externos) e os modelos de estado (internos).

Na primeira classe estão incluídas as representações por funções de transferência, por modelos paramétricos do tipo ARMAX e por modelos baseados em resposta ao impulso. Nesta classe de modelos, a variável controlada, ou saída do sistema, é representada como função das saídas passadas e das entradas (variáveis manipuladas) passadas e presente, sem incluir as variáveis internas do sistema, conhecidas como variáveis de estado. A principal vantagem dessa classe de modelos é a possibilidade de obtê-los mais facilmente por meio da técnica conhecida como Identificação de Sistemas, que determina um modelo matemático a partir de dados experimentais de entrada e saída da planta.

Já os modelos conhecidos como modelos de estado possuem a vantagem de incluir as variáveis internas do sistema, o que permite tratar, com mais facilidade, sistemas multivariáveis e sistemas sujeitos a restrições de segurança em suas variáveis internas.

A escolha do modelo mais adequado depende fortemente das características do sistema a controlar. Em geral, modelos de estado são preferidos em aplicações cuja fenomenologia é bem conhecida e facilmente traduzida em equações diferenciais ordinárias. É o caso, por exemplo, dos sistemas mecânicos e aeronáuticos. Por outro lado, os modelos físicos de processos químicos são, muitas vezes, extremamente complexos, envolvendo, por exemplo, equações diferenciais a derivadas parciais, que não podem ser diretamente usadas em técnicas mais conhecidas de projeto de controladores. Neste caso, modelos com estrutura pré-fixadas, identificados a partir de dados de entrada-saída do sistema são claramente preferíveis. Os controladores preditivos mais encontrados na indústria, como o GPC (*General Predictive Controller*, em português Controlador Preditivo Generalizado) e o DMC (*Dynamic Matrix Control*, em português Controlador por Matriz Dinâmica), usam modelos desse tipo.

Nesta seção serão apresentados os modelos do tipo entrada-saída e de estado mais usados em Controle Preditivo.

7.2.5.1 Modelos de resposta ao impulso ou resposta ao degrau

A relação entrada/saída de um sistema linear invariante no tempo, de tempo discreto, pode ser representada pela seguinte soma de convolução:

$$y(k) = \sum_{i=0}^{\infty} h\,(i)u(k-i),$$

sendo $u(k)$ o sinal de entrada do sistema, $y(k)$ o sinal de saída e $h(k)$ a função que representa a resposta do sistema a uma entrada do tipo impulso unitário, definida por:

$$\delta(k) = \begin{cases} 1, & k = 0 \\ 0, & k \neq 0. \end{cases}$$

É muitas vezes conveniente representar essa relação em termos do incremento do sinal de controle. Neste caso, o modelo acima pode ser reescrito da seguinte forma:

$$y(k) = \sum_{i=0}^{\infty} g\,(i)\Delta u(k-i),$$

sendo $\Delta u(k) = u(k) - u(k-1)$ e $g(k)$ a função que representa a resposta do sistema a uma entrada do tipo degrau unitário, definida por:

$$\mathbf{1}(k) = \begin{cases} 1, & k \geq 0 \\ 0, & k < 0. \end{cases}$$

A grande vantagem de tais modelos reside na facilidade de obtê-los experimentalmente, desde que o processo seja estável. Para ser usado em Controle Preditivo, o limite superior do somatório deve ser tal que, neste valor, a saída atinja o valor de regime permanente. Desta forma, tais modelos possuem, em geral, um grande número de parâmetros. Além disso, são geralmente pobres em relação à representação do comportamento dinâmico do sistema. O controlador conhecido como DMC (CUTLER E RAMAKER, 1980), bastante difundido na indústria, faz uso do modelo de resposta ao degrau.

7.2.5.2 Modelos do tipo ARMA

A relação entrada/saída de um sistema linear invariante no tempo, de tempo discreto, pode ser representada pela seguinte equação a diferenças:

$$y(k) + a_1 y(k-1) + \cdots + a_n y(k-n) = b_0 u(k) + b_1 u(k-1) + \cdots + b_m u(k-m).$$

Este modelo é conhecido como ARMA (*Autoregressive Moving Average*). Tem a vantagem de poder ser obtido experimentalmente por meio de técnicas de Identificação de Sistemas. A equação acima pode ser facilmente reescrita em termos do incremento do sinal de controle, resultando no modelo ARIMA (*Autoregressive Integrated Moving Average*). É o tipo de modelo usado no controlador conhecido como GPC, bastante difundido na indústria.

7.2.5.3 Modelos de estado

São modelos nos quais as variáveis internas, conhecidas como variáveis de estado, são também representadas. Um sistema não linear de tempo discreto pode ser representado pelas seguintes equações de estado:

$$\begin{cases} x(k+1) = f(x(k), u(k)) \\ y(k) = g\big(x(k), u(k)\big), \end{cases}$$

sendo $x(k)$ o vetor de variáveis de estado. Trata-se de variáveis internas, cujo conhecimento é necessário para se determinar a resposta do sistema a partir de um determinado instante. Trata-se, portanto, de um modelo mais completo do que os mencionados anteriormente. No entanto, sua obtenção experimental pode ser muito difícil, particularmente para processos petroquímicos.

No caso de sistemas lineares invariantes no tempo, as equações de estado tomam a seguinte forma:

$$\begin{cases} x(k+1) = Ax(k) + Bu(k) \\ y(k) = Cx(k) + Du(k). \end{cases}$$

Outras vantagens desse modelo são: a maior facilidade em incorporar restrições nas variáveis manipulada e controlada na formulação do problema de controle preditivo; a possibilidade de análise de estabilidade e a maior adequação para tratar de sistemas não lineares e sistemas multivariáveis.

7.2.6 Função Objetivo

As funções objetivo (ou custo) definem o desempenho desejado para o sistema de controle. As funções mais usadas nas formulações de controle preditivo são as seguintes:

Quadrática:

$$J = \sum_{i=N_1}^{H_p} \delta(i)[e(k+i)]^2 + \sum_{i=1}^{H_u} \lambda(i)[\Delta u(k+i-1)]^2$$

Linear por partes:

$$J = \sum_{i=N_1}^{H_p} \delta(i)|e(k+i)| + \sum_{i=1}^{H_u} \lambda(i)|\Delta u(k+i-1)|$$

sendo:

$\boldsymbol{N_1}$: Horizonte mínimo de predição (leva em conta o tempo morto da planta);
$\boldsymbol{H_p}$: Horizonte máximo de predição;
$\boldsymbol{H_u}$: Horizonte de controle;
$\boldsymbol{e(k)}$: Erro de rastreamento: $\boldsymbol{e(k) = r(k) - y(k)}$, sendo $\boldsymbol{r(k)}$ o sinal de referência;
$\boldsymbol{\delta(i)}$: Ponderação do erro de rastreamento;
$\boldsymbol{\lambda(i)}$: Ponderação do esforço de controle.

Ambas as funções são compostas por dois termos. O primeiro representa o erro de rastreamento, enquanto o segundo representa o chamado esforço de controle. Deseja-se que ambos sejam pequenos, daí a necessidade de minimizar a função custo. Com o ajuste dos termos de ponderação ($\delta(i)$ e $\lambda(i)$), o projetista vai estabelecer o que é mais importante: atingir mais rapidamente o regime permanente ou usar menos energia de controle. Os horizontes de controle e predição são ajustados em função do tempo esperado para a resposta alcançar o valor de regime.

7.2.7 Restrições

Todo sistema de controle é sujeito a restrições físicas nos seus atuadores. Por exemplo, a abertura de uma válvula de controle só pode variar entre 0 e 100%. Além disso, restrições podem ser impostas às variáveis de processo, por razões de segurança. Por exemplo, o nível de um tanque industrial deve ser limitado para evitar transbordamento. O fato de as ações de controle serem calculadas pela resolução de um problema de otimização faz com que tais restrições possam ser incorporadas diretamente na formulação do controle preditivo.

Abaixo são apresentados os principais tipos de restrições encontradas em problemas de controle, bem como sua representação matemática.

Restrições na taxa de variação das entradas de controle:
O atuador não consegue gerar sinais com variação ilimitada:

$$E\Delta u(k) \leq \epsilon,$$

Restrições na amplitude das entradas de controle:
As saídas dos atuadores são limitadas fisicamente:

$$Fu(k) \leq \nu,$$

Restrições nos estados e nas saídas:
Variáveis do processo não devem ultrapassar determinados limites por razões de desempenho/segurança:

$$Gx(k) \leq g, \quad Hy(k) \leq h.$$

7.2.8 Cálculo da ação de controle

O cálculo da ação de controle é feito por meio da resolução de um problema de otimização de $J(k)$ e depende da forma como isso é feito:

- Fórmula explícita se o modelo for linear, a função objetivo quadrática e o problema sem restrições;
- Problema de otimização quadrática se o modelo for linear, a função objetivo quadrática e as restrições lineares;
- Problema de otimização não convexo se o modelo ou as restrições forem não lineares.

7.3 O Controlador GPC

7.3.1 Introdução

O GPC (do inglês, *Generalized Predictive Controller*) foi proposto por Clarke *et al* (1987) e rapidamente tornou-se um dos controladores preditivos mais usados em aplicações industriais.

Desde sua proposição, tem-se mostrado eficaz no controle tanto de plantas "simples", estáveis em malha aberta com pouco grau de não linearidades, quanto de plantas mais "difíceis", com comportamento de fase não mínima, instáveis em malha aberta, com tempo morto variável. Além disso, é capaz de eliminar erros de regime, em razão de utilizar um modelo CARIMA (do inglês, *Controlled Auto-Regressive Integrated Moving-Average*) o qual, adicionalmente, pode ser obtido via técnicas de Identificação de Sistemas. Nesta seção, será apresentado o algoritmo básico do GPC linear monovariável.

7.3.2 Modelo CARIMA/ARIMAX

O Modelo CARIMA (*Controller Auto-Regressive Integrated Moving-Average*), também denominado ARIMAX (*Auto-Regressive Integrated Moving-Average with Exogenous Inputs*) pode ser obtido da seguinte forma, a partir de um modelo ARMAX (*Auto-Regressive with Moving Average and Exogenous Inputs*):

$$A(q^{-1})y(k) = q^{-d}B(q^{-1})u(k-1) + C(q^{-1})\frac{n(k)}{\Delta},$$

sendo $e(k)$ um sinal de ruído. Na formulação básica do GPC, por simplicidade, adota-se $C(q^{-1}) = 1$, o que corresponde a considerar a saída do sistema corrompida por um sinal de ruído branco. Desta forma:

$$\Delta A(q^{-1})y(k) = q^{-d}B(q^{-1})\Delta u(k-1) + n(k)$$

$$\tilde{A}(q^{-1})y(k) = q^{-d}B(q^{-1})\Delta u(k-1) + n(k), \tag{7.1}$$

sendo:

- q^{-1}: operador atraso. $q^{-d}y(k) = y(k-d)$
- d: tempo morto
- $A(q^{-1}) = 1 + a_1q^{-1} + a_2q^{-2} + \cdots + a_{na}q^{-na}$
- $B(q^{-1}) = b_0 + b_1q^{-1} + b_2q^{-2} + \cdots + b_{nb}q^{-nb}$
- $\Delta = 1 - q^{-1}$
- $\tilde{A}(q^{-1}) = \Delta A(q^{-1})$

7.3.3 Predição

Consideremos a seguinte equação polinomial, conhecida como Equação Diofantina:

$$1 = E_i(q^{-1})\tilde{A}(q^{-1}) + q^{-i}F_i(q^{-1}),$$

com $\text{grau}(E_i) = i - 1$, $\text{grau}(F_i) = na$.

Então:

$$E_i(q^{-1})\tilde{A}(q^{-1})y(k) = q^{-d}E_i(q^{-1})B(q^{-1})\Delta u(k-1) + E_i(q^{-1})n(k)$$

$$(1 - q^{-i}F_i(q^{-1}))y(k) = q^{-d}E_i(q^{-1})B(q^{-1})\Delta u(k-1) + E_i(q^{-1})n(k)$$

$$y(k) = q^{-i}F_i(q^{-1})y(k) + q^{-d}E_i(q^{-1})B(q^{-1})\Delta u(k-1) + E_i(q^{-1})n(k)$$

$$y(k+i) = F_i(q^{-1})y(k) + E_i(q^{-1})B(q^{-1})\Delta u(k+i-d-1) + E_i(q^{-1})n(k+i)$$

Note que, nesta forma, $y(k+i)$ só depende dos valores futuros do sinal de ruído $n(k)$.

A melhor predição i passos à frente é então dada por:

$$\hat{y}(k+i) = F_i(q^{-1})y(k) + E_i(q^{-1})B(q^{-1})\Delta u(k+i-d-1),$$

$$\hat{y}(k+i) = F_i(q^{-1})y(k) + G_i(q^{-1})\Delta u(k+i-d-1),$$

sendo $G_i(q^{-1}) = E_i(q^{-1})B(q^{-1})$.

Note-se que equação Diofantina a ser resolvida depende de quantos passos à frente i se está fazendo a predição. Além disso, para efeito de implementação, é importante notar que E_i é o quociente da divisão polinomial de 1 por $\tilde{A}$, com $\text{grau}(E_i) = i - 1$, sendo $q^{-i}F_i$ o resto desta divisão.

Exercício 7.1 (CAMACHO E BORDONS, 2007) Considere o sistema representado por:

$$(1 - 0{,}8q^{-1})y(k) = (0{,}4 + 0{,}6q^{-1})u(k-1) + \frac{n(k)}{\Delta}$$

Determinar os polinômios $E_i(q^{-1})$, $F_i(q^{-1})$ e $G_i(q^{-1})$, $i = 1, \cdots, 3$.

Resposta: Passando $\Delta = (1 - q^{-1})$ para o numerador, o modelo é reescrito na forma da equação (7.1):

$$(1 - 1{,}8q^{-1} + 0{,}8q^{-2})y(k) = (0{,}4 + 0{,}6q^{-1})\Delta u(k-1) + n(k)$$

sendo:

$$\begin{aligned}\tilde{A}(q^{-1}) &= (1 - 1{,}8q^{-1} + 0{,}8q^{-2}) \\ B(q^{-1}) &= (0{,}4 + 0{,}6q^{-1}), \\ d &= 0\end{aligned}$$

Para $i = 1$:

$1 = e_0(1 - 1{,}8q^{-1} + 0{,}8q^{-2}) + q^{-1}(f_0 + f_1q^{-1})$. Igualando os coeficientes dos termos de mesmo grau, obtém-se:

$$E_1(q^{-1}) = 1,\ \ F_1(q^{-1}) = 1{,}8 - 0{,}8q^{-1}.$$

Para $i = 2$:

$1 = (e_0 + e_1q^{-1})(1 - 1{,}8q^{-1} + 0{,}8q^{-2}) + q^{-2}(f_0 + f_1q^{-1})$. Obtém-se:

$$E_2(q^{-1}) = 1 + 1{,}8q^{-1},\ \ F_2(q^{-1}) = 2{,}44 - 1{,}44q^{-1}.$$

Para $i = 3$:

$1 = (e_0 + e_1q^{-1} + e_2q^{-2})(1 - 1{,}8q^{-1} + 0{,}8q^{-2}) + q^{-3}(f_0 + f_1q^{-1})$. Obtém-se:

$$E_3(q^{-1}) = 1 + 1{,}8q^{-1} + 2{,}4q^{-2},\ \ F_3(q^{-1}) = 2{,}952 - 1{,}952q^{-1}.$$

$G_i(q^{-1}) = E_i(q^{-1})B(q^{-1})$. Assim:

$$\begin{aligned}G_1(q^{-1}) &= (0{,}4 + 0{,}6q^{-1}), \\ G_2(q^{-1}) &= (1 + 1{,}8q^{-1})(0{,}4 + 0{,}6q^{-1}) &&= 0{,}4 + 1{,}32q^{-1} + 1{,}08q^{-2}, \\ G_3(q^{-1}) &= (1 + 1{,}8q^{-1} + 2{,}4q^{-2})(0{,}4 + 0{,}6q^{-1}) &&= 0{,}4 + 1{,}32q^{-1} + 2{,}056q^{-2} + 1{,}464q^{-3}.\end{aligned}$$

Voltando à predição, tem-se que:

$$\hat{y}(k+i) = G_i(q^{-1})\Delta u(k+i-d-1) + F_i(q^{-1})y(k)$$

$$G_i = E_iB,\ \ \text{grau}(G_i) = i - 1 + nb$$

O termo $G_i(q^{-1})\Delta u(k+i-d-1)$ contém elementos tanto do passado (anteriores a k) quanto do futuro. Separando-os:

$$G_i = G_{f_i} + q^{-i}G_{p_i},\ \ \text{com grau}\left(G_{f_i}\right) = i - 1, \text{grau}\left(G_{p_i}\right) = nb - 1, \tag{7.2}$$

tem-se que:

$$\hat{y}(k+i) = \underbrace{G_{f_i}(q^{-1})\Delta u(k+i-d-1)}_{\text{futuro}} + \underbrace{G_{p_i}(q^{-1})\Delta u(k-d-1) + F_i(q^{-1})y(k)}_{\text{passado}}$$

Definamos agora:

$$f_i = G_{p_i}(q^{-1})\Delta u(k-d-1) + F_i(q^{-1})y(k) \tag{7.3}$$

e consideremos as seguintes hipóteses, lembrando que d representa o tempo morto:

- Predição a partir de $N_1 = d + 1$;
- Predição até $N_2 = d + H_p$;
- $H_u = H_p$.

Então, a sequência de predição é dada por:

$$\begin{array}{rcl} \hat{y}(k+d+1) & = & G_{f_{d+1}}(q^{-1})\Delta u(k) + f_{d+1} \\ \hat{y}(k+d+2) & = & G_{f_{d+2}}(q^{-1})\Delta u(k+1) + f_{d+2} \\ \vdots & & \vdots \\ \hat{y}(k+d+H_p) & = & G_{f_{d+H_p}}(q^{-1})\Delta u(k+H_p-1) + f_{d+H_p} \end{array} \tag{7.4}$$

Lembrando que grau$(G_i) = i - 1$, os primeiros i coeficientes de G_{i+1} são idênticos aos de G_i. A equação de predição pode, assim, ser escrita na seguinte forma compacta:

$$\hat{\mathbf{y}} = \mathbf{G}\mathbf{u_f} + \mathbf{f}$$

sendo:

- $\mathbf{u_f}$: vetor dos incrementos de controle futuros;
- $\hat{\mathbf{y}}$: vetor de saídas preditas
- $\mathbf{G} = \begin{bmatrix} g_0 & 0 & \cdots & 0 \\ g_1 & g_0 & \cdots & 0 \\ \vdots & \vdots & \ddots & \vdots \\ g_{H_p-1} & g_{H_p-2} & \cdots & g_0 \end{bmatrix}$;
- $G_{f_{d+H_p}} = g_0 + g_1 q^{-1} + \cdots + g_{H_p-1} q^{-(H_p-1)}$;
- $\mathbf{f}$: vetor de resposta livre, cujos elementos são dados na equação (7.3).

Exercício 7.2 Considere o sistema representado por:

$$(1 - 0{,}8q^{-1})y(k) = (0{,}4 + 0{,}6q^{-1})u(k-1) + \frac{n(k)}{\Delta}.$$

Escrever a expressão das saídas preditas $\hat{y}(k+i)$, $i = 1, \cdots, 3$.

Resposta: Calculemos, inicialmente, os vetores da resposta livre. Para isso, é preciso separar os termos relativos ao passado e ao futuro nos polinômios $G_i(q^{-1})$, de acordo com a equação (7.2):

$\boldsymbol{i = 1}$:
$G_1(q^{-1}) = (0{,}4 + 0{,}6q^{-1}) = g_{f_0} + q^{-1}G_{p_1}$.

Assim:

$$G_{f_1}(q^{-1}) = 0{,}4, \;\; G_{p_1}(q^{-1}) = 0{,}6.$$

$\boldsymbol{i = 2}$:

$$G_2(q^{-1}) = (0{,}4 + 1{,}32q^{-1} + 1{,}08q^{-2}) = (g_{f_0} + g_{f_1}q^{-1}) + q^{-2}G_{p_2}.$$

Assim:

$$G_{f_2}(q^{-1}) = 0{,}4 + 1{,}32q^{-1}, \;\; G_{p_2}(q^{-1}) = 1{,}08.$$

$\boldsymbol{i = 3}$:

$G_3(q^{-1}) = (0{,}4 + 1{,}32q^{-1} + 2{,}06q^{-2} + 1{,}464q^{-3}) = (g_{f_0} + g_{f_1}q^{-1} + g_{f_2}q^{-2}) + q^{-3}G_{p_3}$. Assim:

$$G_{f_3}(q^{-1}) = 0{,}4 + 1{,}32q^{-1} + 2{,}06q^{-2}, \;\; G_{p_3}(q^{-1}) = 1{,}464.$$

Assim:

$$f_1 = G_{p_1}(q^{-1})\Delta u(k-1) + F_1(q^{-1})y(k) = 0{,}6\Delta u(k-1) + 1{,}8y(k) - 0{,}8y(k-1),$$

$$f_2 = G_{p_2}(q^{-1})\Delta u(k-1) + F_2(q^{-1})y(k) = 1{,}08\Delta u(k-1) + 2{,}44y(k) - 1{,}44y(k-1),$$

$$f_3 = G_{p_3}(q^{-1})\Delta u(k-1) + F_3(q^{-1})y(k) = 1{,}464\Delta u(k-1) + 2{,}952y(k) - 1{,}952y(k-1).$$

De acordo com a equação (7.4), as predições i passos à frente, com $i = 1{,}2{,}3$, são, então, dadas por:

$$\hat{y}(k+1) = G_{f_1}(q^{-1})\Delta u(k) + f_1 = 0{,}4\Delta u(k) + f_1$$

$$\hat{y}(k+2) = G_{f_2}(q^{-1})\Delta u(k+1) + f_2 = 0{,}4\Delta u(k+1) + 1{,}32\Delta u(k) + f_2,$$

$$\hat{y}(k+3) = G_{f_3}(q^{-1})\Delta u(k+2) + f_3 = 0{,}4\Delta u(k+2) + 1{,}32\Delta u(k+1) + 2{,}06\Delta u(k) + f_3.$$

Matricialmente:

$$\begin{bmatrix} \hat{y}(k+1) \\ \hat{y}(k+2) \\ \hat{y}(k+3) \end{bmatrix} = \begin{bmatrix} 0{,}4 & 0 & 0 \\ 1{,}32 & 0{,}4 & 0 \\ 2{,}06 & 1{,}32 & 0{,}4 \end{bmatrix} \begin{bmatrix} \Delta u(k) \\ \Delta u(k+1) \\ \Delta u(k+2) \end{bmatrix} + \begin{bmatrix} 0{,}6 \\ 1{,}08 \\ 1{,}464 \end{bmatrix} \Delta u(k-1)$$
$$+ \begin{bmatrix} 1{,}8 & -0{,}8 \\ 2{,}44 & -1{,}44 \\ 2{,}952 & -1{,}952 \end{bmatrix} \begin{bmatrix} y(k) \\ y(k-1) \end{bmatrix}.$$

7.3.4 Função Objetivo

Considera-se uma função custo quadrática:

$$\begin{aligned} J &= \textstyle\sum_{i=d+1}^{d+H_p} [\hat{y}(k+i) - r(k+i)]^2 + \sum_{i=1}^{H_p} \lambda(i)[\Delta u(k+i-1)]^2 \\ &= \textstyle\sum_{i=d+1}^{d+H_p} [e(k+i)]^2 + \sum_{i=1}^{H_p} \lambda(i)[\Delta u(k+i-1)]^2, \end{aligned} \tag{7.5}$$

sendo H_p o horizonte de predição e controle.

Assim, a função custo pode ser escrita da seguinte forma compacta:

$$J = \mathbf{e}^T\mathbf{e} + \lambda \mathbf{u_f}^T\mathbf{u_f}.$$

7.3.5 Cálculo da ação de controle ótima

Desenvolvendo a expressão da função custo, substituindo as expressões da predição, obtém-se:

$$\begin{aligned} J &= \mathbf{e}^T\mathbf{e} + \lambda \mathbf{u_f}^T\mathbf{u_f} \\ &= (\hat{\mathbf{y}} - \mathbf{r})^T(\hat{\mathbf{y}} - \mathbf{r}) + \lambda \mathbf{u_f}^T\mathbf{u_f} \\ &= (\mathbf{G}\mathbf{u_f} + \mathbf{f} - \mathbf{r})^T(\mathbf{G}\mathbf{u_f} + \mathbf{f} - \mathbf{r}) + \lambda \mathbf{u_f}^T\mathbf{u_f} \\ &= \mathbf{u_f}^T(\mathbf{G}^T\mathbf{G} + \lambda I)\mathbf{u_f} + 2(\mathbf{f} - \mathbf{r})^T\mathbf{G}\mathbf{u_f} + (\mathbf{f} - \mathbf{r})^T(\mathbf{f} - \mathbf{r}) \end{aligned}$$

Verifica-se, assim, que se trata de uma função quadrática, com a matriz Hessiana definida positiva. A condição necessária e suficiente para caracterização de um mínimo é, então:

$$\frac{\partial J}{\partial \mathbf{u_f}} = 0$$

$$2(\mathbf{G}^T\mathbf{G} + \lambda I)\mathbf{u_f} + 2\mathbf{G}^T(\mathbf{f} - \mathbf{r}) = 0$$

A sequência de incrementos de controle ótima é então dada por:

$$\mathbf{u_f}^* = (\mathbf{G}^T\mathbf{G} + \lambda I)^{-1}\mathbf{G}^T(\mathbf{r} - \mathbf{f}). \tag{7.6}$$

Observações:

- Apenas o primeiro elemento da sequência de controle ótima é aplicado na planta: $u(k) = \Delta u(k) + u(k-1)$;
- A lei de controle é linear em relação a $(\mathbf{r} - \mathbf{f})$ (erro de rastreamento da resposta livre);
- A resposta só atinge o regime permanente quando $\Delta u(k)$ for nulo. Isto só ocorrerá quando $(\mathbf{r} - \mathbf{f})$ for nulo, garantindo, portanto, erro de regime permanente nulo;
- A partir da expressão de $\mathbf{f}$ (7.3), conclui-se que se trata de uma realimentação linear da saída medida e de incrementos de controle passados, em função dos graus dos polinômios $G_{p_i}(q^{-1})$ e $F_i(q^{-1})$;
- Detalhes sobre a minimização de funções quadráticas podem ser encontrados em (LUENBERGER e YE, 2016), entre outros.

Os parâmetros de sintonia do GPC, como aqui formulado, são o horizonte de predição e controle H_p e a ponderação do esforço de controle λ. A escolha desses parâmetros não é tarefa simples. Neste texto, o efeito da mudança desses parâmetros no desempenho do sistema controlado será ilustrado por meio do exemplo numérico a seguir.

7.3.6 GPC com Restrições

Uma das grandes vantagens do controle preditivo em relação a controladores clássicos é a possibilidade de incorporar restrições diretamente em sua formulação. A seguir, mostra-se como isso pode ser feito, considerando-se restrições lineares na variação do sinal de entrada, na amplitude do sinal de entrada e na amplitude do sinal de saída.

Restrições na variação da entrada:

$$E\Delta u(k+i) \leq \epsilon,\ \forall i \geq 0$$

$$\begin{bmatrix} E & 0 & \cdots & 0 \\ 0 & E & \cdots & 0 \\ \vdots & \vdots & \ddots & \vdots \\ 0 & 0 & \cdots & E \end{bmatrix} \begin{bmatrix} \Delta u(k) \\ \Delta u(k+1) \\ \vdots \\ \Delta u(k+H_u-1) \end{bmatrix} \leq \begin{bmatrix} \epsilon \\ \epsilon \\ \vdots \\ \epsilon \end{bmatrix}$$

$$\Sigma \mathbf{u_f} \leq \boldsymbol{\epsilon}$$

Restrições na amplitude da entrada:

$$Fu(k+i) \leq \nu,\ \forall i \geq 0$$

$$\begin{aligned} u(k) &= \Delta u(k) + u(k-1) \\ u(k+1) &= \Delta u(k+1) + u(k) \\ &= \Delta u(k+1) + \Delta u(k) + u(k-1) \\ &\vdots \\ u(k+H_u-1) &= \Delta u(k+H_u-1) + \Delta u(k+H_u-2) + \cdots + \Delta u(k) + u(k-1) \end{aligned}$$

$$\begin{bmatrix} F & 0 & \cdots & 0 \\ F & F & \cdots & 0 \\ \vdots & \vdots & \ddots & \vdots \\ F & F & \cdots & F \end{bmatrix} \begin{bmatrix} \Delta u(k) \\ \Delta u(k+1) \\ \vdots \\ \Delta u(k+H_u-1) \end{bmatrix} \leq \begin{bmatrix} \nu \\ \nu \\ \vdots \\ \nu \end{bmatrix} - \begin{bmatrix} F \\ F \\ \vdots \\ F \end{bmatrix} u(k-1)$$

$$\mathcal{F}\mathbf{u_f} \leq \nu - \mathbf{F}u(k-1)$$

Restrições nas saídas:

$$H\hat{y}(k+i) \leq h\ \forall i > 0$$

$$\begin{bmatrix} H & 0 & \cdots & 0 \\ 0 & H & \cdots & 0 \\ \vdots & \vdots & \ddots & \vdots \\ 0 & 0 & \cdots & H \end{bmatrix} \begin{bmatrix} \hat{y}(k+1) \\ \hat{y}(k+2) \\ \vdots \\ \hat{y}(k+H_p) \end{bmatrix} \leq \begin{bmatrix} h \\ h \\ \vdots \\ h \end{bmatrix}$$

$$\mathcal{H}\hat{\mathbf{y}} \leq \mathbf{h}$$

$$\mathcal{H}(\mathbf{G}\mathbf{u_f} + \mathbf{f}) \leq \mathbf{h}$$

$$\mathcal{H}\mathbf{G}\mathbf{u_f} \leq \mathbf{h} - \mathcal{H}\mathbf{f}.$$

Determinação da ação de controle:

É necessário agora determinar $\mathbf{u_f}^*$, solução do seguinte problema de *Otimização Quadrática* (função objetivo quadrática e restrições lineares):

$$\min J = \mathbf{u_f}^T(\mathbf{G}^T\mathbf{G} + \lambda I)\mathbf{u_f} + 2(\mathbf{f}-\mathbf{r})^T\mathbf{G}\mathbf{u_f} + (\mathbf{f}-\mathbf{r})^T(\mathbf{f}-\mathbf{r})$$

$$\text{sujeito a: } \begin{bmatrix} \Sigma \\ \mathcal{F} \\ \mathcal{H}\mathbf{G} \end{bmatrix} \mathbf{u_f} \leq \begin{bmatrix} \boldsymbol{\epsilon} \\ \boldsymbol{\nu} - \mathbf{F}u(k-1) \\ \mathbf{h} - \mathcal{H}\mathbf{f} \end{bmatrix}$$

Não há solução analítica para este problema, apenas numérica. No entanto, algoritmos eficientes são disponíveis. Muitos deles estão implementados na função *quadprog* no Matlab.

7.3.7 Exemplo Numérico

Considere um sistema de tempo discreto representado por:

$$(1 - 0{,}8q^{-1})y(k) = (0{,}4 + 0{,}6q^{-1})u(k-1).$$

Trata-se de um sistema estável em malha aberta. Analisemos o comportamento da resposta em malha fechada do sistema controlado por um GPC, em função de mudanças no horizonte de predição, fixando $\lambda = 1$.

Nas figuras 7.4 e 7.5 estão representadas, respectivamente, a resposta e o sinal de controle obtidos com 3 diferentes valores de H_p.

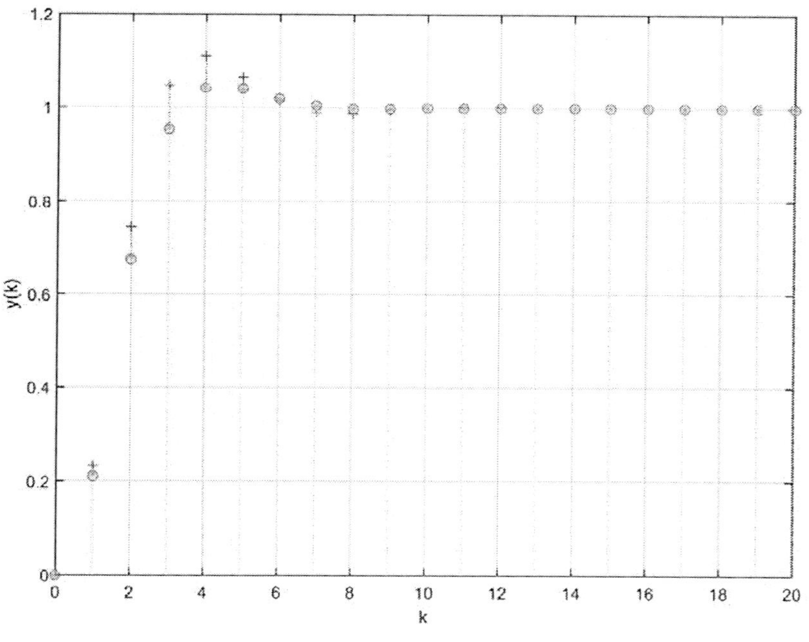

Figura 7.4: Resposta do GPC com $H_p = 2$ (+), H_p= 4 (o), H_p= 6 (*).

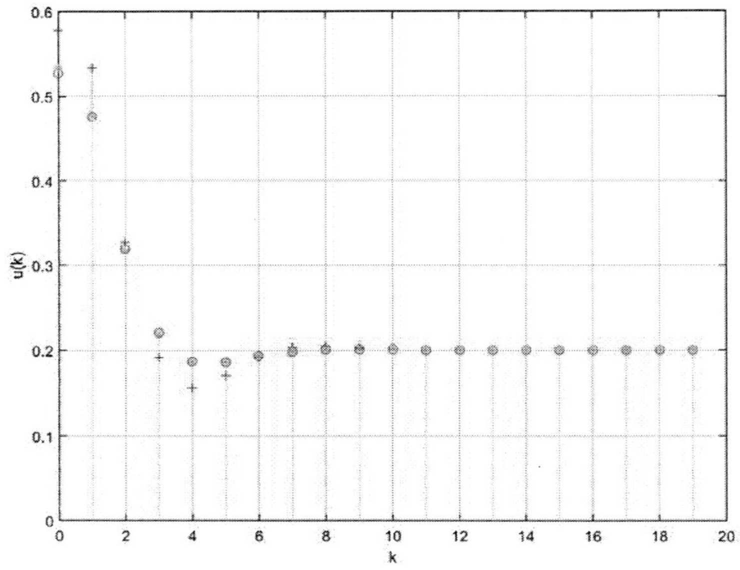

Figura 7.5: Ações de controle do GPC, com $H_p = 2$ (+), $H_p= 4$ (o), $H_p= 6$ (*).

Verifica-se que o aumento do horizonte de predição torna a resposta mais suave, com menor *overshoot*. Além disso, a resposta com $H_p= 6$ é praticamente idêntica àquela com $H_p= 4$. Isso indica que, a partir de um dado valor, o aumento de H_p não proporciona melhorias à resposta, aumentando apenas o esforço computacional. Conceitualmente, um valor maior de H_p implica otimizar o desempenho do sistema "enxergando mais longe", o que, em princípio, permite obter um desempenho melhor do que olhar apenas para o "curto prazo".

Analisemos agora o comportamento da resposta em função de mudanças na ponderação do esforço de controle, fixando $H_p = 4$.

Nas Figuras 7.6 e 7.7 estão representadas, respectivamente, a resposta e o sinal de controle obtidos com 3 diferentes valores de λ.

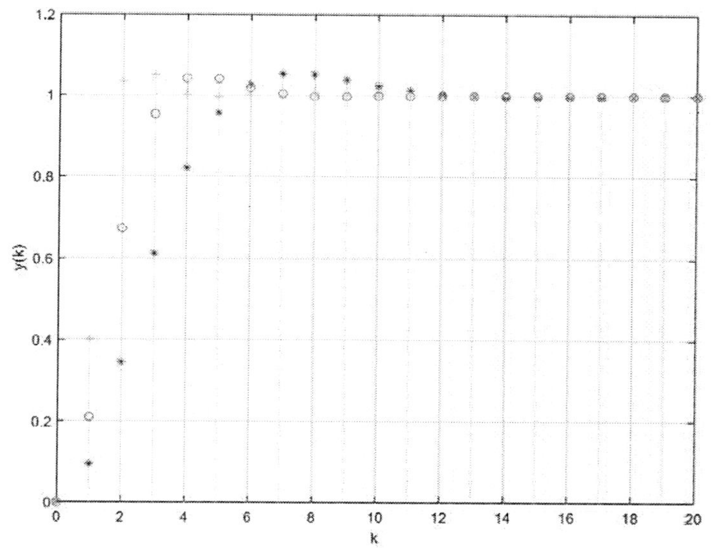

Figura 7.6: Resposta do GPC, com λ = 0,1 (+), λ = 1 (o), λ = 10 (*)

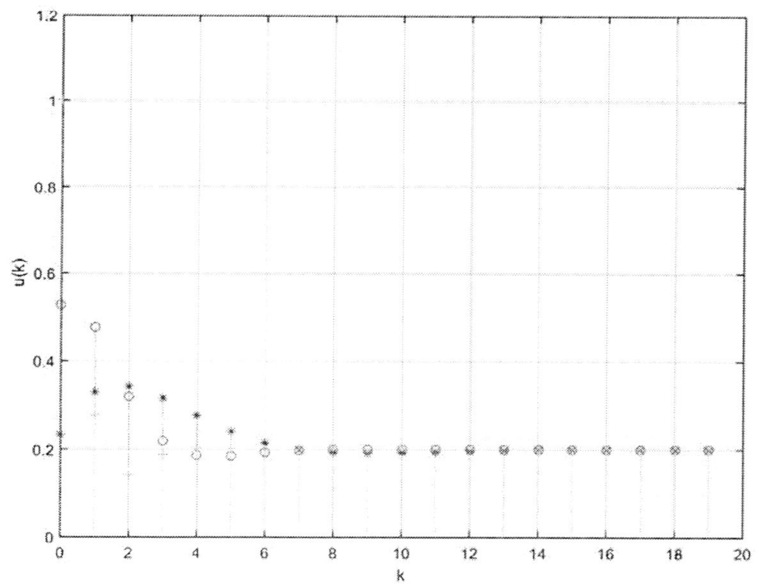

Figura 7.7: Ações de controle do GPC, , com λ = 0,1 (+), λ = 1 (o), λ = 10 (*).

O efeito de λ na resposta dos sistema controlado pode ser analisado sob dois aspectos, com conclusões semelhantes. Ao se analisar a função custo a ser minimizada (7.5), observa-se que um valor menor de λ permite valores maiores de Δu. Isso leva a uma ação de controle mais forte, resultando em um tempo de subida menor. Note-se o valor bem maior de $u(0)$ obtido com λ=0,1. Por outro lado, ao se analisar a lei de controle (7.6), constata-se que um valor menor de λ resulta em um ganho maior do controlador, o que explica de outra forma a ação de controle mais forte.

7.4 Controle Preditivo Usando Modelos de Estado

7.4.1 Introdução

Modelos de estado são mais completos que modelos entrada-saída, no sentido de incluir a representação de variáveis internas, conhecidas como variáveis de estado. Uma das vantagens é permitir o uso da técnica de controle conhecida como realimentação de estado que, no caso linear, permite estabelecer a dinâmica desejada para o sistema em malha fechada, a partir da escolha arbitrária dos polos. Além disso, permite tratar, sem dificuldades adicionais, sistemas com múltiplas entradas e múltiplas saídas (multivariáveis ou MIMO, do inglês *Multiple Input, Multiple Output*). Finalmente, devido à inclusão no modelo das variáveis de estado, permite ao controlador impor ao sistema em malha fechada o respeito a restrições em variáveis outras que aquela sendo controlada. Nesta seção, será apresentado um algoritmo de controle preditivo usando modelo de estado, com restrições nas variáveis de estado e de controle para sistemas lineares.

7.4.2 Modelos

Diferentes formulações podem ser usadas para controle preditivo usando modelos de estado (MACIEJOWSKI, 2007). O modelo básico é dado por:

$$\begin{cases} x(k+1) = Ax(k) + Bu(k) \\ y(k) = Cx(k), \end{cases}$$

sendo $x(k)$ o vetor de estado, $u(k)$ o vetor de entradas e $y(k)$ o vetor de saídas.

Com o objetivo de eliminar erros de regime permanente para *set-points* constantes, costuma-se adotar a formulação a seguir, que usa o incremento das ações de controle $\Delta u(k) = u(k) - u(k-1)$. Assim:

$$x(k+1) = Ax(k) + B(\Delta u(k) + u(k-1))$$

Definindo $\begin{bmatrix} x(k) \\ u(k-1) \end{bmatrix}$ como novo vetor de estado, tem-se o seguinte modelo:

$$\begin{cases} \begin{bmatrix} x(k+1) \\ u(k) \end{bmatrix} = \begin{bmatrix} A & B \\ 0 & I \end{bmatrix} \begin{bmatrix} x(k) \\ u(k-1) \end{bmatrix} + \begin{bmatrix} B \\ I \end{bmatrix} \Delta u(k) \\ y(k) = \begin{bmatrix} C & 0 \end{bmatrix} \begin{bmatrix} x(k) \\ u(k-1) \end{bmatrix}. \end{cases}$$

Pode também ser usada a variação do estado: $\Delta x(k) = x(k) - x(k-1)$. Com isso:

$$\begin{aligned} x(k+1) &= Ax(k) + Bu(k) \\ x(k) &= Ax(k-1) + Bu(k-1) \\ \Delta x(k+1) &= A\Delta x(k) + B\Delta u(k) \end{aligned}$$

$$\begin{aligned} y(k+1) &= Cx(k+1) = C(\Delta x(k+1) + x(k)) \\ &= C(A\Delta x(k) + B\Delta u(k) + x(k)) \\ &= CA\Delta x(k) + CB\Delta u(k) + y(k) \end{aligned}$$

Definindo $\begin{bmatrix} \Delta x(k) \\ y(k) \end{bmatrix}$ como novo vetor de estado, tem-se o seguinte modelo:

$$\begin{cases} \begin{bmatrix} \Delta x(k+1) \\ y(k+1) \end{bmatrix} = \begin{bmatrix} A & 0 \\ CA & I \end{bmatrix} \begin{bmatrix} \Delta x(k) \\ y(k) \end{bmatrix} + \begin{bmatrix} B \\ CB \end{bmatrix} \Delta u(k) \\ y(k) = \begin{bmatrix} 0 & I \end{bmatrix} \begin{bmatrix} \Delta x(k) \\ y(k) \end{bmatrix} \end{cases}$$

7.4.3 Predição

A formulação usada neste trabalho é composta dos seguintes elementos:

Modelo Linear:

$$\begin{cases} x(k+1) = Ax(k) + Bu(k) \\ y(k) = Cx(k) \end{cases}$$

Erro de rastreamento:
$e(k) = y(k) - r(k);$

Variação do sinal de entrada:
$\Delta u(k) = u(k) - u(k-1);$

Função Custo:

$$J(k) = \sum_{i=1}^{H_p} e^T(k+i)Qe(k+i) + \sum_{i=0}^{H_u-1} \Delta u^T(k+i)R\Delta u(k+i);$$

$\boldsymbol{H_p}$: Horizonte de predição;
$\boldsymbol{H_u}$: Horizonte de controle.

Considerando que o estado atual $x(k)$ é medido, a predição dos estados futuros pode ser obtida da seguinte forma:

$$\begin{array}{rcl} \hat{x}(k+1) & = & Ax(k) + B\hat{u}(k) \\ \hat{x}(k+2) & = & A\hat{x}(k+1) + B\hat{u}(k+1) \\ & = & A^2x(k) + AB\hat{u}(k) + B\hat{u}(k+1) \\ & \vdots & \\ \hat{x}(k+H_p) & = & A^{H_p}x(k) + A^{H_p-1}B\hat{u}(k) + \cdots + B\hat{u}(k+H_p-1) \end{array},$$

sendo $\hat{x}$ e $\hat{u}$ valores preditos.

Considerando $\Delta\hat{u}(k) = \hat{u}(k) - \hat{u}(k-1)$ e assumindo-se que $\Delta\hat{u}(k+i) = 0$ para $i \geq H_u$, ou seja, que a entrada de controle não muda além do horizonte de controle, obtém-se:

$$\begin{array}{rcl} \hat{x}(k+1) & = & Ax(k) + B[\Delta\hat{u}(k) + u(k-1)] \\ \hat{x}(k+2) & = & A^2x(k) + AB[\Delta\hat{u}(k) + u(k-1)] \\ & & +B[\Delta\hat{u}(k+1) + \Delta\hat{u}(k) + u(k-1)] \\ & = & A^2x(k) + (A+I)B\Delta\hat{u}(k) + B\Delta\hat{u}(k+1) + (A+I)Bu(k-1) \\ & \vdots & \\ \hat{x}(k+H_u) & = & A^{H_u}x(k) + (A^{H_u-1} + \cdots + A + I)B\Delta\hat{u}(k) \\ & & \cdots + B\Delta\hat{u}(k+H_u-1) + (A^{H_u-1} + \cdots + A + I)Bu(k-1) \\ & \vdots & \end{array}$$

Além do horizonte de controle a predição é dada por:

$$
\begin{aligned}
\hat{x}(k+H_u+1) &= A^{H_u+1}x(k) + (A^{H_u} + \cdots + A + I)B\Delta\hat{u}(k) \\
&\quad \cdots + (A+I)B\Delta\hat{u}(k+H_u-1) \\
&\quad +(A^{H_u} + \cdots + A + I)Bu(k-1) \\
&\quad \vdots \\
\hat{x}(k+H_p) &= A^{H_p}x(k) + (A^{H_p-1} + \cdots + A + I)B\Delta\hat{u}(k) \\
&\quad \cdots + (A^{H_p-H_u} + \cdots + A + I)B\Delta\hat{u}(k+H_u-1) \\
&\quad +(A^{H_p-1} + \cdots + A + I)Bu(k-1)
\end{aligned}
$$

Em forma de matrizes:

$$
\begin{bmatrix} \hat{x}(k+1) \\ \vdots \\ \hat{x}(k+H_u) \\ \hat{x}(k+H_u+1) \\ \vdots \\ \hat{x}(k+H_p) \end{bmatrix} = \begin{bmatrix} A \\ \vdots \\ A^{H_u} \\ A^{H_u+1} \\ \vdots \\ A^{H_p} \end{bmatrix} x(k) + \underbrace{\begin{bmatrix} B \\ \vdots \\ \sum_{i=0}^{H_u-1} A^i B \\ \sum_{i=0}^{H_u} A^i B \\ \vdots \\ \sum_{i=0}^{H_p-1} A^i B \end{bmatrix}}_{\text{passado}} u(k-1) +
$$

$$
\underbrace{\begin{bmatrix} B & \cdots & 0 \\ AB+B & \cdots & 0 \\ \vdots & \ddots & \vdots \\ \sum_{i=0}^{H_u-1} A^i B & \cdots & B \\ \sum_{i=0}^{H_u} A^i B & \cdots & AB+B \\ \vdots & \vdots & \vdots \\ \sum_{i=0}^{H_p-1} A^i B & \cdots & \sum_{i=0}^{H_p-H_u} A^i B \end{bmatrix}}_{\text{futuro}} \begin{bmatrix} \Delta\hat{u}(k) \\ \Delta\hat{u}(k+1) \\ \vdots \\ \Delta\hat{u}(k+H_u-1) \end{bmatrix}
$$

A saída predita é dada por:

$$\underbrace{\begin{bmatrix} \hat{y}(k+1) \\ \vdots \\ \hat{y}(k+H_u) \\ \hat{y}(k+H_u+1) \\ \vdots \\ \hat{y}(k+H_p) \end{bmatrix}}_{\mathcal{Y}(k)} = \underbrace{\begin{bmatrix} CA \\ \vdots \\ CA^{H_u} \\ CA^{H_u+1} \\ \vdots \\ CA^{H_p} \end{bmatrix}}_{\Psi} x(k) + \underbrace{\begin{bmatrix} CB \\ \vdots \\ C\sum_{i=0}^{H_u-1} A^i B \\ C\sum_{i=0}^{H_u} A^i B \\ \vdots \\ C\sum_{i=0}^{H_p-1} A^i B \end{bmatrix}}_{\Phi} u(k-1) +$$

$$\underbrace{\begin{bmatrix} CB & \cdots & 0 \\ C(AB+B) & \cdots & 0 \\ \vdots & \ddots & \vdots \\ C\sum_{i=0}^{H_u-1} A^i B & \cdots & CB \\ C\sum_{i=0}^{H_u} A^i B & \cdots & C(AB+B) \\ \vdots & \vdots & \vdots \\ C\sum_{i=0}^{H_p-1} A^i B & \cdots & C\sum_{i=0}^{H_p-H_u} A^i B \end{bmatrix}}_{\Theta} \underbrace{\begin{bmatrix} \Delta\hat{u}(k) \\ \Delta\hat{u}(k+1) \\ \vdots \\ \Delta\hat{u}(k+H_u-1) \end{bmatrix}}_{\Delta\mathcal{U}(k)}$$

7.4.4 Função custo

O vetor de saídas preditas, os sinais de referência e as matrizes de ponderação ao longo do horizonte de predição são dados, respectivamente, por:

$$\mathcal{Y}(k) = \Psi x(k) + \Phi u(k-1) + \Theta\Delta\mathcal{U}(k),$$

$$\mathcal{T}(k) = \begin{bmatrix} r(k+1) \\ r(k+2) \\ \vdots \\ r(k+H_p) \end{bmatrix},$$

$$\mathcal{Q} = \begin{bmatrix} Q & 0 & \cdots & 0 \\ 0 & Q & \cdots & 0 \\ \vdots & \vdots & \ddots & \vdots \\ 0 & 0 & \cdots & Q \end{bmatrix}, \mathcal{R} = \begin{bmatrix} R & 0 & \cdots & 0 \\ 0 & R & \cdots & 0 \\ \vdots & \vdots & \ddots & \vdots \\ 0 & 0 & \cdots & R \end{bmatrix}$$

A função custo pode, então, ser escrita na seguinte forma matricial:

$$J(k) = [\mathcal{Y}(k) - \mathcal{T}(k)]^T \mathcal{Q}[\mathcal{Y}(k) - \mathcal{T}(k)] + \Delta\mathcal{U}(k)^T \mathcal{R}\Delta\mathcal{U}(k).$$

Definamos o seguinte vetor com elementos conhecidos do presente e do passado:

$$\mathcal{E}(k) = \mathcal{T}(k) - [\Psi x(k) + \Phi u(k-1)],$$

que, similar ao GPC, representa o erro de rastreamento da resposta livre. Substituindo-o em $J(k)$, junto com a expressão de $\mathcal{Y}(k)$, obtém-se:

$$\begin{aligned} J(k) &= [\Theta\Delta\mathcal{U}(k) - \mathcal{E}(k)]^T\mathcal{Q}[\Theta\Delta\mathcal{U}(k) - \mathcal{E}(k)] + \Delta\mathcal{U}(k)^T\mathcal{R}\Delta\mathcal{U}(k) \\ &= \mathcal{E}(k)^T\mathcal{Q}\mathcal{E}(k) - 2\Delta\mathcal{U}(k)^T\Theta^T\mathcal{Q}\mathcal{E}(k) + \Delta\mathcal{U}(k)^T[\Theta^T\mathcal{Q}\Theta + \mathcal{R}]\Delta\mathcal{U}(k) \end{aligned}$$

$$J(k) = \mathcal{E}(k)^T\mathcal{Q}\mathcal{E}(k) - \Delta\mathcal{U}(k)^T\mathcal{G} + \Delta\mathcal{U}(k)^T\mathcal{H}\Delta\mathcal{U}(k),$$

sendo: $\begin{cases} \mathcal{E}(k)^T\mathcal{Q}\mathcal{E}(k) = \text{constante} \\ \mathcal{G} = 2\Theta^T\mathcal{Q}\mathcal{E}(k) \\ \mathcal{H} = \Theta^T\mathcal{Q}\Theta + \mathcal{R} \end{cases}$

7.4.5 Problema sem restrições

O problema de otimização a ser resolvido é o de determinar $\Delta\mathcal{U}(k)$, tal que $J(k)$ seja mínimo. Sua solução é dada por:

$$\frac{\partial J(k)}{\partial \Delta\mathcal{U}(k)} = 0 \;\Rightarrow\; -\mathcal{G} + 2\mathcal{H}\Delta\mathcal{U}(k) = 0$$

A sequência ótima de ações de controle é então dada por:

$$\Delta\mathcal{U}^*(k) = \frac{1}{2}\mathcal{H}^{-1}\mathcal{G}$$

$\Delta\hat{u}^*(k)$ é aplicado na planta e o processo é repetido nos instantes $k + i$.

Observações:

- As dimensões das matrizes $\mathcal{H}$ e $\mathcal{G}$ aumentam com o aumento dos horizontes de predição, H_p, e de controle, H_u;

- $\Delta\mathcal{U}^*(k) = \frac{1}{2}\mathcal{H}^{-1}\mathcal{G} = \mathcal{H}^{-1}\Theta^T\mathcal{Q}\mathcal{E}(k)$. Logo, a ação de controle ótima é uma realimentação do sinal $\mathcal{E}(k) = \mathcal{T}(k) - [\Psi x(k) + \Phi u(k-1)]$, ou seja, baseia-se no estado atual $x(k)$, na entrada no instante anterior $u(k-1)$ e no sinal de referência que se deseja rastrear: $\mathcal{T}(k) = [r(k+1) \quad r(k+2) \quad \cdots \quad r(k+H_p)]^T$.

7.4.6 Exemplo Numérico

Consideremos um sistema definido pelas seguintes matrizes:

$$A = \begin{bmatrix} 1{,}1 & -2 \\ 0 & 0{,}95 \end{bmatrix},\; B = \begin{bmatrix} 0 \\ 0{,}0787 \end{bmatrix},\; C = [-1 \quad -1]$$

Trata-se de um sistema instável em malha aberta, cujos polos são $p_1 = 1{,}1$; $p_2 = 0{,}95$ e com um zero de fase não mínima, $z_1 = 3{,}1$. Trata-se, portanto, de um sistema difícil de controlar.

O sinal de referência considerado é constante: $r(k) = 1, \forall k$.

A função custo é:

$$\sum_{i=0}^{H_p} e^T(k+i)Qe(k+i) + \sum_{i=0}^{H_u-1} u^T(k+i)Ru(k+i)$$

As condições iniciais são: $x(0) = 0, u(-1) = 0$.

Analisemos, inicialmente, o efeito da mudança no horizonte de predição. Com os seguintes parâmetros de sintonia: $Q = 1$, $R = 1$ (erro de rastreamento e esforço de controle igualmente ponderados), $H_p = 2$, $H_u = 2$, o sistema em malha fechada fica instável, indicando que o horizonte escolhido é muito pequeno.

Na Figura 7.8 podem ser vistas as respostas com diferentes valores de H_p, fixando-se $H_u = 3$. Verifica-se, claramente, a necessidade de um horizonte mínimo para estabilizar o sistema, bem como a resposta mais suave obtida com seu aumento.

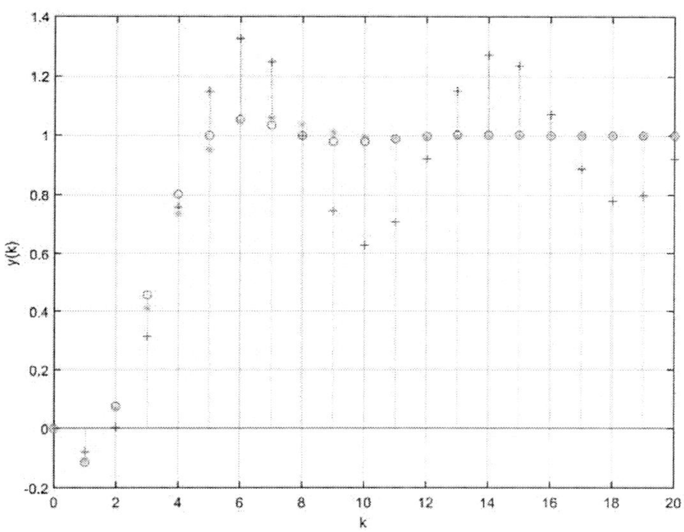

Figura 7.8: Resposta com $H_p = 4$ (+), $H_p = 5$ (o), $H_p = 6$ (*).

Analisemos agora o efeito da mudança relativa nas matrizes de ponderação. Com $Q = 1$, $H_p = 5$ e $H_u = 3$, nas Figuras 7.10 e 7.11 podem ser vistas, respectivamente, as respostas e o sinal de controle com diferentes valores de R (ponderação na ação de controle). Verifica-se, neste caso, que uma ação de controle mais forte (menor valor de R) proporciona uma resposta melhor. Isto ocorre porque o sistema em malha aberta é instável, requerendo uma ação de controle forte para poder estabilizar o sistema.

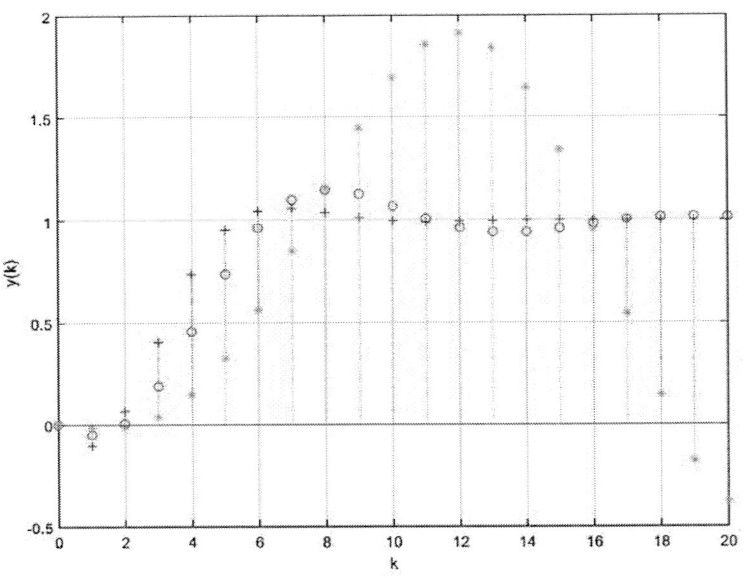

Figura 7.10: Resposta com $R = 0{,}1$ (+), $R = 1$ (o), $R = 10$ (*).

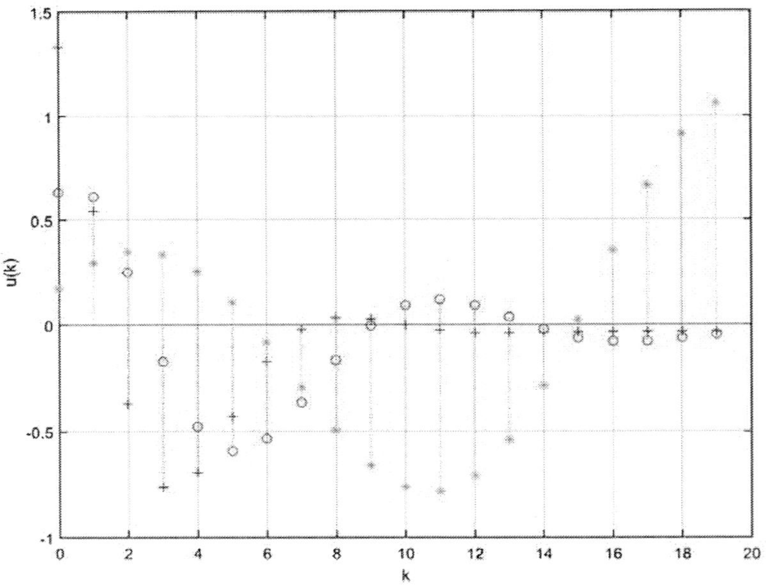

Figura 7.11: Ação de controle com $R = 0{,}1$ (+), $R = 1$ (o), $R = 10$ (*).

7.4.7 Problema com restrições

Restrições lineares nos estados, na saída e no controle podem ser facilmente incorporadas à formulação de controle preditivo usando modelos de estado, como mostrado a seguir.

7.4.7.1 Restrições na variação da entrada

$$E\Delta\hat{u}(k+i) \leq \epsilon,\ \forall i \geq 0$$

$$\begin{bmatrix} E & 0 & \cdots & 0 \\ 0 & E & \cdots & 0 \\ \vdots & \vdots & \ddots & \vdots \\ 0 & 0 & \cdots & E \end{bmatrix} \begin{bmatrix} \Delta\hat{u}(k) \\ \Delta\hat{u}(k+1) \\ \vdots \\ \Delta\hat{u}(k+H_u-1) \end{bmatrix} \leq \begin{bmatrix} \epsilon \\ \epsilon \\ \vdots \\ \epsilon \end{bmatrix}$$

$$\Sigma\Delta\mathcal{U}(k) \leq \epsilon_v$$

7.4.7.2 Restrições na amplitude da entrada

$$F\hat{u}(k+i) \leq \nu,\ \forall i \geq 0$$

$$\begin{aligned} \hat{u}(k) &= \Delta\hat{u}(k) + u(k-1) \\ \hat{u}(k+1) &= \Delta\hat{u}(k+1) + \hat{u}(k) \\ &= \Delta\hat{u}(k+1) + \Delta\hat{u}(k) + u(k-1) \\ &\vdots \\ \hat{u}(k+H_u-1) &= \Delta\hat{u}(k+H_u-1) + \Delta\hat{u}(k+H_u-2) + \cdots + \Delta\hat{u}(k) + u(k-1) \end{aligned}$$

$$\begin{bmatrix} F & 0 & \cdots & 0 \\ F & F & \cdots & 0 \\ \vdots & \vdots & \ddots & \vdots \\ F & F & \cdots & F \end{bmatrix} \begin{bmatrix} \Delta\hat{u}(k) \\ \Delta\hat{u}(k+1) \\ \vdots \\ \Delta\hat{u}(k+H_u-1) \end{bmatrix} \leq \begin{bmatrix} \nu \\ \nu \\ \vdots \\ \nu \end{bmatrix} - \begin{bmatrix} F \\ F \\ \vdots \\ F \end{bmatrix} u(k-1)$$

$$\mathcal{F}\Delta\mathcal{U}(k) \leq \nu_v - F_v u(k-1)$$

7.4.7.3 Restrições na amplitude da saída

$$Gy(k+i) \leq g\ \forall i > 0$$

$$\underbrace{\begin{bmatrix} \hat{y}(k+1) \\ \vdots \\ \hat{y}(k+H_u) \\ \hat{y}(k+H_u+1) \\ \vdots \\ \hat{y}(k+H_p) \end{bmatrix}}_{\mathcal{Y}(k)} = \underbrace{\begin{bmatrix} CA \\ \vdots \\ CA^{H_u} \\ CA^{H_u+1} \\ \vdots \\ CA^{H_p} \end{bmatrix}}_{\Psi} x(k) + \underbrace{\begin{bmatrix} CB \\ \vdots \\ C\sum_{i=0}^{H_u-1} A^i B \\ C\sum_{i=0}^{H_u} A^i B \\ \vdots \\ C\sum_{i=0}^{H_p-1} A^i B \end{bmatrix}}_{\Phi} u(k-1) +$$

$$\underbrace{\begin{bmatrix} CB & \cdots & 0 \\ C(AB+B) & \cdots & 0 \\ \vdots & \ddots & \vdots \\ C\sum_{i=0}^{H_u-1} A^i B & \cdots & CB \\ C\sum_{i=0}^{H_u} A^i B & \cdots & C(AB+B) \\ \vdots & \vdots & \vdots \\ C\sum_{i=0}^{H_p-1} A^i B & \cdots & C\sum_{i=0}^{H_p-H_u} A^i B \end{bmatrix}}_{\Theta} \underbrace{\begin{bmatrix} \Delta\hat{u}(k) \\ \Delta\hat{u}(k+1) \\ \vdots \\ \Delta\hat{u}(k+H_u-1) \end{bmatrix}}_{\Delta\mathcal{U}(k)}$$

$$\Gamma = \begin{bmatrix} G & 0 & \cdots & 0 \\ 0 & G & \cdots & 0 \\ \vdots & \vdots & \ddots & \vdots \\ 0 & 0 & \cdots & G \end{bmatrix}$$

$$\Gamma\Psi x(k) + \Gamma\Phi u(k-1) + \Gamma\Theta\Delta\mathcal{U}(k) \leq \begin{bmatrix} g \\ g \\ \vdots \\ g \end{bmatrix}$$

$$\Gamma\Theta\Delta\mathcal{U}(k) \leq g_v - \Gamma\Psi x(k) - \Gamma\Phi u(k-1).$$

O problema de Controle Preditivo com restrições consiste, então, em determinar $\Delta\mathcal{U}^*(k)$, solução do seguinte problema de Otimização Quadrática:

$$\min J(k) = \mathcal{E}(k)^T \mathcal{Q}\mathcal{E}(k) - \Delta\mathcal{U}(k)^T \mathcal{G} + \Delta\mathcal{U}(k)^T \mathcal{H}\Delta\mathcal{U}(k)$$

$$\text{sujeito a: } \begin{bmatrix} \Sigma \\ \mathcal{F} \\ \Gamma\Theta \end{bmatrix} \Delta\mathcal{U}(k) \leq \begin{bmatrix} \epsilon_v \\ \nu_v - F_v u(k-1) \\ g_v - \Gamma\Psi x(k) - \Gamma\Phi u(k-1) \end{bmatrix}$$

7.4.7.4 Exemplo numérico com restrições

É considerado o mesmo sistema usado no exemplo sem restrições, com:

$$A = \begin{bmatrix} 1{,}1 & 2 \\ 0 & 0{,}95 \end{bmatrix},\ B = \begin{bmatrix} 0 \\ 0{,}0787 \end{bmatrix},\ C = \begin{bmatrix} -1 & -1 \end{bmatrix}$$

São estabelecidas as seguintes restrições na variação do sinal de entrada:

$$|\Delta u(k)| \leq 0{,}2,$$

que podem ser reescritas da seguinte forma:

$$\begin{bmatrix} 1 \\ -1 \end{bmatrix} \Delta u(k) \leq \begin{bmatrix} 0{,}2 \\ 0{,}2 \end{bmatrix} \Rightarrow E\Delta u(k) \leq \epsilon.$$

As restrições na amplitude do sinal de entrada são dadas por:

$$|u(k)| \leq 0{,}4,$$

resultando em:

$$\begin{bmatrix} 1 \\ -1 \end{bmatrix} u(k) \leq \begin{bmatrix} 0{,}4 \\ 0{,}4 \end{bmatrix} \Rightarrow Fu(k) \leq \nu.$$

Finalmente, têm-se as seguintes restrições na amplitude do sinal de saída:

$$|y(k)| \leq 1,$$

$$\begin{bmatrix} 1 \\ -1 \end{bmatrix} y(k) \leq \begin{bmatrix} 1 \\ 1 \end{bmatrix} \Rightarrow Gy(k) \leq \delta$$

Nas Figuras 7.12 e 7.13 são mostradas a resposta e a ação de controle para o sistema com restrições em $\Delta u(k)$, usando os seguintes parâmetros de sintonia: $Q = 1$, $R = 1$, $H_p = 6$, $H_u = 6$. Verifica-se, como esperado, que as restrições levam a uma perda de desempenho do sistema em malha fechada.

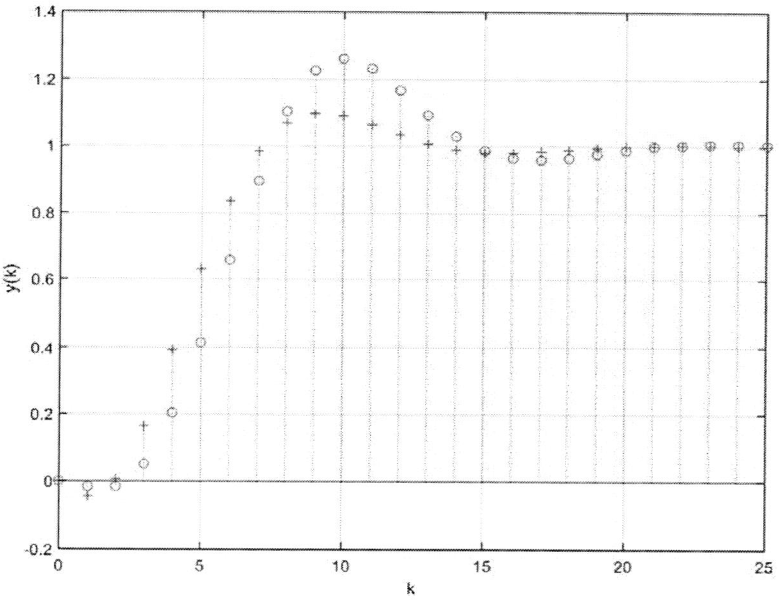

Figura 7.12: Saída controlada sem restrições (+) e com restrições em $\Delta u(k)$ (o).

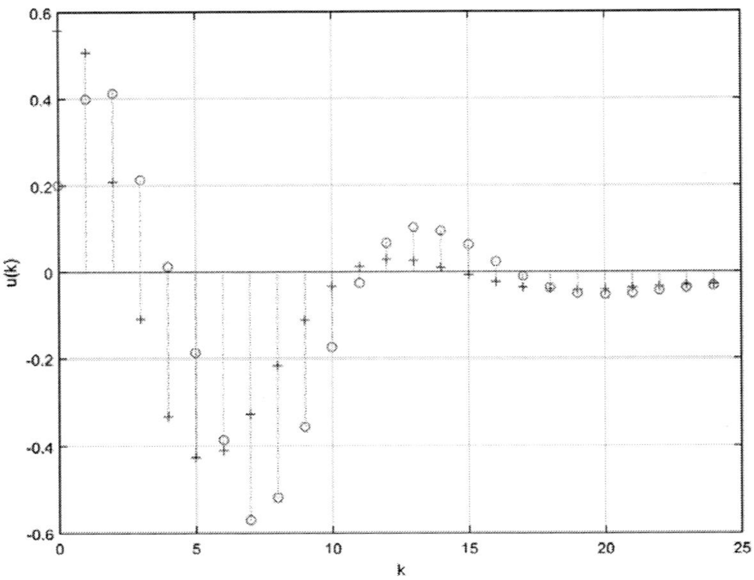

Figura 7.13: Ação de controle sem restrições (+) e com restrições em $\Delta u(k)$ (o).

Nas Figuras 7.14 e 7.15 são mostradas a resposta e a ação de controle para o sistema com restrições em $u(k)$, mantendo a mesma sintonia. Verifica-se uma resposta mais lenta imposta pelas restrições.

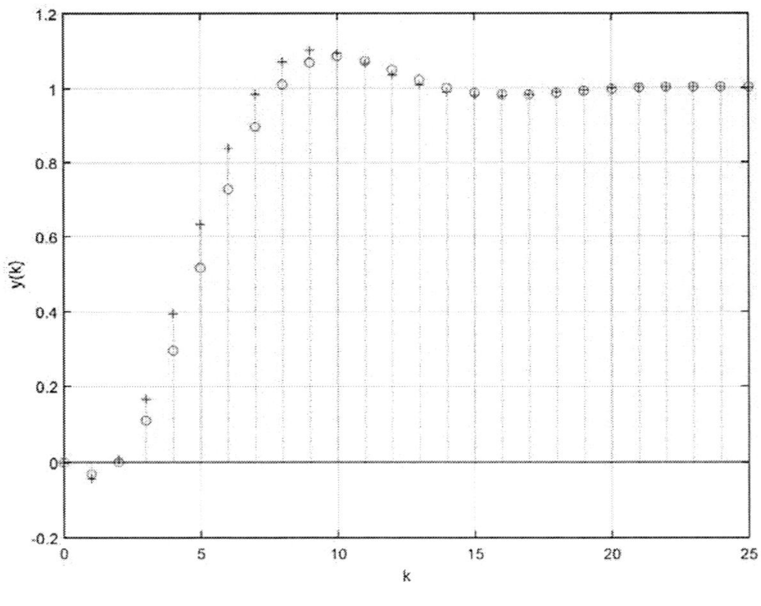

Figura 7.14: Saída controlada sem restrições (+) e com restrições em $u(k)$ (o).

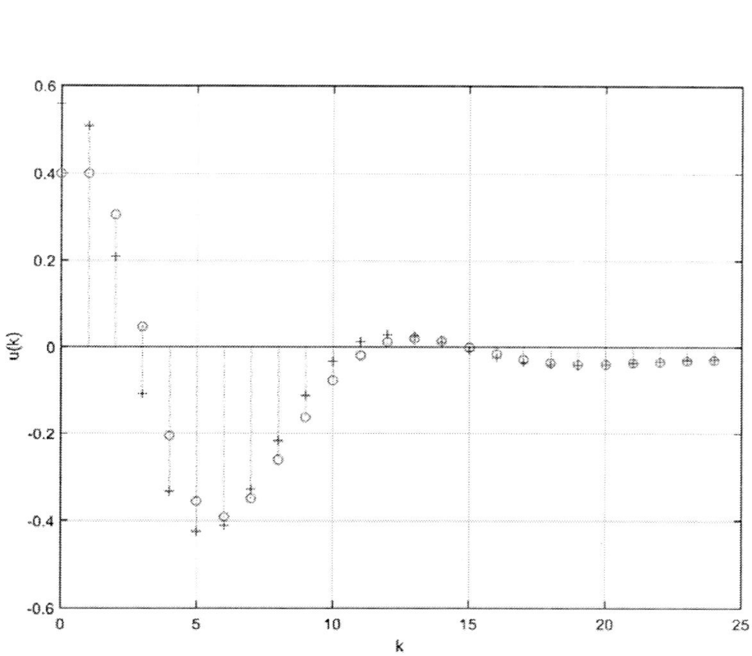

Figura 7.15: Ação de controle sem restrições (+) e com restrições em $u(k)$ (o).

Nas Figuras 7,16 e 7.17 são mostradas a resposta e a ação de controle para o sistema com restrições em $y(k)$, com $Q = 1$, $R = 1$, $H_p = 6$, $H_u = 6$. Verifica-se como a capacidade do Controle Preditivo em impor restrições na variável controlada levou à supressão do *overshoot*.

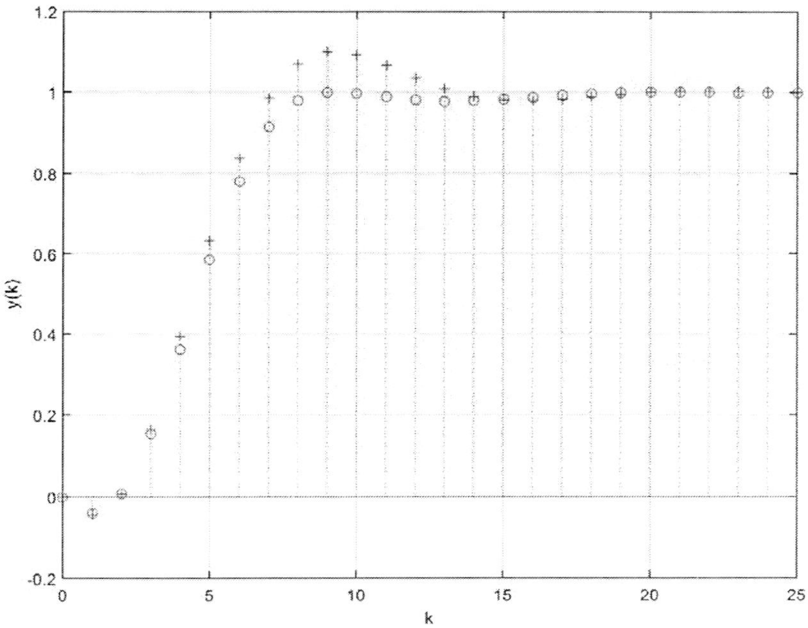

Figura 7.16: Saída controlada sem restrições (+) e com restrições em $y(k)$ (o).

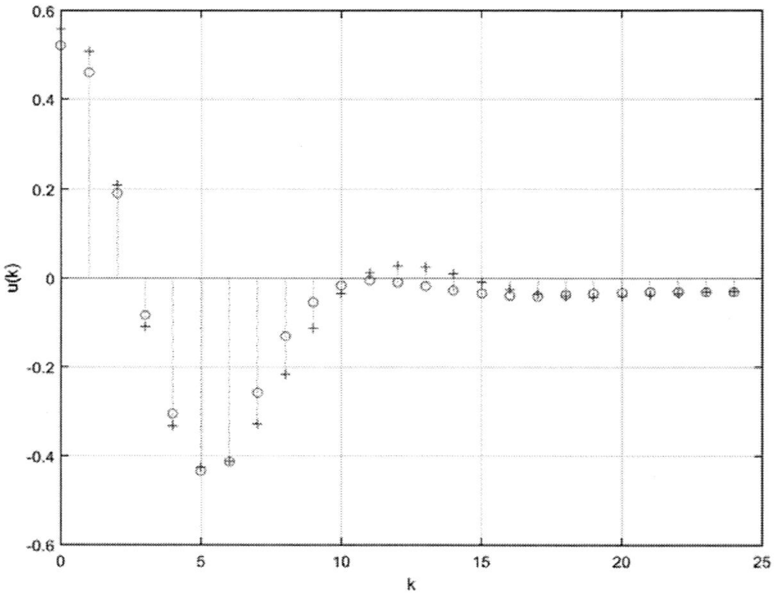

Figura 7.17: Ação de controle sem restrições (+) e com restrições em $y(k)$ (o).

Impondo-se as três restrições simultaneamente, com $Q = 1$, $R = 1$, $H_p = 6$, $H_u = 6$, o sistema torna-se instável. Aumentando-se, porém, os horizontes para $H_p = 7$, $H_u = 7$, obtém-se a resposta e a entrada mostradas nas Figuras 7.18 e 7.19, nas quais todas as restrições são atendidas. Isto indica que o alongamento do horizonte de predição pode mitigar a perda de desempenho imposta pelas restrições, verificada nas simulações anteriores.

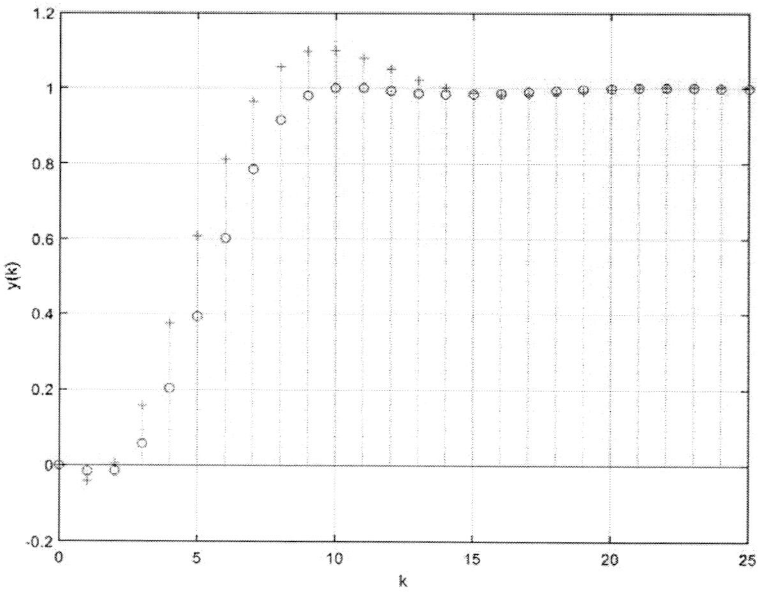

Figura 7.18: Saída controlada sem restrições (+) e com restrições em $\Delta u(k)$, $u(k)$ e $y(k)$ (o).

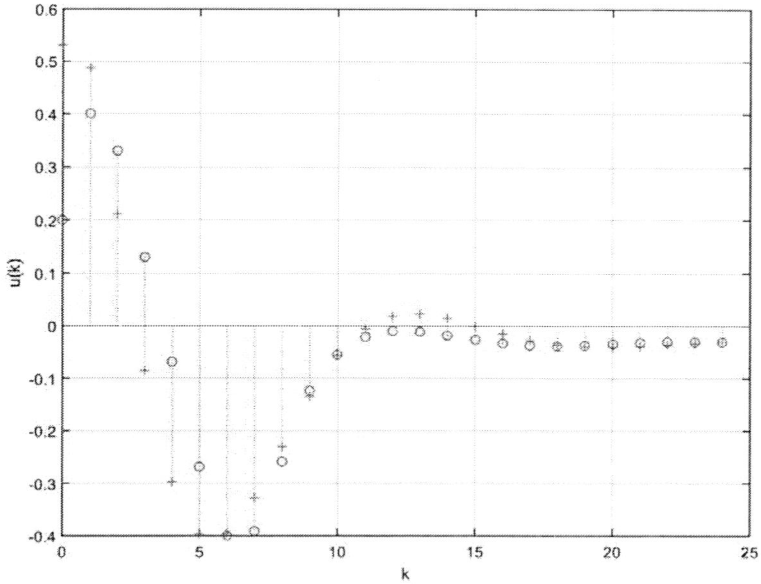

Figura 7.19: Ação de controle sem restrições (azul) e com restrições em $\Delta u(k)$, $u(k)$ e $y(k)$ (vermelho).

7.5 Conclusões

O Controle Preditivo é uma técnica que busca otimizar o desempenho do sistema a partir da predição do seu comportamento futuro.

O **princípio do horizonte móvel** proporciona a realimentação e permite acomodar erros de modelagem, não linearidades e o efeito de perturbações.

O fato de ser formulado como um problema de otimização permite que restrições nas variáveis do processo sejam levadas em conta desde a fase de concepção, diferentemente das técnicas clássicas.

O controle preditivo tem sido cada vez mais aplicado com bastante sucesso e aceitação em processos industriais, além de ser objeto atual de intensa pesquisa na Academia.

Neste texto, foram apresentados apenas os conceitos e técnicas básicos de controle preditivo linear. Entre os tópicos de interesse, já consolidados na literatura, mas que não foram abordados podem ser citados: técnicas avançadas de sintonia, GPC multivariável, controle preditivo via variáveis de estado por realimentação de saída (usando observadores) e controle preditivo robusto.

Os seguintes tópicos são objeto de pesquisa atual: controle preditivo não linear; algoritmos rápidos para solução do problema de otimização associado; métodos que exploram a estrutura de modelos particulares (bilinear, Hammerstein-Wiener etc.); garantia de estabilidade e robustez; leis de controle explícitas para problemas com restrições; controle preditivo econômico; controle preditivo estocástico; controle preditivo de sistemas híbridos; controle preditivo distribuído (MAYNE, 2014).

CAPÍTULO 8
CONTROLE AVANÇADO

8.1 Introdução

O termo controle avançado, dentro do contexto industrial, diz respeito à utilização de técnicas de controle não-convencionais, aplicadas de forma a gerar referências (*set-points*) para uma **camada de controle regulatório** já existente. O controle regulatório da planta industrial, ou de parte dela, que usualmente é implementado em Sistemas Digitais de Controle Distribuído (SDCDs) ou Controladores Lógicos Programáveis (CLPs), recebe as referências de uma camada de software, chamada aqui de **camada de controle multivariável**, que é responsável pela definição dessas referências. A camada que define essas referências é comumente implementada através de algum algoritmo de controle preditivo multivariável com restrições. Acima da camada de geração de referências (*set-points*), usualmente se considera uma **camada de otimização** (SANTOS *et al.*, 2010), ou seja, uma camada que definirá uma condição de operação ótima para o processo através de uma função objetivo de maximização do lucro operacional. A solução deste problema tem que atender às restrições de máximo e mínimo das variáveis controladas, e manipuladas no estado estacionário calculado através dos modelos dinâmicos do processo. O valor ótimo operacional resultante é passado para a camada de controle multivariável. A Figura 8.1 ilustra a interação entre as camadas descritas.

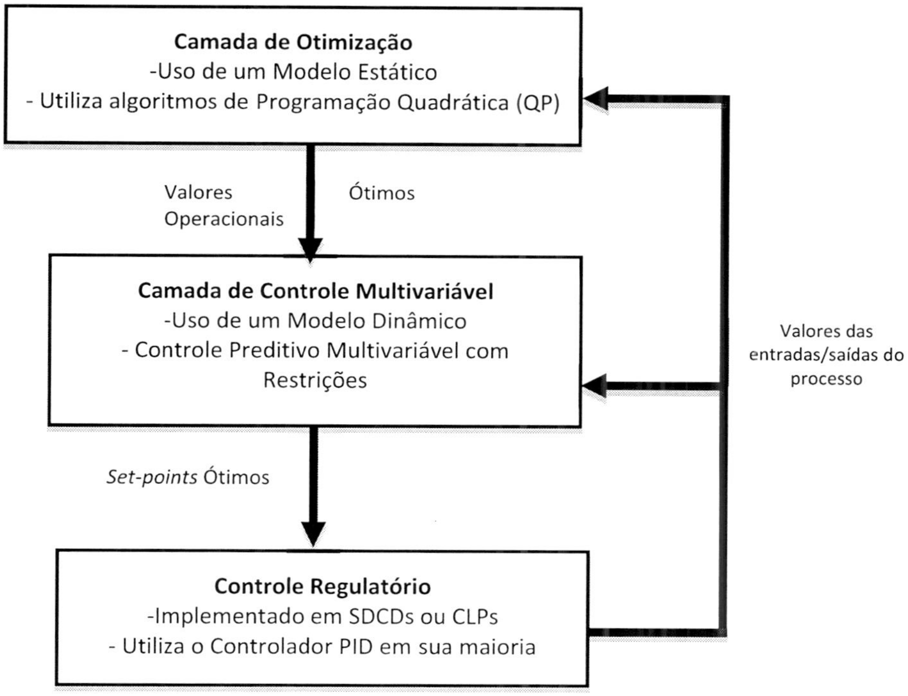

Figura 8.1 – Estrutura de uma planta industrial com Controle Avançado.

Esse capítulo tem como objetivo trazer uma breve introdução das principais áreas de conhecimento envolvidas na implantação de Sistemas de Controle Avançado em unidades industriais, tratando apenas das camadas de Controle Multivariável e da Camada de Controle Regulatório. Na seção 8.2 serão apresentadas as etapas fundamentais do projeto de um Sistema de Controle Avançado. Serão abordados na seção 8.3 aspectos de avaliação, na seção 8.4 aspectos de ressintonia da camada de controle regulatório e na seção 8.5 controle preditivo multivariável com restrições.

8.2 Etapas do Projeto de um Sistema de Controle Avançado

A implantação de Controle Avançado em uma unidade industrial não é uma tarefa simples. Conforme definimos no início do capítulo, o Controle Avançado não é uma técnica específica de controle, e sim um conjunto de técnicas que vai, desde a avaliação do controle regulatório, até a definição de uma estratégia de controle preditivo multivariável, atuando junto com uma camada de otimização.

Dentre as motivações que conduzem à necessidade de implantação de Controle Avançado em uma unidade industrial, podemos citar Santos *et al.* (2010): a melhoria na qualidade dos produtos; o aumento do rendimento dos produtos mais nobres, pelo fato de o controle preditivo trabalhar no limiar das condições operacionais; economia e menor consumo de energia; e diminuição da variabilidade das variáveis do processo. Em contrapartida, esse tipo de estratégia demanda uma quantidade razoável de tempo de planejamento, estudo e implantação. Esta seção tem como objetivo apresentar cada uma das etapas de um projeto de Controle Avançado.

De forma resumida, um projeto de implantação de controle avançado, em uma unidade industrial, é composto pelas seguintes etapas:

- Projeto funcional: diretrizes para maximizar a lucratividade de determinado processo;
- Revisão e ajuste de malhas regulatórias: sintonia dos controladores PID, avaliação da instrumentação (sensores, válvulas, etc);
- Identificação do processo: seleção do melhor modelo em uma classe, estimação dos parâmetros, validação;
- Implementação do controle preditivo multivariável;
- Treinamento de operadores.

Como o controle básico nesse tipo de projeto é baseado em modelos matemáticos (controle preditivo), então se faz necessária uma reavaliação periódica da aderência dos modelos obtidos. A reavaliação periódica do desempenho das malhas regulatórias também se faz necessária, visto que todo o controle preditivo depende do bom funcionamento dessas malhas. Nas próximas seções, trataremos da avaliação das malhas do controle regulatório, da ressintonia de controladores e do controle preditivo multivariável com restrições.

8.3 Avaliação de Malhas de Controle Regulatório

Conforme descrito anteriormente, o Controle Avançado calcula e envia os *set-points* ótimos para a camada de Controle Regulatório. No entanto, é necessário garantir que os elementos que compõem essa camada estejam funcionando (no caso de equipamentos) e projetados (no caso de controladores), todos adequadamente. Esta seção, especificamente, irá apresentar alguns índices de desempenho utilizados para avaliar o desempenho de controladores do tipo Proporcional, Integral e Derivativo (PID) encontrados nas camadas de Controle Regulatório. No desenvolvimento deste capítulo, é suposto que o leitor já detém o conhecimento adequado desse tipo de controlador (PID). Para um aprofundamento na teoria relacionada ao controlador PID, sugerimos a leitura de Ogata (1982). Existem ainda índices e métodos que avaliam, por exemplo, a qualidade do funcionamento dos sensores e atuadores das malhas de controles. Essas técnicas, no entanto, não serão tratadas neste livro.

Um outro fator que motiva o estudo de técnicas de avaliação de malhas de controle reside no fato de que a sintonia é feita usualmente a partir de determinadas condições de operação e determinados estados de equipamentos. Uma sintonia pode, por exemplo, ter sido feita quando a planta estava operando em determinado regime de operação. Campos e Teixeira (2006) trazem o seguinte exemplo: uma unidade tem suas malhas sintonizadas no momento da sua partida, ou seja, quando a vazão de carga pode ser bem diferente da vazão de operação normal. Nesse caso, o PID sintonizado pode não ser mais adequado para qualquer outra vazão de operação. Em relação aos equipamentos, uma válvula de controle, por exemplo, pode vir apresentar problemas de agarramento com o tempo. Assim, técnicas de avaliação não apenas são relevantes para ajudar a corrigir sintonias inadequadas, como também para ajudar a corrigir problemas em nível de equipamentos.

Os índices aqui apresentados serão divididos em duas categorias: os índices baseados na integral do erro; e os índices baseados em variância mínima. Ambas as categorias são bem conhecidas no meio técnico e serão aqui apresentadas. Avaliar não é uma tarefa trivial. Quando se pretende avaliar o que quer que seja, é preciso se definir critérios, ou seja, é preciso estabelecer o que deve ser considerado para concluir que o objeto de avaliação está bem ou mal avaliado. Em outras palavras, a avaliação deve estabelecer quando o controlador será considerado com bom ou mal desempenho. Em linhas gerais, busca-se um controlador que proporcione uma saída com baixa variabilidade. Assim, via de regra, grande parte dos trabalhos relatados na literatura verificam, de alguma forma, a variabilidade produzida pelo uso do controlador.

8.3.1 Métodos Baseados em Variância Mínima

Os métodos baseados em variância mínima são métodos que comparam a variância entre a resposta do sistema usando o controlador a ser avaliado e a resposta com um controlador padrão. Essa comparação, chamada de *Benchmarking*, usualmente, se utiliza de controladores de variância mínima. O *Benchmark* é um controlador teórico que não pode ser implementado na prática. Os principais controladores de comparação são: o Controlador de Variância Mínima (*Minimum Variance Controller*, MVC) e o Controlador de Variância Mínima Generalizada (*Generalized Minimum Variance*, GMV), (ÅSTRÖM, 1970). Supondo que o sistema em questão é linear, esses controladores representam, de forma teórica, os melhores controladores possíveis. Quando nos referimos a melhor, estamos nos referindo à menor variância possível. O índice de desempenho que compara o controlador a ser avaliado com um controlador de variância mínima foi proposto por Harris (1989).

A seguir, serão apresentados os controladores de variância mínima e de variância mínima generalizada.

Controlador de Variância Mínima (MVC)

Os dois controladores partem do princípio de que o sistema linear pode ser representado por um modelo matemático com uma entrada e uma saída do tipo:

$$A(q^{-1})y(k) = B(q^{-1})u(k-d-1) + C(q^{-1})e(k) \tag{8.1}$$

em que: $y(k)$, $u(k)$ e $e(k)$ representam, no instante k, a saída do sistema, a entrada do sistema e o ruído branco (variável estocástica) de média zero e variância σ^2. O atraso natural do sistema é representado em d múltiplos do período de amostragem. Os polinômios no operador de atraso unitário q^{-1} são assim definidos:

$$A(q^{-1}) = 1 + a_1q^{-1} + \cdots + a_{na}q^{-na} \tag{8.2}$$

$$B(q^{-1}) = b_0 + b_1q^{-1} + \cdots + b_{nb}q^{-nb} \tag{8.3}$$

$$C(q^{-1}) = 1 + c_1q^{-1} + \cdots + c_{nc}q^{-nc} \tag{8.4}$$

O modelo apresentado em (8.1) é do tipo autorregressivo, média móvel com sinal exógeno (ARMAX). O GMV se baseia na predição ótima do modelo ARMAX apresentado em (8.1). É possível provar que a predição ótima i-passos à frente desse tipo de sistema é dada por:

$$\hat{y}(k+i) = \frac{G(q^{-1})}{C(q^{-1})} y(k) \tag{8.5}$$

É importante notar que só faz sentido fazer predições após o atraso natural do sistema, ou seja, $i \geq d$. O polinômio $G(q^{-1})$ pode ser calculado a partir da seguinte equação diofantina:

$$C(q^{-1}) = A(q^{-1})F(q^{-1}) + q^{-i}F(q^{-1}) \tag{8.6}$$

em que são definidos os seguintes polinômios:

$$F(q^{-1}) = 1 + f_1 q^{-1} + \cdots + f_{i-1} q^{-i+1} \tag{8.7}$$

$$G(q^{-1}) = g_0 + g_1 q^{-1} + \cdots + g_{na-1} q^{-na+1} \tag{8.8}$$

A demonstração de como se obteve a predição ótima (8.5) pode ser vista em Åström (1970) ou em Kempf (2003). A solução computacional da equação diofantina pode ser consultada em Camacho e Bordons (2004). A lei de controle definida pelo GMV é obtida a partir da minimização de uma função objetivo baseada na variância da saída. Essa função é dada por:

$$J = E[y(k)^2] \tag{8.9}$$

Em Åström (1970) é mostrado que a variância teórica pode ser calculada por:

$$\sigma_{MVC}^2 = E[F(q^{-1})e(k+d)^2] \tag{8.10}$$

O sinal de controle que garante a variância mínima é dado por:

$$u(k) = \frac{G(q^{-1})}{B(q^{-1})F(q^{-1})} y(k) \tag{8.11}$$

Harris (1989) propôs um método em que se compara a variância teórica (8.10) com a variância da saída do processo. Essa relação, denominada de índice de Harris, é dada por:

$$I_{Harris} = \frac{\sigma_{MVC}^2}{\sigma_Y^2} \tag{8.12}$$

em que σ_Y^2 é a variância da saída do processo.

A grande contribuição do trabalho proposto por Harris (1989) consiste na estimação da variância mínima a partir de dados do processo, sem interferir na operação da planta (CAMPOS e TEIXEIRA, 2006). O índice apresentado em (8.12) assume valor máximo 1, ou seja, quanto maior for o índice de Harris, menor sua variância. Outra forma de expressar o índice de Harris é através da expressão:

$$I_{Harris} = 1 - \frac{\sigma_{MVC}^2}{\sigma_Y^2} \tag{8.13}$$

Na equação (8.13), quanto maior for o índice de Harris, maior sua variância, ou seja, considera-se que o controlador tem um desempenho não satisfatório.

Controlador de Variância Mínima Generalizada (GMV)

O Controlador de Variância Mínima (MVC), apresentado anteriormente, gera sinais de controle bastante agressivos. Para evitar esses sinais de amplitudes elevadas, foi proposto o controlador de variância mínima generalizada, que consiste em penalizar o sinal de controle na função de custo. A função de custo para esse caso é dada por:

$$J = E[y(k+d)^2 + \rho u(k)^2] \tag{8.14}$$

em que $\rho > 0$ é um termo que penaliza o sinal de controle.

A minimização analítica de (8.14) resulta no seguinte sinal de controle:

$$u(k) = -\frac{\alpha_0 G(q^{-1})}{\alpha_0 B(q^{-1})F(q^{-1}) + \rho C(q^{-1})} y(k) \tag{8.15}$$

em que:

$$\alpha_0 = -\frac{B(1)F(1)}{C(1)} \tag{8.16}$$

Para o GMV, a variância é dada por:

$$\sigma_{GMV}^2 = E\left[\left(\frac{\alpha_0 B(q^{-1})F(q^{-1}) + \rho C(q^{-1})}{\alpha_0 B(q^{-1}) + \rho A(q^{-1})} e(k)\right)^2\right] \tag{8.17}$$

Da mesma forma, também se calcula o índice de Harris, a partir da estimação da variância em (8.17) utilizando a expressão (8.12) ou (8.13).

Cálculo do Índice de Harris

Em um primeiro momento, seria necessário estimar os polinômios $A(q^{-1})$ e $C(q^{-1})$ e, posteriormente, calcular os polinômios restantes através da equação Diofantina. No entanto, Desborough e Harris (1992), mostraram que é possível obter a variância mínima, a partir de dados de operação no processo, permitindo computar o índice apresentado na equação (8.13) de uma forma relativamente simples. Considerando que é possível escrever a seguinte regressão linear:

$$\underline{y} = Xa + \tilde{y} \tag{8.18}$$

em que:

$$\underline{y} = \begin{bmatrix} \hat{y}(n) \\ \hat{y}(n-1) \\ \vdots \\ \hat{y}(d+i) \end{bmatrix}$$

$$X = \begin{bmatrix} \hat{y}(n-d) & \hat{y}(n-d-1) & \cdots & \hat{y}(n-d-i+1) \\ \hat{y}(n-d-1) & \hat{y}(n-d-2) & \cdots & \hat{y}(n-d-i) \\ \vdots & \vdots & \ddots & \vdots \\ \hat{y}(i) & \hat{y}(i-1) & \cdots & \hat{y}(1) \end{bmatrix} \tag{8.19}$$

$$a = \begin{bmatrix} a_1 \\ a_2 \\ \vdots \\ a_i \end{bmatrix}$$

sendo $\hat{y}(k) = y(k) - m_n$, em que m_n a média e n o número total de amostras consideradas. Sendo assim, consideramos o desvio do *set-point* corrigido pela média.

Dessa forma, é possível estimar por mínimos quadrados o índice de Harris como sendo:

$$I_{Harris} = 1 - \left(\frac{n-d-i+1}{n-d-2i+1} \right) \frac{(\underline{y} - Xa)^T (\underline{y} - Xa)}{\underline{y}^T \underline{y} + \overline{y}^2} \tag{8.20}$$

em que $\overline{y}$ é a média amostral.

8.3.2 Método de Detecção de Oscilações

Oscilações em malhas de controle são problemas comuns e graves. Em sistemas multivariáveis, devido ao acoplamento existente entre malhas, quando uma malha oscila, causará oscilação nas malhas de controle próximas. A causa da oscilação pode ser das mais diversas. Dentre as possíveis causas podemos citar: sintonia agressiva, não linearidades (atrito estático, zona morta e histerese) ou perturbações externas. Hagglund (1995) propôs uma metodologia baseada na integral do erro absoluto mostrada a seguir:

$$IAE = \int_{t_{i-1}}^{t_i} |e(t)| dt \tag{8.21}$$

O IAE é um bom índice que nos indica a presença de perturbações no sistema. Quando o IAE é alto, temos uma boa indicação de que houve uma perturbação no sistema. Para se detectar a presença de perturbações, Hagglund (1995) propõe o seguinte algoritmo:

- Escolha uma amplitude aceitável α para seu sistema (por exemplo $a = 1\%$);
- Calcule o IAE limite como sendo $IAE_{lim} = 2a/\omega_u$ em que ω_u é freqüência ultimativa ou freqüência crítica do sistema. Usualmente, ω_u pode ser obtido pelo método do relé

(ÅSTRÖM, 1984). Se ω_u não estiver disponível, considere $IAE_{lim} = 2a/\omega_i$ em que: $\omega_i = 2\pi/T_i$ e T_i é o tempo integral do PID da malha em análise;

- Monitorar o IAE, onde a integração é reiniciada cada vez que o erro muda de sinal;
- Se o IAE exceder o IAE_{lim} conclua que uma perturbação de carga ocorreu.

A ideia da detecção de oscilações consiste na observação do número de perturbações. Se a frequência de perturbações se torna alta, conclui-se que uma oscilação está presente na malha em análise. A avaliação da malha é feita dentro de um tempo de supervisão T_{sup}. Se o número de perturbações de carga detectado é superior a um certo limite n_{lim}, durante o tempo de supervisão, é possível concluir que uma oscilação está presente.

8.4 Ressintonia do Controle Regulatório

Em muitos casos, pode-se constatar que a camada de Controle Regulatório não está funcionando de forma adequada. Segundo a pesquisa realizada por Desborough e Miller (2002), na qual mais de 26 mil malhas de controle foram avaliadas, dentre os causadores de desempenho deficiente está a má sintonia do controlador. Dessa forma, esse fato deve ser verificado no processo de implantação do controle avançado. Assim, métodos adequados de sintonia devem ser estabelecidos para cada tipo de malha existente. Esta seção tem como objetivo apresentar os principais métodos disponíveis na literatura, bem como a aplicabilidade de cada um deles de acordo com a malha que se está considerando. Em todos os métodos, o objetivo é encontrar uma sintonia adequada para controladores P, PI ou PID de acordo com critérios de desempenho estabelecidos. De uma maneira geral, a maior parte dos processos industriais pode ser aproximados por uma função de transferência de 1ª ordem com atraso de transporte (FOPTD, do inglês "First order plus time delay"), conforme a equação:

$$G(s) = \frac{K}{\tau s + 1} \cdot e^{-s\theta} \tag{8.22}$$

em que: K representa o ganho estático, θ representa o atraso de transporte e τ representa a constante de tempo do sistema.

8.4.1 Métodos de Ziegler-Nichols

Os primeiros métodos heurísticos reportados na literatura são os métodos de Ziegler-Nichols. No **primeiro método** de Ziegler-Nichols, os parâmetros de sintonia do controlador são obtidos a partir da resposta ao degrau da planta em malha aberta. Com este método, pretende-se obter no máximo 25% de *overshoot*. O método de sintonização de Ziegler-Nichols, em malha aberta, só pode ser aplicado a plantas que não envolvam nem integradores, nem polos complexos conjugados. Caso as condições anteriores se confirmem, então a curva de resposta ao degrau assemelhar-se-á a uma curva em forma de S, tal como é apresentada na Figura 8.2. Caso a curva não tenha esta forma, então este método de sintonia não pode ser aplicado.

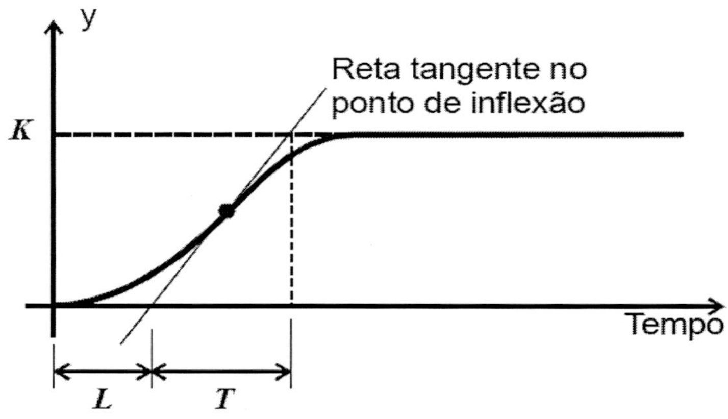

Figura 8.2 – Resposta ao degrau de um sistema em malha aberta.

A resposta ao degrau, conforme mostrada em 8.2, deve ser obtida experimentalmente. Os parâmetros *L* e *T* correspondem ao tempo de atraso e a constante de tempo do sistema. A partir dos dados obtidos experimentalmente, a sintonia deve ser obtida a partir da seguinte Tabela 8.1:

Controlador	**Kp**	**Ti**	**Td**
P	T/L	∞	0
PI	0.9 (T/L)	3.33 L	0
PID	1.2 (T/L)	2 L	0.5 L

Tabela 8.1 – Parâmetros de sintonia para o método da curva de reação.

O **segundo método** de Ziegler-Nichols, diferentemente do primeiro, é um método em malha fechada. No segundo método, mantém-se a malha fechada, porém, apenas com um controlador proporcional. A metodologia consiste em aumentar o ganho proporcional até que o sistema responda de forma oscilatória com amplitude constante. Nesse instante, registra-se qual foi o valor do ganho proporcional que manteve o sistema oscilando da forma mencionada. Esse ganho é chamado de ganho último ou ganho crítico (representado por K_u). Deve-se registrar também o período que o sistema oscila com esse ganho. Esse período é chamado de período último ou período crítico (representado por T_u). Caso se aumente mais o valor do ganho proporcional durante o teste, o sistema se tornará instável. De posse desses valores, calcula-se os parâmetros do controlador, de acordo com a Tabela 8.2:

Controlador	**Kp**	**Ti**	**Td**
P	0.5 Ku	∞	0
PI	0.45 Ku	Tu/1.2	0
PID	0.6 Ku	T/2	Tu/8

Tabela 8.2 – Tabela de parâmetros para o 2º método de Ziegler-Nichols.

É importante perceber que não é trivial executar um ensaio como esse em uma planta industrial, visto que não há garantia de que a variável controlada estará entre limites seguros. Assim, esse teste não é muito empregado na indústria.

De uma maneira geral, os métodos de Ziegler-Nichols nos fornecem uma sintonia inicial que, em muitos casos, precisa ser refinada para que melhores resultados sejam obtidos.

8.4.2 Método do Relé

O método do relé é um método em malha fechada que consiste em excitar a planta através de um relé em malha fechada. Os dois métodos de sintonia de controladores PID, apresentados por Ziegler e Nichols, foram muito utilizados em aplicações industriais devido a sua forma simples de utilização. Contudo, existem casos nos quais o seu emprego não é adequado. O primeiro método apresenta restrições consideráveis, pois exige que a planta seja estável em malha aberta. Desta forma, em plantas com comportamento integrativo (cuja saída cresce indefinidamente, sem estabilizar) não é possível aplicar essa metodologia. Esse método também exige que o sistema tenha comportamento dominante, via de regra, de 1ª ordem.

O segundo método exige que a planta alcance o limite da estabilidade em malha fechada, a fim de se obter o ponto crítico de forma a exibir oscilações quando submetida a um controle proporcional – não apresentando controle sobre a amplitude da oscilação na saída do processo.

As limitações do método de Ziegler e Nichols levaram Aström e Hagglund (1984) a proporem a utilização de um relé na realimentação do sistema a ser sintonizado, o que deu origem ao "método do relé para ajuste de PID", Figura 8.3:

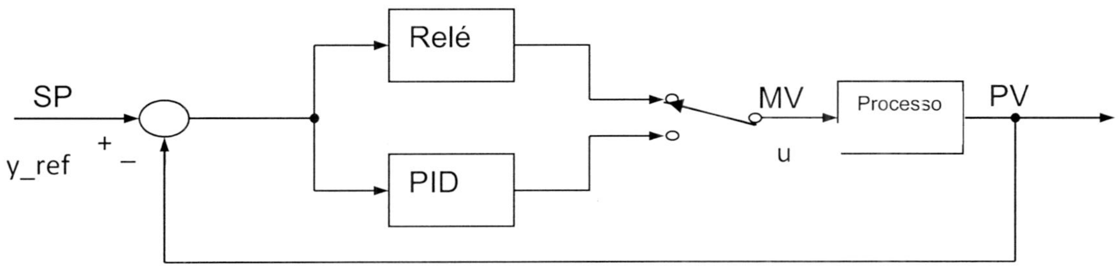

Figura 8.3 – Ilustração do ensaio do relé.

O relé, cujo bloco é mostrado na Figura 8.3, é um elemento com comportamento estático que, no entanto, pode causar oscilações em um sistema dinâmico. Como elemento não linear, o relé pode produzir, no sistema no qual está inserido, uma auto-oscilação, também conhecida como ciclo limite. O estudo dos ciclos limites em sistemas não lineares é comumente feito através do método das funções descritivas (ou método da 1ª harmônica).

O sinal de saída do relé depende do sinal de entrada (erro), de acordo com o gráfico mostrado na Figura 8.4:

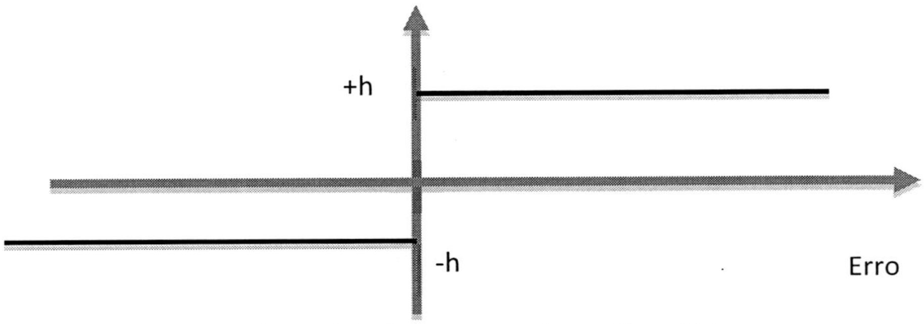

Figura 8.4 – Comportamento de um relé sem histerese.

Aström e Hagglund (1984) demonstraram, através do método das funções descritivas, que é possível estimar o ganho crítico e o período crítico através do método do relé. Considerando que o sistema oscila com período T e com amplitude a, é possível mostrar que o período crítico T_u é igual a T e que o ganho crítico é dado por:

$$K_u = \frac{4h}{a\pi} \tag{8.23}$$

A demonstração de como se obtém (8.22) pode ser encontrada, entre outras referências, em Pinto (2014). Também é possível calcular o valor do atraso (θ) e da constante de tempo da planta (τ) pelas equações a seguir:

$$\tau = \frac{\sqrt{(K_u K)^2 - 1}}{\omega_u} \tag{8.24}$$

$$\theta = \frac{\pi - \tan^{-1}(\tau\omega_u)}{\omega_u} \tag{8.25}$$

em que $\omega_u = 2\pi / T_u$.

Realizado o ensaio do relé e calculados os parâmetros da planta, a sintonia dos parâmetros do controlador pode ser obtida através da tabela do 2º método de Ziegler-Nichols, ou por qualquer um dos métodos descritos a seguir.

8.4.3 Método de Cohen e Coon

O método foi proposto em 1953 pelo engenheiro G. H. Cohen e pelo matemático G. A. Coon, ambos da Taylor Instrument Companies (COHEN e COON, 1953). Como a sintonia do controlador, para sistemas de primeira ordem com tempo morto, com base neste método, pode diferir, devido a existência de um número infinito de modos harmônicos, soluções da equação característica fundamental. Os autores realizaram um estudo teórico para obter os parâmetros adequados, de acordo com o modo harmônico fundamental (de menor frequência e maior amplitude). O desejo também era de obter uma sintonia para processos com tempos mortos mais elevados, isto é, com fator de incontrolabilidade (θ/τ) maior que 0.3. A tabela 8.3 apresenta a sintonia PID pelo método em questão:

Controlador	Kp	Ti	Td
P	$\left(1.03+0.35\left(\frac{\tau}{\theta}\right)\right)$	∞	0
PI	$\left(0.9+0.083\left(\frac{\tau}{\theta}\right)\right)$	$\frac{\left(0.9+0.083\left(\frac{\tau}{\theta}\right)\right)}{\left(1.27+0.6\left(\frac{\tau}{\theta}\right)\right)}$	0
PID	$\left(1.35+0.25\left(\frac{\tau}{\theta}\right)\right)$	$\frac{\left(1.35+0.25\left(\frac{\tau}{\theta}\right)\right)}{\left(0.54+0.6\left(\frac{\tau}{\theta}\right)\right)}$	$\frac{0.5\theta}{\left(1.35+0.25\left(\frac{\tau}{\theta}\right)\right)}$

Tabela 8.3 – Tabela de parâmetros para o método de Cohen and Coon.

Segundo Rivera et al. (1986), o método apresenta um desempenho razoável para valores do fator de incontrolabilidade entre 0.6 e 4.5 e possui baixa robustez para valores do fator de incontrolabilidade menores do que 2. Na prática, o método costuma resultar em sintonias muito agressivas, de forma que se faz necessário diminuir um pouco os ganhos obtidos e aumentá-los, gradualmente, se necessário.

8.4.4 Método de CHR

O método CHR desenvolvido no *Massachusetts Institute of Technology* (MIT), por K. L. Chien, J. A. Hrones e J. B. Reswick, foi o primeiro trabalho a utilizar um modelo aproximado de primeira ordem, com tempo morto representativo do comportamento de sistemas de alta ordem (CHIEN et al.,1952). O trabalho foi o pioneiro na determinação de regras de ajuste diferenciadas para características servo e regulador. O método leva em conta dois critérios possíveis de desempenho: resposta mais rápida sem sobressinal e resposta mais rápida com máximo sobressinal. As tabelas 8.4, 8.5 e 8.6 apresentam as sintonias propostas pelo método:

Controlador	Kp	Ti	Td
P	$\frac{0.3\tau}{K\theta}$	∞	0
PI	$\frac{0.35\tau}{K\theta}$	1.16τ	0
PID	$\frac{0.6\tau}{K\theta}$	τ	$\frac{\theta}{2}$

Tabela 8.4 – Tabela de parâmetros para o método CHR – Sem sobressinal – problema servo.

Controlador	Kp	Ti	Td
P	$\frac{0.7\tau}{K\theta}$	∞	0
PI	$\frac{0.6\tau}{K\theta}$	τ	0
PID	$\frac{0.95\tau}{K\theta}$	1.357τ	0.473θ

Tabela 8.5 – Tabela de parâmetros para o método CHR – 20% de sobressinal – problema servo.

Controlador	Kp	Ti	Td
P	$\frac{0.3\tau}{K\theta}$	∞	0
PI	$\frac{0.6\tau}{K\theta}$	4θ	0
PID	$\frac{0.95\tau}{K\theta}$	2.375θ	0.421θ

Tabela 8.6 – Tabela de parâmetros para o método CHR – sem sobressinal – problema regulador.

8.4.5 Método do IMC

Em 1986, D. E. Rivera, M. Morari e S. Skogestad, do *California Institute of Technology*, demonstraram analiticamente que a estrutura IMC (*Internal Model Control*), proposta inicialmente por Garcia e Morari (1982), quando utilizada para o projeto de controladores, conduz naturalmente a um algoritmo de controle do tipo PID (ocasionalmente aumentado por um filtro de primeira ordem), para um grande número de modelos tipicamente encontrados nos processos industriais (RIVERA et al., 1986). A ideia do modelo interno é mostrada a seguir:

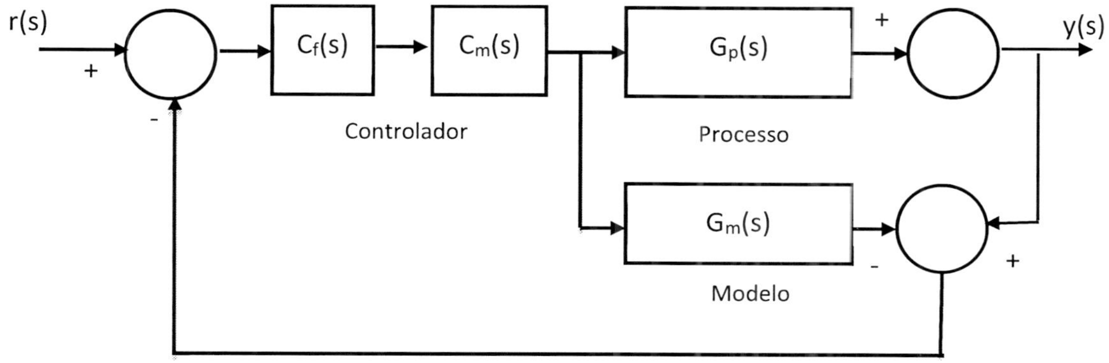

Figura 8.5 – Ideia do Modelo Interno.

Na Figura 8.5, $G_m(s)$ representa o modelo interno que pode ser considerado, tanto na fase de projeto, como na fase de operação. $C_m(s)$ é a inversa aproximada de $G_m(s)$, e $C_f(s)$ é um filtro que define o grau de robustez da sintonia a se obter. No sistema mostrado na Figura 8.5, assume-se que todos as perturbações agindo na planta são equivalentes à perturbação na saída do processo, d(s) Se $G_m(s)=G_p(s)$, é possível demonstrar que o erro tem a mesma magnitude da perturbação d(s), independentemente de u(s). Se $G_f(s)=1$ e $C_m(s)$ for igual ao inverso da planta, então, a perturbação será cancelada. A escolha do filtro é dada usualmente por uma função de transferência de 1ª ordem sem atraso, e com ganho 1.

$$C_f(s) = \frac{1}{\lambda s + 1} \tag{8.26}$$

em que λ representa o parâmetro de desempenho desejado (constante de tempo). A função de transferência equivalente do controlador é dada por:

$$GMF_c(s) = \frac{C_f(s)G_m(s)}{1 - C_f(s)C_m(s)G_m(s)} \tag{8.27}$$

A partir da função do controlador, é possível demonstrar que a depender, dentre outras coisas, da planta, a ordem do controlador pode ser tal que este não seja um PI ou PID. Considerando que a planta pode ser representada por uma função de transferência de 1ª ordem com atraso, poderemos ter os seguintes parâmetros:

$$G_m(s) = G_p(s) \tag{8.28}$$

$$C_m(s) = \frac{1 + s\tau}{K} \tag{8.29}$$

$$e^{-s\theta} \approx 1 - s\theta \tag{8.30}$$

O termo não racional apresentado em (8.30) foi expandido por série de Taylor. Considerando um controlador PI e as equações acima, temos a seguinte função de transferência do controlador:

$$GMF_c(s) = \frac{1+s\tau}{Ks(\theta+\lambda)} \tag{8.31}$$

Se desejarmos um controlador do PID, a expansão do termo não racional, que considera o tempo morto (8.30), deve ser feita pela aproximação de Padé:

$$e^{-s\theta} \approx \frac{1-s(\theta/2)}{1+s(\theta/2)} \tag{8.32}$$

Considerando (8.32), teremos a seguinte função de transferência do controlador PID:

$$GMF_c(s) = \frac{(1+s(\theta/2))(1+s\tau)}{Ks(\theta+\lambda)} \tag{8.33}$$

A tabela 8.7 resume os controladores PI e PID para um sistema de 1ª ordem com atraso para o método do IMC, sendo λ o parâmetro de desempenho desejado para um controlador PID paralelo clássico.

Controlador	Kp	Ti	Td
PI	$\frac{\tau}{K(\theta + \lambda)}$	τ	0
PID	$\frac{\tau + \frac{\theta}{2}}{K(\theta + \lambda)}$	$\tau + \frac{\theta}{2}$	$\frac{\frac{\theta}{2}\tau}{(\tau + \frac{\theta}{2})}$

Tabela 8.7 - Parâmetros de um controlador PI e PID na forma paralela clássica para um modelo de primeira ordem com atraso.

É importante ressaltar que a escolha de λ deve guardar alguma proporção com o atraso e com a constante de tempo da planta.

8.4.6 Exemplo de Aplicação

O exemplo mostrado aqui trata-se de um vaso-separador bifásico. A malha de controle em questão é uma malha de nível. O processo é ilustrado na Figura 8.6:

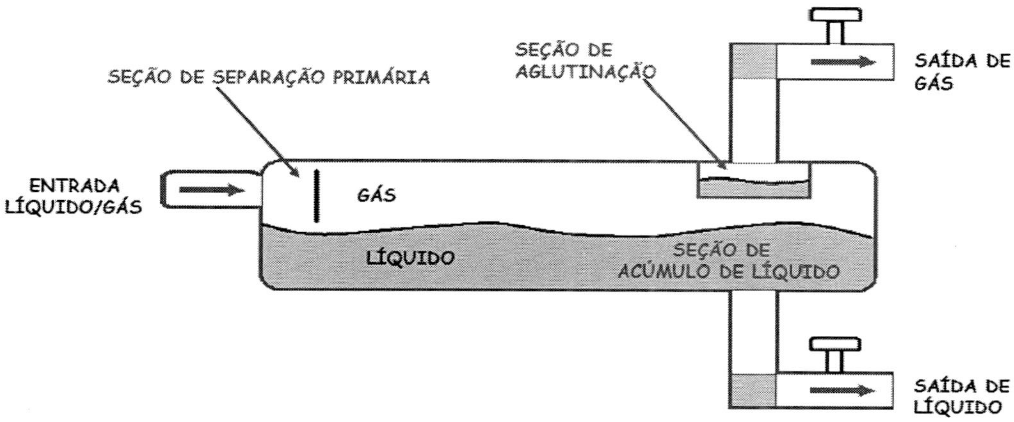

Figura 8.6 – Vaso separador bifásico.

O controle do nível da interface gás-líquido é feito manipulando a saída de líquido. A malha em questão encontrava-se com uma sintonia prévia que fornecia o desempenho mostrado na Figura 8.7:

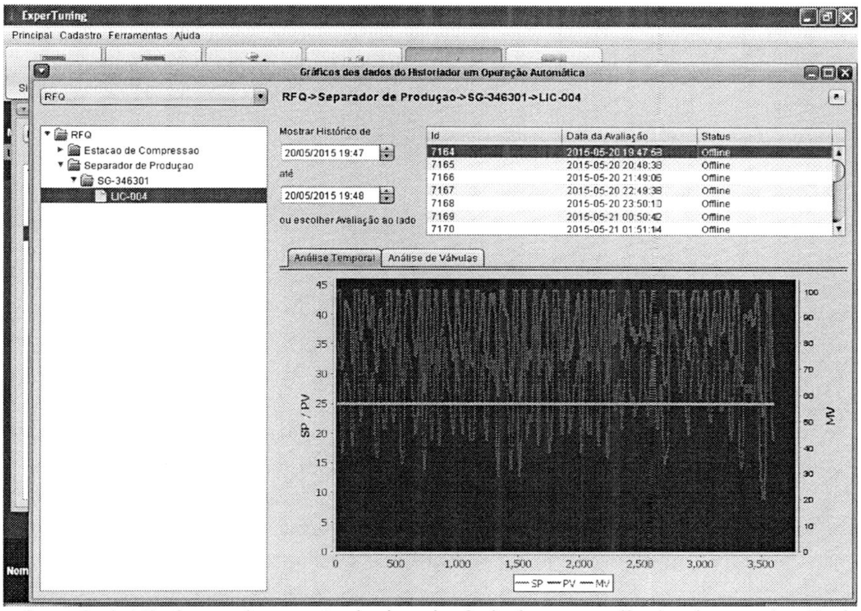

Figura 8.7 – Controle de Nível antes da correção de sintonia. O sinal em vermelho é a abertura da válvula. O sinal em azul é o nível. O sinal verde é o *set-point*.

A Figura 8.8 ilustra o percentual de saturação da válvula, ou seja, dentro da coleta de dados feita, qual a porcentagem de tempo que a válvula de controle permaneceu saturada. É importante lembrar que a região de saturação da válvula é uma região não linear do atuador.

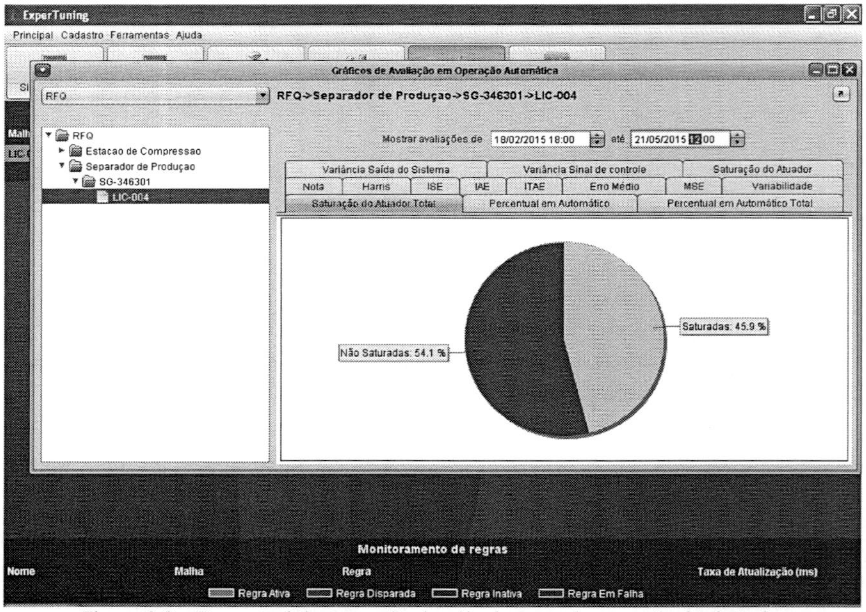

Figura 8.8 – Percentual de saturação da válvula antes da correção de sintonia.

Para o processo, aplicou-se o ensaio do relé descrito na seção 8.4.2. Com o resultado obtido, foi aplicado o 2° método de Ziegler-Nichols. Findo o cálculo, a nova sintonia foi ajustada no supervisório da planta. O resultado do controle da planta com a nova sintonia é apresentado na Figura 8.9:

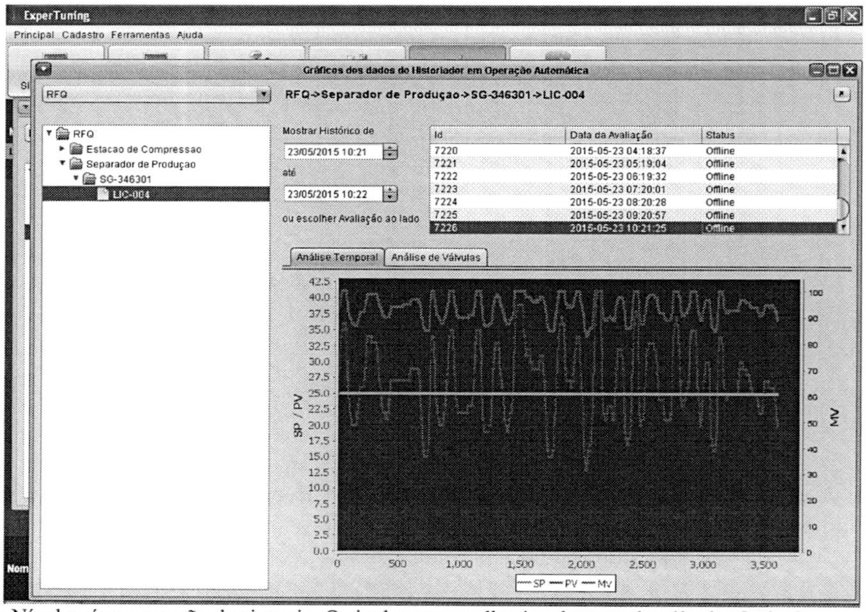

Figura 8.9 – Controle de Nível após a correção de sintonia. O sinal em vermelho é a abertura da válvula. O sinal em azul é o nível. O sinal verde é o *set-point*.

É possível observar pela Figura 8.9 que a variabilidade da planta diminuiu consideravelmente. A válvula, nesse caso, passou a gastar menos energia e, consequentemente, sua vida útil irá aumentar. A Figura 8.10 apresenta o percentual de saturação após a correção da sintonia:

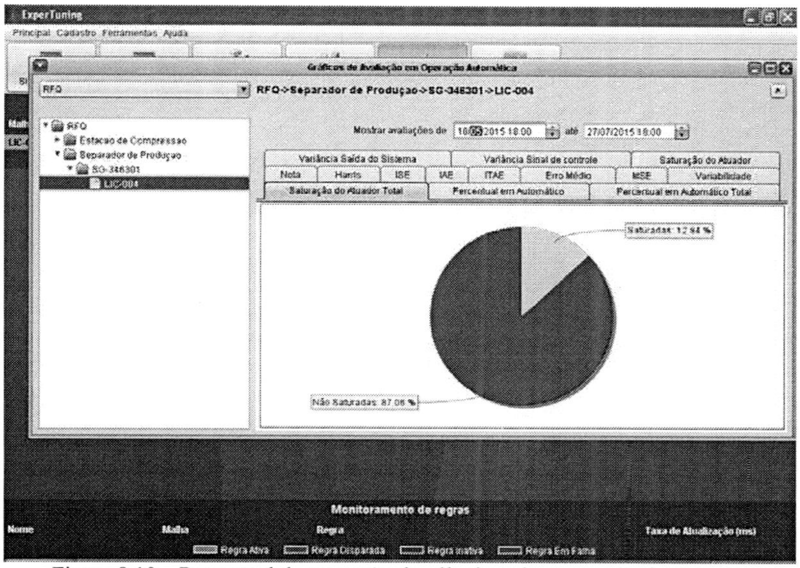

Figura 8.10 – Percentual de saturação da válvula após a correção de sintonia.

A telas das Figuras 8.7-10 são do software ExpertTuning, desenvolvido pela Universidade Federal do Rio Grande do Norte (http://laut.dca.ufrn.br/sintoniaeavaliacao.php). O software auxilia na sintonia de processos industriais e comunica-se com os processos via protocolo *OLE for Process Control* (OPC).

Nesta seção, foram apresentadas as principais técnicas de sintonia encontradas na literatura. Outras técnicas, como as baseadas na integral do erro, são bastante úteis e podem ser encontradas em outras referências, como em Pinto (2014).

8.5 Controle Preditivo Multivariável com Restrições

Conforme já descrito neste capítulo, o principal objetivo do Controle Avançado é enviar os *set-points* ótimos para a camada de Controle Regulatório. Essa tarefa é executada por um controlador preditivo multivariável com restrições. Este tipo de controlador considera a planta como um sistema multivariável, ou seja, a manipulação de uma entrada afeta múltiplas saídas. Em sistemas reais, esse efeito é chamado de acoplamento entre variáveis.

Conforme visto no Capítulo 7, a formulação matemática de um controlador preditivo resulta em um problema de otimização. Quando o referido problema está sujeito a restrições e o modelo é linear, a formulação se torna um problema de programação quadrática (QP), que é convexo. Quando o modelo é não linear, o problema de otimização pode deixar de ser convexo, sendo necessário o emprego de técnicas de otimização global.

Nesta seção, será abordado o Controlador Preditivo Generalizado (GPC) em sua forma multivariável e com restrições.

Consideraremos o modelo ARIMAX (autorregressivo, integral, média móvel, com sinal exógeno) Multivariável com p-entradas e q-saídas a seguir:

$$A(q^{-1})\Delta_p(q^{-1})y(k) = B(q^{-1})\Delta_p(q^{-1})u(k-1) + C(q^{-1})e(k) \tag{8.34}$$

em que:

- q^{-1} representa o operador de atraso;
- $y(k) \in R^q$ representa o vetor de saídas do sistema no instante *k*;
- $u(k) \in R^p$ representa o vetor de entradas do sistema no instante *k*;
- $\Delta_j(q^{-1})$ representa a matriz de operações de integração, dada por $\Delta_j(q^{-1}) = (1-q^{-1})I_j$;
- $e(k) \in R^q$ representa o vetor de ruídos brancos de média zero e variância $diag(\sigma^2)$.

As matrizes polinomiais $A(q^{-1}) \in R^{q\times q}$, $B(q^{-1}) \in R^{q\times p}$ e $C(q^{-1}) \in R^{q\times q}$ são dadas por:

$$\begin{aligned} A(q^{-1}) &= I_q + A_1 q^{-1} + \cdots + A_{na} q^{-na} \\ B(q^{-1}) &= B_0 + B_1 q^{-1} + \cdots + B_{nb} q^{-nb} \\ C(q^{-1}) &= I_q + C_1 q^{-1} + \cdots + C_{nc} q^{-nc} \end{aligned} \tag{8.35}$$

Por uma questão de simplicidade, consideraremos apenas o caso em que $C(q^{-1}) = I_q$ é apresentado. Neste caso, o modelo apresentado em (8.34) se resume a:

$$A(q^{-1})\Delta_p(q^{-1})y(k) = B(q^{-1})\Delta_p(q^{-1})u(k-1) + e(k) \tag{8.36}$$

O tratamento do atraso para o caso multivariável é mostrado em Wolovich (1974) e será apresentado a seguir.

8.5.1 Matriz de Interação

O conceito de matriz de interação, introduzido por Wolovich (1974), é descrito da seguinte forma: seja $G(z) \in R^{p\times q}$ a matriz de transferência estritamente própria de um sistema multivariável, com $\det(G(z)) \neq 0$, para $z \neq 0$, então existe uma matriz polinomial $\xi(z) = H(z)D(z)$ em que:

$$H(z) = \begin{bmatrix} 1 & 0 & \cdots & 0 \\ h_{21}(z) & 1 & \cdots & 0 \\ \vdots & \vdots & \ddots & \vdots \\ h_{q1}(z) & h_{q2}(z) & \cdots & 1 \end{bmatrix} \tag{8.37}$$

sendo $h_{ij}(z)$ divisível por z ou nulo e:

$$D(z) = \begin{bmatrix} z^{f_1} & 0 & \cdots & 0 \\ 0 & z^{f_2} & \cdots & 0 \\ \vdots & \vdots & \ddots & \vdots \\ 0 & 0 & \cdots & z^{f_q} \end{bmatrix} \tag{8.38}$$

tal que $\lim_{z\to\infty} \xi(z)G(z) = K$, com K uma matriz não-singular.

Em Fontes (2002) é mostrado que o polinômio $\zeta(z)$ está diretamente relacionado ao atraso de transporte do sistema monovariável. É comum assumir que a matriz de interação tenha, desde que atendidas as condições mencionadas, uma das seguintes formas:

- atrasos iguais entre os pares entrada/saída:

$$\xi(z) = z^d I_q \text{, com } d = \min_{i,j}(d_{i,j}) \tag{8.39}$$

O polinômio mostrado em (8.39) representa o atraso único do sistema como sendo o menor atraso entre os pares entrada/saída. Dessa forma, o modelo do sistema para esse caso é dado por:

$$A(q^{-1})\Delta_p(q^{-1})y(k) = B'(q^{-1})\Delta_p(q^{-1})u(k-1) + e(k) \tag{8.40}$$

em que $B'(q^{-1}) = q^{-d}B(q^{-1})$.

- atrasos diferentes entre os pares entrada/saída:

$$\xi(z) = diag\begin{bmatrix} d_1 & d_2 & \cdots & d_q \end{bmatrix} \text{, sendo } d_i = \min_j(d_{i,j}) \tag{8.41}$$

A matriz mostrada em (8.41) considera o menor atraso de cada saída. Dessa forma, o modelo do sistema, para esse caso, é dado pela equação (8.40), porém com:

$$B'(q^{-1}) = diag\begin{bmatrix} d_1 & d_2 & \cdots & d_q \end{bmatrix} B(q^{-1}) \tag{8.42}$$

8.5.2 Formulação do Controlador GPC Multivariável

A formulação do controlador GPC multivariável parte da predição da saída do processo, a partir do modelo apresentado em (8.40). Definida a predição, a mesma é considerada em uma função de custo quadrática que será minimizada sob restrições. Pré-multiplicando (8.40) por $E_i(q^{-1})q^i$, tem-se que:

$$E_i(q^{-1})\tilde{A}(q^{-1})y(k+1) = E_i(q^{-1})B'(q^{-1})\Delta_p(q^{-1})u(k+i-1) + E_i(q^{-1})e(k+i) \tag{8.43}$$

em que: $A(q^{-1})\Delta_p(q^{-1}) = \tilde{A}(q^{-1})$ e a matriz polinomial $E_i(q^{-1})$ é obtida a partir da seguinte equação matricial Diofantina:

$$I_q = E_i(q^{-1})\tilde{A}(q^{-1}) + q^{-i}F_i(q^{-1}) \tag{8.44}$$

em que: $E_i(q^{-1})$ e $F_i(q^{-1})$ são matrizes polinomiais de ordem $i-1$ e na, respectivamente, e são da forma:

$$E_i(q^{-1}) = E_{i,0} + E_{i,1}q^{-1} + \cdots + E_{i,i-1}q^{-(i-1)} \tag{8.45}$$

$$F_i(q^{-1}) = F_{i,0} + F_{i,1}q^{-1} + \cdots + F_{i,na}q^{-na} \tag{8.46}$$

Substituindo (8.44) em (8.43), e fazendo as devidas manipulações matemáticas, tem-se que:

$$y(k+1) = F_i(q^{-1})y(k) + E_i(q^{-1})B'(q^{-1})\Delta_p(q^{-1})u(k+i-1) + E_i(q^{-1})e(k+i) \tag{8.47}$$

Como o grau de $E_i(q^{-1})$ é igual a $i-1$, então o termo referente ao ruído, na expressão anterior, refere-se ao futuro, de forma que a melhor predição de $y(k+i)$ é como segue:

$$\hat{y}(k+1) = F_i(q^{-1})y(k) + E_i(q^{-1})B'(q^{-1})\Delta_p(q^{-1})u(k+i-1) \tag{8.48}$$

Na equação (8.48), que é a equação básica de predição, há termos das variações do sinal de controle que estão no passado e outros que estão no futuro. Para termos uma versão da equação (8.48) em que esta separação de passado e futuro fique evidente, faremos:

$$E_i(q^{-1})B'(q^{-1}) = H_{f_i}(q^{-1}) + q^{-i}H_{pa_i}(q^{-1}) \tag{8.49}$$

Desta forma, teremos que:

$$\hat{y}(k+1) = F_i(q^{-1})y(k) + H_{pa_i}(q^{-1})\Delta_p(q^{-1})u(k+i) + H_{f_i}(q^{-1})\Delta_p(q^{-1})u(k+i-1) \tag{8.50}$$

A equação diofantina matricial, mostrada em (8.44), devido ao fato de $\tilde{A}(q^{-1})$ ser diagonal, pode ser desmembrada em q equações diofantinas polinomiais. A função objetivo que será minimizada para o caso MIMO é dada por:

$$J = \sum_{i=N_1}^{NY} \left\| r(k+i) - \hat{y}(k+i) \right\|_P^2 + \sum_{i=1}^{NU} \left\| \Delta u(k+i-1) \right\|_Q^2 \tag{8.51}$$

em que:

- N_1 é o horizonte mínimo de predição;

- N_Y é o horizonte de predição;
- N_U é o horizonte de controle;
- P e Q são matrizes positivas definidas de ponderações sobre os vetores de erro e de variação de sinal de controle, respectivamente;
- $r(k+i)$ é o vetor de trajetória de referência futura.

A norma mostrada em (8.51) é dada por:

$$\|X\|_R^2 = R^T XR \tag{8.52}$$

Considerando uma sequência de N predições sobre a equação (8.50), teremos que:

$$\begin{aligned}
\hat{y}(k+1) &= F_1(q^{-1})y(k) + H_{pa_1}(q^{-1})\Delta_p(q^{-1})u(k-1) + H_{f_1}(q^{-1})\Delta_p(q^{-1})u(k) \\
\hat{y}(k+2) &= F_2(q^{-1})y(k) + H_{pa_2}(q^{-1})\Delta_p(q^{-1})u(k-1) + H_{f_2}(q^{-1})\Delta_p(q^{-1})u(k+1) \\
\vdots \quad & \qquad \vdots \qquad\qquad\qquad \vdots \qquad\qquad\qquad\qquad \vdots \\
\hat{y}(k+N) &= F_N(q^{-1})y(k) + H_{pa_N}(q^{-1})\Delta_p(q^{-1})u(k-1) + H_{f_N}(q^{-1})\Delta_p(q^{-1})u(k+N+1)
\end{aligned} \tag{8.53}$$

Como

$$H_{f_i}(q^{-1}) = H_0 + H_1 q^{-1} + \cdots + H_{i-1} q^{-(i-1)} \tag{8.54}$$

então, o conjunto de predições mostrado em (8.53) pode ser expresso de forma matricial:

$$\hat{Y} = H\Delta_p U + F \tag{8.55}$$

em que:

$$\hat{Y} = \begin{bmatrix} \hat{y}(k+1) \\ \hat{y}(k+2) \\ \vdots \\ \hat{y}(k+N) \end{bmatrix} \qquad \Delta_p U = \begin{bmatrix} \Delta_p(q^{-1})u(k) \\ \Delta_p(q^{-1})u(k+1) \\ \vdots \\ \Delta_p(q^{-1})u(k+N-1) \end{bmatrix}$$

$$F = \begin{bmatrix} H_{pa_1}(q^{-1})\Delta_p(q^{-1})u(k-1) + F_1(q^{-1})y(k) \\ H_{pa_2}(q^{-1})\Delta_p(q^{-1})u(k-1) + F_2(q^{-1})y(k) \\ \vdots \\ H_{pa_N}(q^{-1})\Delta_p(q^{-1})u(k-1) + F_N(q^{-1})y(k) \end{bmatrix} \quad H = \begin{bmatrix} H_0 & 0 & \cdots & 0 \\ H_1 & H_0 & \cdots & 0 \\ \vdots & \vdots & \ddots & \vdots \\ H_{N-1} & H_{N-2} & \cdots & H_0 \end{bmatrix} \tag{8.56}$$

O termo F, referido em (8.55), depende, como pode ser observado em (8.56), apenas de termos passados da variação do sinal de controle. Este termo é conhecido como resposta livre do sistema, ou seja, a resposta natural do sistema a partir das condições atuais, considerando-se sequências nulas de ações futuras de controle. O termo $H\Delta_p U$, também referido em (8.55), depende apenas de termos futuros da variação do sinal de controle. Este termo é conhecido como resposta forçada do sistema, ou seja, a resposta obtida da consideração de condição inicial nula e sujeita à sequências futuras de incrementos de controle. Como a função objetivo definida em (8.51) estabelece horizontes mínimos de predição, e o sinal de controle é mantido constante após o horizonte de controle NU, então o conjunto de predições, que afetam a função objetivo, é expresso da seguinte forma:

$$\begin{bmatrix} \hat{y}(k+N_1) \\ \hat{y}(k+N_2) \\ \vdots \\ \hat{y}(k+NY) \end{bmatrix} = \begin{bmatrix} H_{N_1-1} & H_{N_1-2} & \cdots & H_{N_1-NU} \\ H_{N_1} & H_{N_1-1} & \cdots & H_{N_1+1-NU} \\ \vdots & \vdots & \ddots & \vdots \\ H_{NY-1} & H_{NY-2} & \cdots & H_{NY-NU} \end{bmatrix} \begin{bmatrix} \Delta_p(q^{-1})u(k) \\ \Delta_p(q^{-1})u(k+1) \\ \vdots \\ \Delta_p(q^{-1})u(k+NU-1) \end{bmatrix} + \begin{bmatrix} Y_{lN_1} \\ Y_{lN_1+1} \\ \vdots \\ Y_{lNY} \end{bmatrix} \tag{8.57}$$

em que o vetor de resposta livre é dado por:

$$Y_{li} = F_i(q^{-1})y(k) + H_{pa_i}(q^{-1})\Delta_p(q^{-1})u(k-1) \tag{8.58}$$

ou ainda:

$$Y_{li} = H_{N_{1yu}}\Delta_p U_{NU} + Y_{lN_{1y}} \tag{8.59}$$

em que:

$$Y_{lN_{1y}} = \left[\hat{y}(k+N_1) \quad \hat{y}(k+N_1+1) \quad \cdots \quad \hat{y}(k+NY)\right]^T$$

$$H_{N_{1yu}} = \begin{bmatrix} H_{N_1-1} & H_{N_1-2} & \cdots & H_{N_1-NU} \\ H_{N_1} & H_{N_1-1} & \cdots & H_{N_1+1-NU} \\ \vdots & \vdots & \ddots & \vdots \\ H_{NY-1} & H_{NY-2} & \cdots & H_{NY-NU} \end{bmatrix}$$

$$\Delta_p U_{NU} = \begin{bmatrix} \Delta_p(q^{-1})u(k) \\ \Delta_p(q^{-1})u(k+1) \\ \vdots \\ \Delta_p(q^{-1})u(k+NU-1) \end{bmatrix} \tag{8.60}$$

$$Y_{lN_{1y}} = \begin{bmatrix} Y_{lN_1} \\ Y_{lN_1+1} \\ \vdots \\ Y_{lNY} \end{bmatrix}$$

Reescrevendo a função objetivo (8.51) de forma matricial, tem-se que:

$$J = (R - H_{N_{1yu}} \Delta_p U_{NU} - Y_{lN_{1y}})^T \overline{P}(R - H_{N_{1yu}} \Delta_p U_{NU} - Y_{lN_{1y}}) + \Delta_p U_{NU}^T \overline{Q} \Delta_p U_{NU} \tag{8.61}$$

em que:

$$\overline{P} = diag\begin{bmatrix} P & \cdots & P \end{bmatrix} \text{ e } \overline{Q} = diag\begin{bmatrix} Q & \cdots & Q \end{bmatrix} \tag{8.62}$$

$$R = \begin{bmatrix} r(k+N_1) & \cdots & r(k+NY) \end{bmatrix}^T \tag{8.63}$$

A minimização de (8.61), na ausência de restrições, é dada por:

$$\Delta_p U_{NU} = (H_{N_{1yu}}^T H_{N_{1yu}} + \overline{Q})^{-1} H_{N_{1yu}}^T \overline{P}(R - Y_{lN_{1y}}) \tag{8.64}$$

Conforme já mencionado em outros capítulos, de acordo com o princípio do horizonte móvel, o vetor sinal de controle efetivamente enviado ao processo corresponde aos p primeiros elementos de $\Delta_p U_{NU}$. Dessa forma, tem-se que:

$$\Delta_p u(k) = K(R - Y_{lN_{1y}}) \tag{8.65}$$

em que K corresponde aos p primeiras linhas da matriz $(H_{N_{1yu}}^T H_{N_{1yu}} + \overline{Q})^{-1} H_{N_{1yu}}^T \overline{P}$.

A solução mostrada em (8.65) é analítica e não considera restrições. A seção seguinte versará sobre o problema considerando restrições.

8.5.3 Tratamento de Restrições

O tratamento de restrições é algo natural no controle preditivo, pois o sinal de controle é fruto do resultado de um problema de otimização. A solução analítica mostrada na seção anterior não é utilizada na prática. Em sistemas reais, os processos possuem restrições. Uma válvula, por exemplo, tem uma faixa que define seus limites (totalmente aberta ou totalmente fechada). Existem processos que têm limites em suas saídas, muitas vezes por questões de segurança. Um vaso, por exemplo, pode ter uma restrição em sua pressão de operação, restrição essa, definida operacionalmente para garantir a segurança do processo. Ao definir os pontos de operação, usualmente, os Engenheiros de Processo levam em conta objetivos econômicos, o que geralmente faz com que o processo opere perto do seu limite. Nesta seção, mostraremos como definir matematicamente a restrição para o caso multivariável.

Para um processo com p-entradas e q-saídas, a definição das restrições dentro de um horizonte de controle NU é definida por:

$$\mathbf{1}\underline{U} \leq T\Delta_p U_{NU} + u(k-1) \leq \mathbf{1}\overline{U} \tag{8.66}$$

$$\mathbf{1}\underline{u} \leq \quad \Delta_p U_{NU} \quad \leq \mathbf{1}\bar{u} \tag{8.67}$$
$$\mathbf{1}\underline{y} \leq \quad G\Delta_p U_{NU} + f \quad \leq \mathbf{1}\bar{y} \tag{8.68}$$

em que: **1** é uma matriz $(NU \times q) \times p$ formada por NU blocos de matriz identidade de ordem $(p \times p)$ e T é uma matriz triangular inferior em blocos. As entradas não-nulas de T são formadas por matrizes identidade de ordem $(p \times p)$. G é a matriz de resposta forçada e f é o vetor de resposta livre que podem ser extraídos de (8.57). As equações (8.66), (8.67) e (8.68) representam as restrições sobre o sinal de controle, sobre a variação do sinal de controle e sobre a saída predita, respectivamente.

O problema de otimização com restrições pode ser descrito como sendo:

$$\begin{gathered} \min J(\Delta_p U_{NU}) \\ S\Delta_p U_{NU} \leq a \end{gathered} \tag{8.69}$$

em que:

$$\underbrace{\begin{bmatrix} I_{NU\times NU} \\ -I_{NU\times NU} \\ T \\ -T \\ G \\ -G \end{bmatrix}}_{S} \Delta_p U_{NU} \leq \underbrace{\begin{bmatrix} \mathbf{1}\bar{u} \\ -\mathbf{1}\underline{uc} \\ \mathbf{1}\bar{U} - \mathbf{1}u(k-1) \\ -\mathbf{1}\underline{U} + \mathbf{1}u(k-1) \\ \mathbf{1}\bar{y} - f \\ -\mathbf{1}\bar{y} + f \end{bmatrix}}_{a} \tag{8.70}$$

O problema de otimização mostrado em (8.69) é convexo e pode ser resolvido por qualquer algoritmo de programação quadrática. No MATLAB®, por exemplo, é possível usar a função **quadprog** do Optimization Toobox.

8.5.4 Exemplo de Aplicação do GPC

A fim de ilustrar a aplicação do GPC em uma planta multivariável, apresentaremos a aplicação em uma coluna de destilação do tipo desbutanizadora simulada no software Hysys. A coluna de destilação desbutanizadora é normalmente utilizada para remover os componentes leves da corrente de gasolina para produzir Gás Liquefeito de Petróleo (GLP). A estratégia de controle mais comum é manipular a vazão de refluxo e a temperatura no fundo da coluna, para controlar as concentrações de i-pentano na corrente de butanos e de i-buteno na corrente de C5+ (gasolina natural). A Figura 8.11 mostra os processos envolvidos em uma coluna de destilação do tipo desbutanizadora:

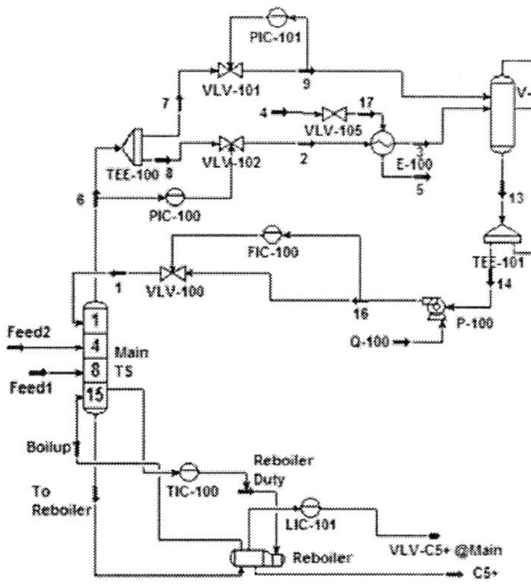

Figura 8.11 – Coluna de destilação desbutanizadora simulada no Hysys.

A vazão de refluxo é denotada por u_1. A manipulação da vazão de refluxo é feita através de mudanças no *set-point* do controlador FIC-100. A temperatura de fundo da coluna, aqui denominada de u_2, é manipulada pela mudança do *set-point* do controlador TIC-100. As variáveis de processo escolhidas são: concentração do i-pentano na corrente de butanos (y_1) e a concentração de i-buteno na corrente de C5+ (y_2). Em um sistema de controle avançado, as referências para o controlador multivariável deveriam vir de uma camada de otimização estática, que não foi tratada neste livro. Algumas variáveis podem requerer algum tipo de inferência na prática por não estarem disponíveis através de instrumentos de medição tradicionais. Inferência de variáveis é outro tópico não abordado por este livro. O objetivo do controle será de diminuir a concentração de i-pentano no topo da coluna sem, no entanto, aumentar muito a concentração de i-buteno no fundo. As referências consideradas são $y_{1ref} = 0.014413$ e $y_{2ref}= 0.001339$. A unidade das saídas é a fração de massa. Inicialmente, o sistema encontra-se no seguinte ponto de operação: $y_{1op} = 0.021994$, $y_{2op}= 0.001004$, $u_{1op}= 34\ m^3/h$ e $u_{2op}= 148°C$.

As Figuras 8.12 e 8.13 apresentam as saídas do sistema controladas por um GPC linear. O modelo linear foi obtido via identificação usando o método dos mínimos quadrados para estimação:

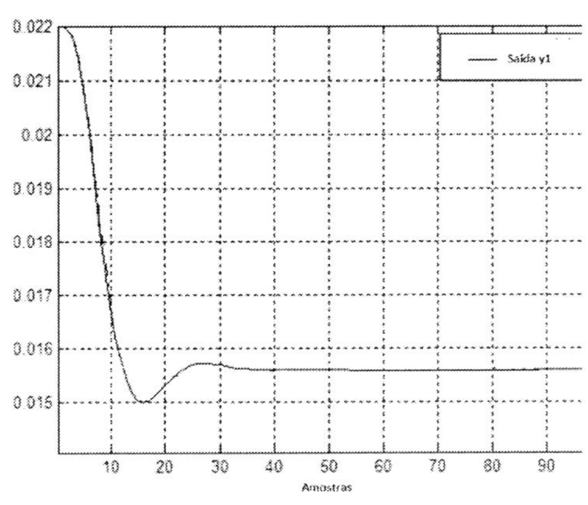

Figura 8.12 – Concentração de i-pentano o topo da coluna

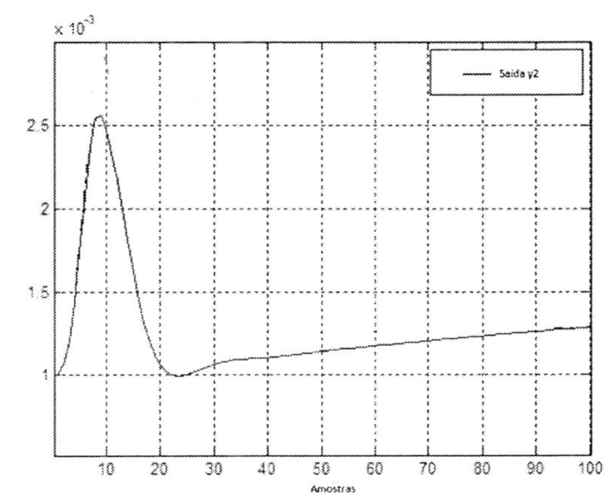

Figura 8.13 – Concentração de i-buteno no fundo da

em fração de massa. coluna em fração de massa.

É possível perceber que, mesmo que o *set-point* da saída y_2 modifique pouco o ponto de operação em que estava, há um grande desvio da variável, em função do acoplamento existente entre as variáveis. Mesmo assim, o GPC multivariável conduz as duas saídas consideradas para as referências desejadas.

As Figuras 8.14 e 8.15 mostram os sinais de controle: *set-points* dos controladores FIC-100 e TIC-100. É importante destacar que estamos considerando que, tanto o FIC-100, quanto o TIC-100, estão devidamente sintonizados. Como citamos anteriormente, o diagnóstico da malha, que pode indicar uma ressintonia, é feito em etapas anteriores do controle avançado.

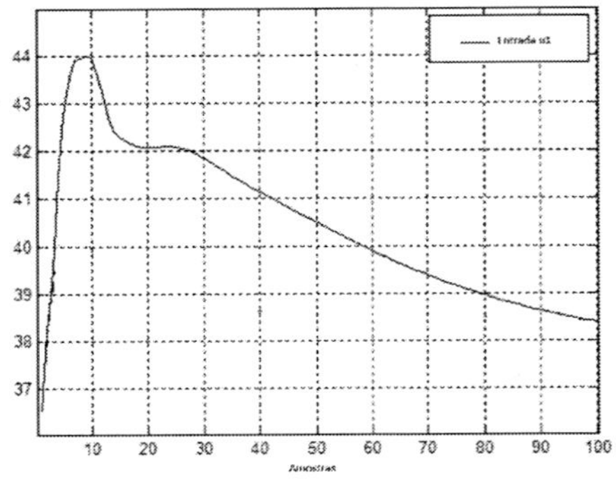

Figura 8.14 – Vazão de refluxo calculada pelo controlador GPC e enviada ao controlador FIC-100.

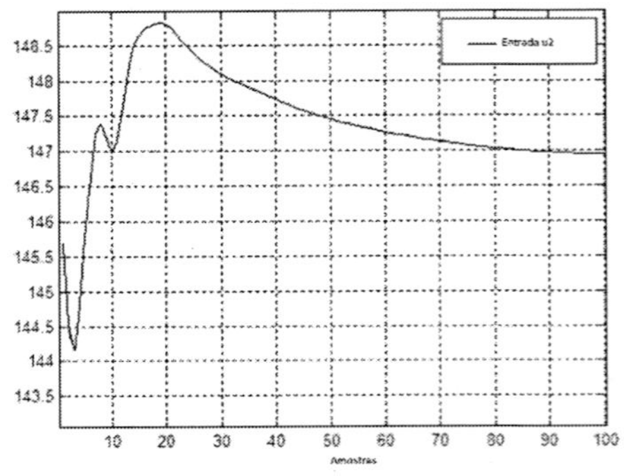

Figura 8.15 – Temperatura de fundo calculada pelo controlador GPC e enviada ao controlador TIC-100.

O ambiente em que o controlador foi desenvolvido foi o MATLAB, usando a função **quadprog** para resolver o problema de otimização a cada passo de amostragem. Foram consideradas restrições apenas sobre o sinal de controle: $35 \leq u_1(k+i) \leq 44$ e $144 \leq u_2(k+i) \leq 149$.

Ressaltamos que este capítulo apresenta apenas uma versão preliminar do universo do controle avançado. Para uma visão mais ampla do tema, recomendamos a leitura de Campos et al. (2014).

8.6 Conclusões

Conforme já discutido, o tema Controle Avançado é extremamente amplo. O presente capítulo teve como por objetivo mostrar apenas alguns aspectos referentes ao assunto. A implantação de controle avançado em um ambiente industrial é uma tarefa multidisciplinar e requer bastante análise, planejamento e estudo. Há no mercado diversas ferramentas computacionais que se propõem a auxiliar nessa tarefa.

A vantagem econômica da implantação de controle avançado em unidades industriais é considerável e, dependendo do caso, pode fazer com que tal unidade seja mais produtiva e economize energia. É preciso reforçar, portanto, que outras referências sejam buscadas sobre o assunto para aqueles que desejam colocar tais técnicas em prática.

REFERÊNCIAS BIBLIOGRÁFICAS

AGUIRRE, L. A. **Introdução à Identificação de Sistemas** Técnicas Lineares e Não-Lineares Aplicadas a Sistemas Reais. 3.ed. rev. e amp. Belo Horizonte: UFMG, 2007.

AMATO, F. **Robust Control of Linear Systems Subject to Uncertain Time-Varying Parameters**, 2006, Springer.

ÅSTÖM, K. J.; HAGGLUND, T. **Advanced PID Control**. ISA, 2005.

ÅSTRÖM, K. J.; HAGGLUND, T. **Automatic tuning of simple regulators with specification on phase and a amplitude margins**. Automatica, vol. 20, no. 5, pp. 645-651, 1984.

ÅSTRÖM, K.J. **Introduction to Stochastic Control Theory**. ACADEMIC PRESS, 1970.

AZEVEDO, F. M.; BRASIL, L. M.; OLIVEIRA, R. C. L de. **Redes Neurais com Aplicações em Controle e em Sistemas Especialistas**. Florianópolis: Visual Books, 2000.

BIANCHI, F. D.; MANTZ, R. J.; CHRISTIANSEN, C. F. **Gain scheduling control of variable-speed wind energy conversion systems using quasi-LPV models**. Control Engineering Practice, vol. 13, n. 2, pp. 247-255, 2005.

BISHOP, R. H.; DORF, R., C. **Sistemas de Controle Modernos.** 8.ed. Rio de Janeiro: LTC, 2001.

BOYD, S.; EL-GHAOUI, L.; FERON, E.; BALAKRISHNAN, V. **Linear Matrix Inequalities in System and Control Theory**, 1994, Society for Industrial and Applied Mathematics: SIAM studies in applied mathematics.

BOYD, S.; VANDENBERGHE, L. **Convex Optimization**, 2004, Cambridge University Press.

BURDEN, R.L.; FAIRES, J.D. **Numerical Analysis**. PWS Publishing, 1993.

BUTCHER, J. C. **Numerical Methods for Ordinary Differential Equations**. John Wiley and Sons, Chichester, 2003.

CAMACHO, E.F.; BORDONS, C. **Model Predictive Control**, 4 ed. [s.I.], Springer-Verlag, 2004.

CAMPOS, M. C. M. M.; TEIXEIRA, H. C. G. **Controles Típicos de Equipamentos e Processos Industriais**. Editora Edgard Blucher, 2006.

CAMPOS, M.C.M.M.; GOMES, M.V.C.; Perez, J.M.G.T. **Controle Avançado e Otimização na Indústria do Petróleo**, ed. Interciência, 2014.

CHEN, C-T. **Linear System Theory and Design**. 3.ed. Oxford University Press, 1999.

CHILALI, M.; GAHINET P. **H∞ Design with Pole Placement Constraints: An LMI Approach**. IEEE Transactions on Automatic Control, vol. 41, n. 3, pp. 358-367, 1996.

CHILALI, M.; GAHINET, P.; APKARIAN, P. **Robust Pole Placement in LMI Regions**. IEEE

Transactions on Automatic Control, vol. 44, n. 12, pp. 2257-2270, 1999.

CLARKE, D. W., MOHTADI, C. e TUFFS, P. S. **Generalized Predictive Control. Part I – The Basic Algorithm.** Automatica, vol. 23, no. 2, p. 137-148, 1987.

COELHO, A. A. R.; COELHO, L.S. **Identificacão de Sistemas Dinâmicos Lineares**, Editora da UFSC, 2004.

COHEN, G.R; COON, G.A. **Theoretical Consideration of Retarded Control**. Transactions ASME, vol. 75, pp. 827-834, 1953.

CUTLER, C. R.; RAMAKER, B. C. **Dynamic Matrix Control - A Computer Control Algorithm**. Proc. Automatic Control Conference, San Francisco, 1980.

DESBOROUGH, L.; HARRIS, T.J., **Performance assessment measures for univariate feedback control**. The Canadian Journal of Chemical Engineering, vol. 70, Issue 6, pp. 1186-1197, 1992.

DESBOROUGH, L.; MILLER, R., **Increasing customer value of industrial control performance monitoring - honeywell's experience**. AIChE Symposium Series 2001, no. 326, Arizona, pp. 172–192, 2002.

DULLERUD G. E.; PAGANINI, F. **A Course in Robust Control Theory: A Convex Approach**, 2010, Springer.

EL-GHAOUI, L.; NICULESCU, S. I. **Advances in Linear Matrix Inequality Methods in Control**, 2000, Society for Industrial and Applied Mathematics.

FONTES, A. B. **Desenvolvimento e Avaliação de Controladores Preditivos Baseados em Modelos Bilineares**. Tese de Doutorado, PPgEEC, UFRN, 2002.

FRANKLIN, G.F.; POWELL, J.D. e WORKMAN, M.L., **Digital Control of Dynamic System**, 2.ed., Addison-Wesley, 1990.

GABRIEL FILHO, O. **A simple method for plant discretization using signal holder**. DOI: 10.13140/RG.2.2.18084.32640, Researchgate, 2018.

GABRIEL FILHO, O. **Contribuições à Análise de Robustez de Sistemas de Controle usando Redes Neurais**. Tese de Doutorado. Natal/RN: Universidade Federal do Rio Grande do Norte (UFRN), 2004.

GANGULI, S.; MARCOS, A.; BALAS, G. **Reconfigurable LPV control design for Boeing 747-100/200 longitudinal axis**. In Proceedings of the 2002 American Control Conference.

GARCIA, C. **Modelagem e Simulação de Processos Industriais e de Sistemas Eletromecânicos**. 2ª Edição. EDUSP, 2005.

GOLNARAGHI, F. e KUO, B. C. **Sistemas de Controle Automático**. 9.ed. Rio de Janeiro: LTC, 2012.

HARRIS,T.J. **Assessment of control loop performance**. Can. J. Chem. Eng., vol. 67, no. 10, pp. 856-861,1989.

HAYKIN, S. **Redes Neurais Princípios e Prática**. 2.ed. Porto Alegre: Artmed Editora Ltda, 1999.

HEMERLY, E. M. **Controle por Computador de Sistemas Dinâmicos**. 2.ed. São Paulo: Blucher, 2000.

HSIA, T. C. **System Identification**. Massachusetts: Lexington Books, 1977

HUANG, Y.; JADBABAIE, A. **Nonlinear H∞ control: An enhanced quasi-LPV approach**. IFAC Proceedings, vol. 32, n. 2, pp. 2754-2759, 1999.

INOUE, R. S.; SIQUEIRA, A. A.; TERRA, E M. H. **Experimental results on the nonlinear H∞ control via quasi-LPV representation and game theory for wheeled mobile robots**. Robótica, vol. 27, n. 4, pp. 547-553, 2009.

JUNG, M.; GLOVER, K. **Calibratable linear parameter-varying control of a turbocharged diesel engine**. IEEE Transactions on control systems technology, vol. 14, n. 1, pp. 45-62, 2005.

JUSTINO, D. G. **Os Principais Equipamentos de uma Unidade de Processamento Primário de Óleo**. 2010. Projeto de Graduação - Faculdade de Capixaba de Nova Venécia, 2010.

KEESMAN, K. J. **System Identification**. London: Springer, 2001.

KEMPF, A. O. **Avaliação de Desempenho de Malhas de controle**. Dissertação de Mestrado, Depto. Eng. Quím. UFRGS, 2003.

KHALIL, H. H. **Nonlinear Systems**, Prentice-Hall, Upper Saddle River, New Jersey, 3ª ed., 2002.

KUO, B. C. **Sistemas de Controle Automático**. Prentice-Hall do Brasil, 1985.

LEITE, V. J. S.; MONTAGNER, V. F.; OLIVEIRA, P. J. DE; OLIVEIRA, R. C. L. F.; RAMOS, D. C. W.; PERES, P. L. D. **Estabilidade Robusta de Sistemas Lineares Através de Desigualdades Matriciais Lineares**. Revista Controle & Automação, vol.15, n. 1, pp. 24-40, 2004.

LEWIS, F. L., VRABIE, D. e SYRMOS, V. L., **Optimal Control**, 3a ed., John Wiley, 2013.

Liberzon. D. **Switching in Systems and Control**, 2003, Birkhauser.

LJUNG, L. **System Identification Theory for the User**. 2.ed. New York: Prentice-Hall, 2007.

LÖFBERG. J. **YALMIP: A toolbox for modeling and optimization in MATLAB**. In Proceedings of the CACSD Conference, Taipei, Taiwan, 2004.

LOPEZ, A M.; MILLER, J A.; SMITH, C L.; MURRILL, P W. **Tuning Controllers with Error-Integral Criteria**. Instrumentation Technology, vol. 14, pp. 57-62, 1967.

LUENBERGER, D.G. e YE, Y. **Linear and Nonlinear Programming**, 4a ed., Springer, 2016.

LURIE, M. V. **Modeling of Oil Product and Gas Pipeline Transportation**. Weinheim (Alemanha): Wiley-VCH, 2008.

LUYBEN, W. L. **Process Modeling, Simulation and Control for Chemical Engineers**. 2nd Edition. McGrawHill, 1990.

MACIEJOWSKI, J. M. **Predictive Control with Constraints**, Pearson Education Ltd., 2a ed., 2007.

MATLAB®. Marca registrada de The MathWorks, Inc.

MAYNE, D. Q; **Model predictive control: Recent developments and future promise.** Automatica, vol. 50 p. 2967–2986, 2014.

McCULLOCK, W.S. e PITTS, W. **A logical calculus of the ideas immanent in nervous activity**. Bulletin of Mathematical Biophysics, 1943.

NG, GEE WH. **Application of Neural Networks to Adaptive Control of Nonlinear Systems**. USA: John Willie & Sons, 1997.

NISE, N. S. **Engenharia de Sistemas de Controle**. 7ed. Rio de Janeiro: LTC, 2017.

NØRGAARD, M.; RAVN, O.; POULSEN, N. K. e HANSEN, L. K. **Neural Networks for Modelling and Control of Dynamic Systems**. Londres: Springer-Verlag, 2001.

NUNES, G. C.; MEDEIROS, J. L. e ARAÚJO, O. Q. F. **Modelagem e Controle da Produção de Petróleo. Aplicações em Matlab**. Blucher, 2010.

OGATA, K. **Engenharia de Controle Moderno**, Pearson, 1982.

OGATA, K. **Engenharia de Controle Moderno**, 5ª Edição. Pearson, 2011.

OGATA, K.. **Discrete-Time Control Systems**. 2.ed. New Jersey: Prentice Hall, 1995.

OLIVEIRA, M. C. DE; SKELTON, R. E. **Stability tests for constrained linear systems**. In S. O. Reza Moheimani (ed.), Perspectives in Robust Control – Lecture Notes in Control and Information Sciences, Springer-Verlag, pp. 241-257, 2001.

OLIVEIRA, M. C. DE. **Novos testes de estabilidade para sistemas lineares**. Revista Controle & Automação, vol.15, n.1, pp. 17-23, 2004.

PETROBRAS. **Relatório PT-3.5.8.018-RT-MA-003: Atividade de Produção e Escoamento de Gás Natural e Petróleo do Campo de Camarupim**, Bacia do Espírito Santo. [S.l.], 2007.

PINTO, J.E.M. **Aplicação Prática do Método de Sintonia de Controladores PID Utilizando o Método do Relé com Histerese**. Dissertação de Mestrado, PPgEEC, UFRN, 2014.

QIN, S.J.; BADGWELL, T.A. **A survey of industrial model predictive control technology**. Control Engineering Practice vol. 11, pp. 733-764, 2003.

RICE, R. G.; Do, D. D. **Applied Mathematics and Modeling for Chemical Engineers**. J. Wiley, 1995

RIVERA, D. E.; MORARI, M.; SKOGESTAD, S. **Internal Model Control, 4 PID Controller Design**. Industrial and Engineering Chemistry Process Design and Development, vol. 25, pp. 252-265, 1986.

ROSSITER, J. A. **Model-Based Predictive Control: A Practical Approach**, CRC Press, 2003.

RUMELHART, D. E., McCLELLAND, J. L. e The PDP Group. **Parallel Distributed Processing: Explorations in the Microstructure of Cognition**, Vols. 1 e 2. Massachusetts, USA: The MIT Press Cambridge, 1986.

SANTOS, R. L.A.; ZANIN, A.C.; CAMOLESI, V.J. **Implantação de Controle Avançado na Unidade de Desasfaltação da REVAP-Petrobras**. Anais do XVIII CBA, pp. 1-8, 2010.

SLOTINE, J. J. E.; LI, W. **Applied Nonlinear Control**, Prentice Hall, New Jersey 1991.

SLOTINE, J.J.E. e Li, W. **Applied Nonlinear Control**. New Jersey. USA. Prentice-Hall, Inc, 1991.

SMITH, C. A. & CORRIPIO, A. **Princípios e Prática do Controle Automático de Processo**. Terceira Edição. LTC, 2008.

SOUZA, L. C. A.; PALHARES, R. M. **Estimação de parâmetros em sistemas lineares variantes no tempo**. In Anais do XVII Congresso Brasileiro de Automática, Juiz de Fora, MG, 2008.

STURM. J. **Using SeDuMi 1.02, a MATLAB toolbox for optimization over symmetric cones**. Optimization Methods and Software, vol. 11, pp. 625–653, 1999.

TOH, K.; TODD, M.; TUTUNCU, R. **SDPT3 – a Matlab software package for semidefinite programming**. Optimization Methods and Software, vol. 11, pp. 545–581, 1999.

TROFINO, A., COUTINHO, D., E BARBOSA, K.A. **Improved H-2 and H-infinity conditions for robust analysis and control synthesis of linear systems**. Revista Controle & Automação, vol. 16, n. 4, 2005.

WARNE, K.; PRASAD, G.; REZVANI, S.; MAGUIRE, L.P. **Statistical and computational techniques for inferential model development: a comparative evaluation and a novel proposition for fusion**, Engineering Applications of Artificial Intelligence, vol. 17, no. 8, pp. 871–885, 2004.

WELLSTEAD, P. E. **Physical System Modelling**. Academic Press, London, 1979.

WOLOVICH, W. **Multivariable system synthesis with step disturbance rejection**, IEEE Trans. Automatic Control, Vol. 19, Issue 2, pp. 127.130, 1974.

ZHOU, K.; DOYLE, J. C.; GLOVER, K. **Robust and Optimal Control**, 1996, Prentice Hall PTR.

ZHU, Y. **Multivariable System Identification for Process Control**. Kindlington (UK): Elsevier, 2001.

ÍNDICE REMISSIVO

Impressão e acabamento
Gráfica da Editora Ciência Moderna Ltda.
Tel: (21) 2201-6662